中国食品药品检验年鉴

年　鉴

STATE FOOD AND DRUG TESTING YEARBOOK

2018

中国食品药品检定研究院　组织编写

中国健康传媒集团
中国医药科技出版社

内容提要

《中国食品药品检验年鉴 2018》是一部反映中国食品药品检定研究院及各地方食品药品检验检测机构 2018 年在药品、生物制品、医疗器械、食品、化妆品等方面的监督检验工作及科研成就的年度资料性工具书，由中国食品药品检定研究院组织编纂。书中包括特载、附录及第一至第十三部分，主要分为检验检测、标准物质与标准化研究、食品药品技术监督、质量管理、科研管理、系统指导、国际交流与合作、信息化建设、党的工作、综合保障、部门建设、中国食品药品检定研究院大事记、地方食品药品检验检测等。可供关心、关注中国食品药品检验检测事业发展的人士、各级食品药品监管部门的管理者参阅。

图书在版编目（CIP）数据

中国食品药品检验年鉴．2018／中国食品药品检定研究院组织编写．—北京：中国医药科技出版社，2020.5

ISBN 978－7－5214－1723－4

Ⅰ．①中…　Ⅱ．①中…　Ⅲ．①食品检验－中国－2018－年鉴　②药品检定－中国－2018－年鉴
Ⅳ．①TS207.4－54　②R927.1－54

中国版本图书馆 CIP 数据核字（2020）第 059163 号

美术编辑　陈君杞
版式设计　张　璐

出版　**中国健康传媒集团**｜中国医药科技出版社
地址　北京市海淀区文慧园北路甲 22 号
邮编　100082
电话　发行：010－62227427　邮购：010－62236938
网址　www.cmstp.com
规格　889×1194mm 1/16
印张　15 1/2
字数　377 千字
版次　2020 年 5 月第 1 版
印次　2020 年 5 月第 1 次印刷
印刷　三河市万龙印装有限公司
经销　全国各地新华书店
书号　ISBN 978－7－5214－1723－4
定价　298.00 元

获取新书信息、投稿、为图书纠错，请扫码联系我们。

编辑委员会

编纂说明

《中国食品药品检验年鉴 2018》是由中国食品药品检定研究院编纂出版的一部综合反映中国药检系统对食品、药品、保健食品、化妆品、医疗器械等监督检验、科研成就的大型年度资料性工具书。

《中国食品药品检验年鉴 2018》编辑委员会主任、副主任由中国食品药品检定研究院院领导担任，编辑委员会委员由中国食品药品检定研究院各所、处（室）、中心主要负责人担任，执行委员由中国食品药品检定研究院办公室主要负责同志担任。

《中国食品药品检验年鉴 2018》框架设置包括特载、附录及第一至第十三部分，分别为检验检测、标准物质与标准化研究、食品药品技术监督、质量管理、科研管理、系统指导、国际交流与合作、信息化建设、党的工作、综合保障、部门建设、中国食品药品检定研究院大事记、地方食品药品检验检测。地方食品药品检验检测章节，收载各省、市级（含副省级）食品、药品、药用包材辅料检验机构，中国人民解放军联勤保障部队药品仪器监督检验总站，通过国家资质认可的各有关医疗器械检验机构共 46 个单位的 2018 年工作内容。收载范围包括：重要会议、领导讲话、报告、政策法规等；机构调整改革及重要人事变动相关信息；检验检测中的重要活动、举措和成果；食品药品安全突发事件应急检验；具有统计意义、反映现状的基本数据和专业性信息资料。

▲ 2018年2月7日上午，全国食品药品医疗器械检验工作电视电话会议在北京市召开。

▲ 2018年5月16日，国家药品监督管理局党组书记、副局长李利同志来中国食品药品检定研究院调研指导工作。

▲ 2018年6月4日，国家市场监督管理总局局长张茅带队赴中国食品药品检定研究院调研指导工作。

▲ 2018年8月27~30日，中国食品药品检定研究院化学药品检定所接受世界卫生组织PQ复评审。

▶ 2018年10月12日，国家药品监督管理局局长焦红同志赴中国食品药品检定研究院检查指导工作。

▲ 2018年10月19日，国家药品监督管理局党组成员、副局长陈时飞同志赴中国食品药品检定研究院检查指导工作。

▲ 2018 年 11 月 13 日，2018 年中国药品质量安全年会在江苏省无锡市召开。

▲ 2018 年 11 月 27 日，中国食品药品检定研究院院长李波带队赴江西省龙南县开展对口支援工作，走访慰问贫困群众，看望挂职对口支援干部，参加座谈会听取当地对做好对口支援工作的意见和需求。

▲ 2018 年 12 月 21 日，国家药品监督管理局党组成员、副局长徐景和与全国人大常委会法工委有关领导来到中国食品药品检定研究院就《药品管理法》修订相关工作进行调研。

▲ 2018 年 1 月 23 日，中国食品药品检定研究院与国家药品监督管理局药品注册司在四川省成都市联合举办新修订《生物制品批签发管理办法》宣贯培训班。

▲ 2018 年 2 月 5 日，由中国食品药品检定研究院承办的编制医疗器械检验检测能力建设项目启动会在北京市召开。

► 2018 年 2 月 6~7 日，中国食品药品检定研究院在海南省海口市召开 2018 年医疗器械行业标准制修订项目立项工作会。

▲ 2018 年 3~6 月，中国食品药品检定研究院举办 4 期新《医疗器械分类目录》实施政策解读及综合知识培训班。

◀ 2018 年 4 月 9 日，中国食品药品检定研究院在北京市组织召开“CAR-T 细胞治疗产品质量控制技术及非临床评价技术”学术论坛。

▲ 2018 年 4 月 23 日，中国食品药品检定研究院在北京市举行了数字标准物质二期项目结题会暨数字标准物质数据库（DRS）发布会。

▲ 2018 年 5 月 16 日，中国食品药品检定研究院在京召开“三品一械”检验技术丛书（包材辅料分册）编写工作启动会。

▲ 2018 年 6 月 6 日，中国食品药品检定研究院在北京市组织召开抗体药物质量控制与评价学术论坛。

▲ 2018 年 6 月 8 日，中国食品药品检定研究院在北京市召开实验动物能力验证学术研讨会。

▲ 2018 年 7 月 5 日，中国食品药品检定研究院在北京市召开第二届实验动物管理委员会和福利伦理审查委员会成立大会。

▲ 2018 年 7 月 23 日，中国食品药品检定研究院举办药包材与药物相容性相关技术论坛。

▲ 2018 年 7 月 23 日上午，由中国中药协会主办，中国中药协会中药质量与安全委员会、甘肃省药学学会承办的助力甘肃中医药产业发展，中国中药协会陇原行活动之医药健康产品研发与注册研讨会在甘肃省兰州市顺利召开。

▲ 2018 年 8 月 24 日，中国食品药品检定研究院在青海省西宁市召开国家药典委员会 2018 年度综改课题启动会。

▲ 2018 年 8 月 27~30 日，WHO 专家组检查中国食品药品检定研究院化学药品质量控制实验室预认证。

▲ 2018 年 9 月 20~21 日，由中国食品药品检定研究院主办的第二届化妆品替代试验国际研讨会在北京市召开。

▲ 2018 年 9 月 26~27 日，中国食品药品检定研究院在山东省组织开展药用辅料药包材及其洁净度风险控制调研座谈会。

◀ 2018 年 10 月 11 日，中国食品药品检定研究院在海南省海口市召开“三品一械”检验技术丛书医疗器械分册审稿会。

▲ 2018 年 10 月 16~19 日，由中国食品药品检定研究院与美国体外科学研究院（IIVS）联合主办的第六期“化妆品替代毒理学试验技能培训班”在中国食品药品检定研究院举行。

▲ 2018 年 11 月 7~8 日，2018 年全国系统能力验证工作会在湖北省宜昌市召开。

▲ 2018年3月22日，加拿大皇家学会罗恩·巴比克院士访问中国食品药品检定研究院并做疫苗研发专题学术报告。

◀ 2018年4月，来自泰国卫生部生物制品所的4名检验技术人员在中国食品药品检定研究院生物制品检定所接受为期2周的检验技术培训。

▲ 2018年4月18日，中国食品药品检定研究院在北京市承办世界卫生组织（WHO）保证戊型肝炎疫苗质量、安全性及有效性规程咨询会。来自中国、英国、美国、德国、瑞士、越南、乍得、印度、泰国、巴基斯坦、尼泊尔、印度尼西亚等十余个国家的药品监管机构、国家质控实验室、学术研究机构和戊肝疫苗企业代表约30人出席本次会议。

▲ 2018年5月4日，科学技术部中国生物技术发展中心化学药与医疗器械处处长华玉涛一行3人来中国食品药品检定研究院医疗器械检定所参观，并就人工智能医疗器械产业及检验技术的发展进行座谈。

▲ 2018年5月8日，由中国食品药品检定研究院和美国 Jackson Laboratory 共同主办的中－美实验动物合作与发展论坛在北京市召开。

▲ 2018 年 7 月 4 日，美国宾夕法尼亚大学 Jan Joseph Melenhorst 博士来中国食品药品检定研究院进行学术交流。

▲ 2018 年 9 月 3~4 日，中丹食品检验技术研讨会在中国食品药品检定研究院成功举办。

▲ 2018年9月13日，中国食品药品检定研究院在北京市承办第四届WHO疫苗标准化合作中心网络会议。来自英国、日本、韩国、加拿大、中国、德国、美国7个WHO合作中心（WHO CC）以及WHO总部及西太区办公室的19位专家参会。

◀ 2018年9月18~22日，中国食品药品检定研究院张志军副院长、余新华副所长赴意大利米兰参加国际标准化组织牙科学技术委员会（ISO/TC 106 Dentistry）第54届年会及分技委会和工作组会议。

▲ 2018 年 10 月 16 日，中国食品药品检定研究院举办监管科学学术交流活动。

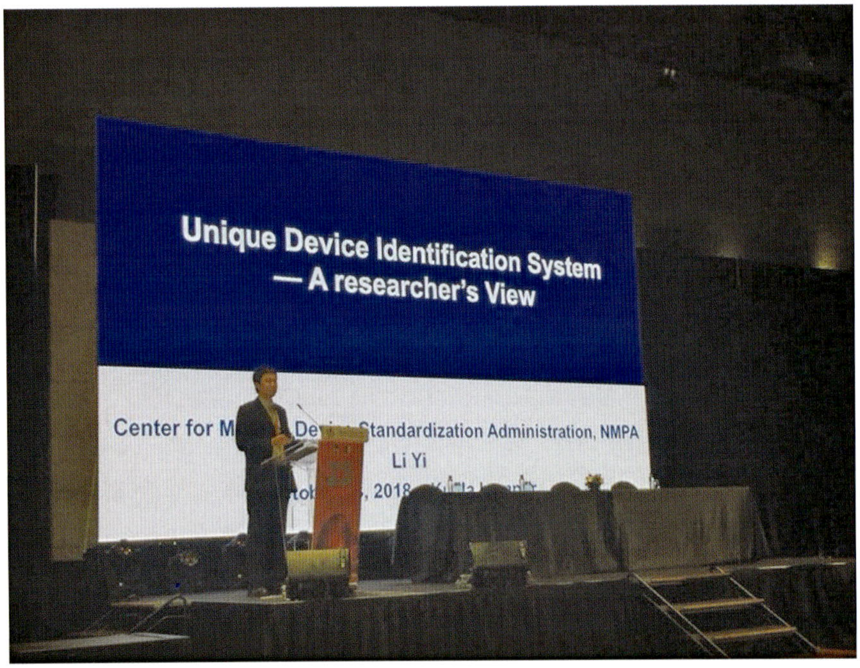

▶ 2018年10月23~26日，中国食品药品检定研究院易力赴马来西亚吉隆坡参加第23届亚洲医疗器械法规协调会（Asian Harmonization Working Party,AHWP）年会暨第22届AHWP技术委员会(TC)会议。

▲ 2018 年 1~2 月，中国食品药品检定研究院组织全院中层以上干部参加十九大精神集中测试。

▲ 2018 年 1 月 16 日，中国食品药品检定研究院召开 2018 年第一次党委全会。

▲ 2018 年 3 月 30 日，中国食品药品检定研究院召开 2018 年党建和廉政工作会。

▲ 2018 年 5 月 17 日，中国食品药品检定研究院召开院工会第二次代表大会。

◀ 2018年8月，中国食品药品检定研究院赴山东省临沂市举办“传承沂蒙精神，推动检验检测工作创新发展”主题教育培训班。

▲ 2018年9月30日，中国食品药品检定研究院举办纪念改革开放40周年合唱比赛。

▲ 2018 年 11 月 1 日，中国食品药品检定研究院召开 2018 年党委全委扩大会。

▲ 2018 年 4 月 2 日，广西壮族自治区食品药品检验所党委组织开展“不忘初心　牢记使命”主题党日活动。

▲ 2018 年 4 月 24 ~ 26 日，山东省医疗器械产品质量检验中心承办国际标准化组织医用和药用输血、输液、注射和血液处理设备标准化技术委员会（ISO/TC76）2018 年第 15 次年会。来自德国、中国、瑞士、比利时等 9 个国家成员体的 36 位国内外专家参加本次会议。

▲ 2018年6月8日，广西壮族自治区食品药品检验所开展“不忘初心　牢记使命”党建知识竞赛主题党日活动。

▲ 2018年6月16日，广西壮族自治区食品药品检验所通过检资质认定现场评审（扩项）。

▲ 2018 年 8 月 24 日，云南省食品药品监督检验研究院举办食品药品安全大学堂活动。60 余名少年儿童学员及家长集中接受了食品药品安全知识教育，并现场体验了食品的密度、食品的酸碱性、认识细菌等趣味实验。

◀ 2018 年 10 月 18 日，陕西省食品药品监督检验研究院参加安全用药月宣传活动。

▲ 2018 年 10 月 29 日，国家药品监督管理局局长焦红调研湖北省药品监督检验研究院。

► 2018 年 11 月 15 日，广西壮族自治区副主席李彬实地调研广西壮族自治区食品药品检验所。

▲ 2018 年 12 月 13 日，国家药品监督管理局局长焦红一行莅临山东省医疗器械产品质量检验中心指导工作。

▲ 2018 年 12 月 14 日，云南省人民政府副省长董华一行到云南省食品药品监督检验研究院调研，了解药品检验检测能力建设情况。

▲ 2018 年 12 月 17 日，湖北省政府副省长杨云彦调研湖北省药品监督检验研究院。

目录

特载

第一部分　检验检测

第二部分　标准物质与标准化研究

第三部分　食品药品技术监督

第四部分 质量管理

第五部分 科研管理

第六部分　系统指导

第七部分　国际交流与合作

第八部分 信息化建设

第九部分 党的工作

第十部分 综合保障

第十一部分 部门建设

第十二部分　大事记

第十三部分　地方食品药品检验检测

附　录

Catalogue

Important Notes

Part Ⅰ Inspection and Testing

Part Ⅱ Reference Substance and Standardization Research

Part Ⅲ Technical Supervision for the Food and Drug

Part Ⅳ Quality Control

Part Ⅴ Scientific Research Management

Part Ⅵ System Guidance

Part Ⅶ International Exchange and Cooperation

Part IX The Work of Party Organization

Part X Comprehensive Support

Part XII Chronicle of Events

Part XIII Local Food and Drug Inspection & Testing

Appendix

特　载

重要会议与讲话

原国家食品药品监督管理总局领导孙咸泽在 2018 年全国食品药品医疗器械检验工作电视电话会议上的讲话（节选）

一、2017 年检验检测工作成效显著

2017 年，在总局党组和各级监管部门的正确领导下，全系统检验检测机构认真学习贯彻习近平新时代中国特色社会主义思想，牢固树立“四个意识”，全面落实“四个最严”和“四有两责”要求，推动检验检测工作取得新成绩，巩固和发展了食品药品安全稳定向好的良好趋势。

（一）紧紧围绕大局，推动药品医疗器械审评审批制度改革相关工作取得新突破

2015 年，国务院印发《关于改革药品医疗器械审评审批制度的意见》（国发〔2015〕44 号），拉开了审评审批制度改革的大幕。去年 10 月，在总结改革经验的基础上，中办、国办联合印发《关于深化审评审批制度改革鼓励药品医疗器械创新的意见》（厅字〔2017〕42 号）（以下简称《意见》），针对当前药品医疗器械创新面临的突出矛盾，提出了 36 项改革措施。总局深入贯彻落实《意见》要求，制定出台了 40 余个从严监管、推进改革、支持创新的配套文件，着力推动各项改革举措落地生根。

两年多来，审评审批制度改革向纵深推进，科学、高效的药品医疗器械审评审批体系初步建立。药品注册申请积压问题基本解决，待审评任务由高峰时 2.2 万件降至目前的 4000 件以内，化学药和疫苗临床试验申请、中药民族药等各类注册申请实现按时限审评。以临床为导向不断优化注册审评审批流程，加强申报前沟通交流，改革临床试验管理，实行原料药、药用辅料和药包材关联审评审批，全面加快上市审评工作。截至去年 10 月，免临床试验医疗器械范围扩大到 1090 个产品。新药临床申请审评时限由 2015 年的平均 16 个月缩短到现在的 6 个月。建立优先审评制度，发布 12 批共计 176 件注册申请优先审评目录。全年共 230 件注册申请被纳入优先审评程序，较 2016 年纳入数增加 19%。一批临床急需的创新药品和创新医疗器械产品优先获准上市。鼓励创新政策导向作用初步显现，药品申报结构明显改善，创新药申请数量显著增加，仿制药申请数量大幅减少，医药行业研发创新活力得到释放。上市许可持有人制度鼓励创新和减少重复建设的作用显现，药品研发机构、生产企业参与试点的热情空前高涨，共收到试点申请 560 件。一致性评价工作取得实质性进展，2017 年 12 月底第一批 17 个品种规格通过仿制药一致性评价，制定发布我国首部《中国上市药品目录集》。公众对药品医疗器械审评审批制度改革的获得感和满意度大幅提升。

审评审批制度改革并非一蹴而就，也不能单打独斗。全系统检验检测机构紧紧围绕监管大局，勇挑重担、攻坚克难，为审评审批改革成效的取得做了大量工作。一是落实加快上市审评审批工作要求。建立优先检验程序和相关制度，梳理、督办药品注册检验积压品种，对列入优先审评审批目录的品种实行优先检验，直接加快了部分临床急需的创新药械产品获准上市。统一规范检验技术和时限要求，加快进口化学药品注册检验。积极推进药包材与药品关联审评审批工作。二是扎实做好仿制药一致性

评价基础性、关键性工作。凝聚系统力量，抽调大量业务骨干参加参比制剂集中遴选，完成多项技术指导原则和程序性文件的研究起草工作，翻译美国、日本橙皮书，为我国首部橙皮书的构建积累经验、提供思路。中检院等6家检验检测机构承担了第一批仿制药一致性评价品种的复核检验工作，为首批药品通过仿制药一致性评价提供了有力支持。三是不断深化医疗器械分类改革和标准管理工作。基于风险程度的医疗器械分类管理是医疗器械全过程监督管理的基础，推进医疗器械审评审批改革的一项重要举措。2017年8月新版《医疗器械分类目录》正式发布，该项工作是在中检院精心组织下，十大医疗器械检测中心和江苏省医疗器械检验所投入大量人力物力、克服重重困难共同努力完成的，凝聚了全系统的心血和智慧。实施医疗器械标准提高计划，完善医疗器械标准管理机制，截至目前，我国有效医疗器械标准1554项，国际标准转化率达90%以上。我国医疗器械标准管理质量和水平显著提升，医疗器械标准体系基本形成。

（二）加强风险防控，进一步抓好质量安全大抽检

2017年，总局建立计划抽验、专项抽检、评价性抽检相结合的监督抽检体系，聚焦群众关切，持续加大抽检力度。抽检问题发现率、处置率显著提高。各级检验检测机构完成各类食品监督抽检任务238万批次，检出不合格样品7.2万批次；完成药品、医疗器械、化妆品监督抽检29万批次。全年共完成不合格食品核查处置任务1.3万余件，责令下架封存、召回不合格食品1108吨。根据国家药品抽检结果，向250家企业发出259份药品质量提示函，对162家企业36个品种开展现场检查，29家药品生产企业被收回药品GMP证书，撤销25张药品GSP证书。有力打击了食品药品违法犯罪行为，促进了企业管理水平的进一步提高。信息公开力度明显加大。实现食品、药品抽检信息的每周公开，各级食品药品监管部门共发布食品抽检信息通告20597期，同比增长81%。总局发布食品抽检信息通告53期，国家药品抽检通告46期，国家医疗器械质量公告29期，不合格化妆品通告15期。受到社会广泛关注，以公开倒逼生产经营企业落实主体责任、引导公众科学消费的作用凸显。抽检数据挖掘利用不断加强。强化四级抽检监测数据统计分析、挖掘利用，完成食品、药品、医疗器械抽检年报，保健食品功效抽检监测专题报告等，及时对相关产品质量状况进行分析研判，为监管决策提供数据支撑。监督抽检制度不断完善。制修订药品医疗器械抽样操作程序、抽检品种信息调整工作程序，制定食品安全监督抽检细则及食品安全风险监测检验项目和方法等，进一步规范相关抽验程序和具体工作要求，为抽检工作的规范高效开展提供制度保障。配合第一批国家食品安全示范城市创建工作，制定《2017年食品安全评价性抽检工作实施方案》对4个省份共15个城市的食品安全状况进行评价。配合总局修订发布《生物制品批签发管理办法》，新《办法》的职责更加清晰、程序更加严谨、要求更加明确、处罚更加严格、衔接更加顺畅。

（三）积极担当作为，助力食品药品风险隐患大排查和专项整治

2017年总局多点发力，重拳出击，继续加大现场检查、专项整治、稽查办案、应急处置等工作力度，严把从农田到餐桌、从实验室到医院的每一道防线。全系统检验检测机构全力做好技术服务支持，助力总局各项重要工作部署取得积极成效。检查工作方面，总局及各级监管机构全年检查食品、药品、医疗器械、化妆品生产经营企业2604万家次，发现违法违规主体69万家次，收回药品GMP证书157张，撤销药品GSP证书2717张，检查数量、查处数量、信息公开频次均处于历史最高水平。中检院及各级检验检测机构发挥人才优势，派出骨干力量，全力协助国家、

省、市、县监管部门开展“四品一械”各类现场检查、飞行检查、数据核查以及境外生产现场核查等工作，发挥了检验检测机构在研发生产过程监督中的重要作用。专项整治方面，开展食品、保健食品欺诈和虚假宣传、畜禽水产品和茶叶农药兽药残留、中药饮片和中药提取物等一系列专项整治行动。各级检验检测机构拟定重点抽检企业名单，研究建立科学检验方法，及时高效组织开展监督抽检和专项检验工作，起到了良好的参谋助手作用。稽查工作方面，全年共查处食品药品违法犯罪案件 39.7 万件，捣毁制假售假窝点近千个，较 2016 年案件数量大幅增长，保持了打击食品药品违法犯罪的高压态势。检验检测机构积极为稽查执法提供技术支持，选派专家参加案件现场调查，及时出具法定检验报告或检验结果，为案件处置提供依据。应急工作方面，妥善处理“毒鸡蛋”事件、抽检吸附无细胞百白破联合疫苗质量问题、埃博拉病毒病疫苗应急注册等工作。各级检验检测机构均快速响应，及时进行风险预警，高效完成应急检验任务，配合总局对涉事企业进行飞行检查、研判事件风险，积极参与事件后续处理，助力总局守住了不发生系统性、区域性重大食品药品安全问题的底线。

（四）突出基础能力建设，提高监管的科学专业化水平

着力提高标准和方法研究能力。全系统科研人员以标准和方法研究作为落实“四个最严”要求的重要抓手。将重点领域补充检验方法作为科技攻关重点，发布食品、药品补充检验方法 34 项，食品快检方法 10 项。通过修订、完善和提高食品药品标准以及药典检测方法，不断提高食品药品质量和检验水平，确保人民群众饮食用药安全。目前，我国药品标准质量大幅提升，药典收载品种的药品质量标准基本达到或接近国外药典标准。不断拓展标准物质的覆盖范围及领域，确保标准物质的质量和高供应率。着力加强检验检测工作管理能力，为食品药品监管工作的长远发展做好能力储备，规范口岸检验所的建设和管理，药品口岸检验机构增至 20 家。发布《国家食品药品监督管理总局重点实验室管理办法》，开始受理相关申请。组织开展能力验证计划，较好推动了检验检测技术和管理能力的全面提升。

十八大以来的五年，食品药品监管领域发生的变化是全面的、深刻的，也是前所未有的。在各方面共同努力下，我们解决了许多长期想解决而没有解决的问题，办成了许多过去想办而没有办成的大事。审批审评制度改革有了实质性的进展，持续保持了打击食品药品违法违规行为的高压态势，科学严谨的标准法规体系逐渐形成，各项监管举措、监督执法检查、产品监督抽检、案件查处等食品药品安全信息置于“阳光”之下，公众看得到、听得懂、能监督，食品药品监管工作得到了社会各界的广泛理解、配合和支持。这些成绩的取得离不开检验检测系统对总局各项监管工作的技术支持，离不开全系统广大干部职工的共同努力和辛勤付出，应充分肯定。借此机会，我代表总局对全系统各级检验检测机构的广大干部职工致以崇高敬意和衷心感谢！

二、牢记使命，把握新时代食品药品监管工作新形势新要求

党的十九大深刻阐述了新时代中国特色社会主义思想和基本方略，明确作出中国特色社会主义进入新时代、我国社会主要矛盾已经转化的重大政治判断，对新时代中国特色社会主义发展作出战略安排。这为我们工作的开展勾画了总蓝图、制定了时间表，我们要领会好、落实好。

（一）以习近平新时代中国特色社会主义思想统领食品药品检验检测工作

党的十八大以来，以习近平同志为核心的党中央高度重视食品药品安全问题，对食品药品监管工作作出一系列重大决策部署。习近平总书记与时俱进地提出了一系列食品药品安全工作的新

理念新思想新战略。这些战略思想是习近平新时代中国特色社会主义思想的重要组成部分，为做好新时代食品药品安全工作指明了方向。

在全国监管工作会议上，井泉同志就落实习总书记关于食品药品安全工作战略思想提出了7个必须坚持（必须坚持企业是责任主体的意识、必须坚持监管部门的职责定位、必须坚持风险管理的原则、必须坚持用好现场检查的手段、必须坚持处罚到人的要求、必须坚持阳光监管的理念、必须坚持智慧监管的创新），全系统检验检测机构要深刻认识、正确理解、准确把握7个必须坚持的相关要求。

战略定位上，牢牢把握食品药品监管工作是最大的政治。习近平总书记深刻指出，食品安全是民生，民生与安全联系在一起就是最大的政治；能不能在食品安全问题上给老百姓一个满意的交代，是对我们执政能力的重大考验；药品安全关系人身健康和生命安全，容不得含糊。我们必须深刻理解、准确把握总书记这一重要论断，不断强化责任担当，切实把食品药品安全摆到重要位置。做好食品药品监管工作就是在增进人民健康福祉，是新时代经济社会协调发展的必然要求，是实现人民对美好生活新期盼的重要支撑，是维护国家安全和社会稳定的必备条件，事关实现“两个一百年”奋斗目标。职责定位上，在坚持企业是产品质量责任主体的前提下，要坚决落实最严格的监管。检查检验是食品药品监管的两个基本手段，也是最重要的手段。检验工作应在继续发挥长期积累下来的固有优势的基础上，进一步发展壮大，与正在快速加强的检查工作取长补短，互为补充，形成合力，共同保障食品药品安全。具体工作中，找准工作着力点和方法论，着力强化体制保障和组织保障。习近平总书记要求我们用最严谨的标准、最严格的监管、最严厉的处罚、最严肃的问责，确保广大人民群众“舌尖上的安全”。这是我们工作的着力点，要着力在标准研究水平、监督检验水平、风险防控能力、检验核查处置、检验责任落实上下功夫。习近平总书记指出，要严把“从农田都餐桌”“从实验室到医院”的每一道防线，这是我们工作的方法论，检验检测工作要做好全产业链、全周期支撑，严把产品注册检验、批签发、进口检验等源头关，做好飞行检查、监督抽检等事中、事后安全检验工作。习总书记要求，要完善食品药品监管体制，增强统一性、权威性。建立职业化检查员队伍。这是食品药品安全工作的体制保障和组织保障，要提高政治站位，勇于担当、积极配合，为体制机制的完善、组织保障能力的强化贡献力量。

（二）要充分认识食品药品监管工作取得的经验成果，坚定改革目标信念

在党中央、国务院的高度重视和大力支持下，全国食品药品监管系统以深化改革鼓励创新为抓手治理顽疾、破除积弊，各项改革举措相继落地，许多突出矛盾和问题正一一破解。2017年1月，习近平总书记对国务院食品安全委员会第四次全体会议作出重要批示指出：这些年，党和政府下了很大气力去抓食品安全，食品安全形势不断转好。汪洋同志在总局《〈关于深化审评审批制度改革鼓励药品医疗器械创新意见〉发布后情况的报告》上批示：改革力度很大、制度设计科学，有此反应难得，还望继续努力。这是对我们工作的充分肯定。〈关于深化审评审批制度改革鼓励药品医疗器械创新意见〉井泉同志用“五个前所未有”分析了当前的食品药品监管形势：党中央对食品药品监管工作的重视前所未有，食品药品监管职能整合、力量得到加强前所未有，食品药品安全工作形成全党齐抓共管的态势前所未有，人民群众对食品安全工作的信心或者说食品安全的形势稳定向好的态势前所未有，药品医疗器械审评审批制度改革形成的社会共识前所未有。习近平总书记关于食品药品安全的一系列新论断和新要求，是我们开展工作的指导思想和行动指南；党中央、国务院对食品药品监管工作的一系列重大决策部署，为我们指明了具体工作方

向；五个前所未有的新形势，让我们更加坚定了改革的信心。在这样的大背景和良好的工作基础下，各级检验检测机构要不断提高政治站位，进一步统一思想，认真总结改革经验，坚定改革信心，保持战略定力，主动将自身发展放到大局中去谋划，以改革引领工作发展，下大力气再办成一些大事，着力提升食品药品监管体系和治理能力的现代化水平。

（三）深刻领会新时代社会主要矛盾变化，把握食品药品监管工作新要求

党的十九大报告指出，中国特色社会主义进入了新时代，我国社会主要矛盾已经转化为人民日益增长的美好生活需要和不平衡不充分的发展之间的矛盾。

联系食品药品监管工作，我们应该清醒地认识到，新时代食品药品安全与人民美好生活需要之间存在的矛盾和差距。食品方面，社会需求已经转变为在吃饱的基础上要吃得安全、吃得健康，与之相矛盾的是我国食品产业基础较为薄弱，农兽药残留、重金属超标、添加剂双超等问题时有发生，保健食品虚假宣传屡禁不止。药品医疗器械方面，人民群众已从解决药品、医疗器械可及性的基本需求向追求更高疗效、更加安全、全球同步方向发展。但我国医药产业科技创新支撑不够，研发创新力不足，总体质量与国际先进水平仍存在差距，一些临床急需产品难以满足公众的实际需要。

这些问题，带有初级阶段的显著特征，是典型的供给侧问题。基于主要矛盾转变的重大判断，党的十九大提出了新时代坚持和发展中国特色社会主义的基本方略。报告明确指出，提高保障和改善民生水平，加强和创新社会治理，实施健康中国战略，实施食品安全战略，健全药品供应保障制度，坚持中西医并重，传承发展中医药事业等。这是我们解决这一突出矛盾的基本遵循。我们要切实增强忧患意识和责任担当，全面系统准确地理解实施健康中国战略、食品安全战略的核心要义和基本思路，补短板、查弱项、防风险、谋发展。在全面建成小康社会的决胜阶段，基本建立起现代化的检验检测体系，能够满足人民群众日益增长的美好生活需要；2035 年基本实现现代化的时候，检验检测技术达到世界一流水平；21 世纪中叶，检验检测技术达到国际领先水平。全系统检验检测机构要有这个意识、判断和目标，毫不动摇地把十九大提出的各项任务落到实处。

三、扎实做好 2018 年检验检测工作

今年检验检测工作总的要求是，以习近平新时代中国特色社会主义思想为引领，全面贯彻党的十九大和十九届一中、二中全会精神，坚持以人民为中心，坚持稳中求进的工作总基调，以确保人民群众饮食用药安全为目标，以提高食品药品质量安全水平为中心，深入落实食品安全战略，紧紧围绕全国食品药品监管工作会议上提出的 8 项重点任务，落实各项工作部署，深化药品医疗器械审评审批制度改革，严守安全底线抓好食品药品安全抽检监测工作，全面强化体系能力建设，为推动食品药品监管工作开创新局面、促进食品药品产业持续健康发展作出新贡献。

（一）紧密联系监管实际，全面学习贯彻党的十九大精神

把学习贯彻党的十九大精神作为当前首要政治任务。充分认识党的十九大的历史意义、实践意义、理论意义和世界意义。深入学习习近平新时代中国特色社会主义思想，用习近平新时代中国特色社会主义思想武装头脑，把习总书记关于食品药品安全工作的战略思想贯彻到检验检测工作的方方面面。深刻理解做好食品药品工作的重大政治意义，切实加强党对食品药品监管工作的领导。积极探索党建与业务工作相融合，切实将广大党员干部的思想行动统一到党的十九大精神上来，结合“不忘初心”教育实践活动将党的十九大精神转化为推动实践的强大动力。

（二）加大改革和探索力度，推动审评审批制度改革工作再上新台阶

两办42号文是落实习总书记关于食品药品监管战略思想、保障药品医疗器械质量安全的迫切需要。井泉同志在全国监管工作会议上就落实42号文提出要抓好药品注册管理办法修订、启动注射剂再评价工作、建立药品品种档案、建立企业直接报告不良反应制度、继续做好仿制药质量和疗效一致性评价工作，这些工作基本上都与我们密切相关，全系统要站在讲政治的高度，强化责任和担当，想方设法将总局各项改革部署落实好。

一是进一步支持审评和检查工作。检验检测机构要充分发挥技术支撑能力和作用，加强检验检测与审评审批和检查工作的结合。要进一步健全优先检验程序，规范优先检验要求，支持审评审批，鼓励创新发展。落实职业化检查员队伍建设要求，为国家、省、市、县四级监管部门提高监管科学水平提供技术和人才支持，加大参与药品全生产链条监督检查力度和深度，积极参与飞行检查、数据核查、境外检查等工作，构建以现场检查为核心、以抽检监测为手段的监管执法体系。二是继续做好仿制药一致性评价相关工作。继续配合仿制药一致性评价工作，为仿制药技术指南的制定、质控技术方法的建立、上市后仿制药的检验检测等提供技术支持。2018年是仿制药一致性评价工作的关键年，各级检验检测机构承担的一致性评价复核检验工作必然会更重，承担任务的单位一定要高度重视，保证按时限完成检验工作。三是继续推进医疗器械分类改革和标准化工作。落实分类目录培训相关工作，为分类目录的平顺实施做好支持。深入推进高风险医疗器械风险评价和降低管理类别研究工作，做好分类目录动态管理的准备工作。进一步健全标准管理法规体系，全速推进医疗器械命名、编码工作。

（三）坚持以问题为导向，继续抓好各项监督检验工作

国家食品药品抽检工作是了解全国食品药品质量状况的重要手段，也是对违法违规行为进行打击和威慑的重要抓手。2018年全国食品安全计划抽检135万批次，国家要组织对临床使用量大、社会关注度高的162种高风险药品和64种重点医疗器械进行抽检。各级检验检测机构要按照总局统一部署，加强组织领导，严格执行2018的抽检计划，坚持问题导向、广泛覆盖、专常互补、检管结合、科学规范、四级联动的工作原则，提高抽检的靶向性。针对本行政区域内的食品药品安全风险隐患和薄弱环节开展抽检监测工作，监督企业落实主体责任，切实发挥抽检监测工作的“立体化”风险防控作用。进一步推动抽检信息公开工作，注重数据的汇总分析和综合利用，加强全国抽检监测信息的互联共享，避免数据孤岛，努力实现全国抽检监测信息系统的统一、规范，为实施智慧监管、提升工作效率和工作质量提供支持。根据总局的工作部署，中检院要联合7家授权省所，以新版《生物制品批签发管理办法》正式颁布为契机，通过组织实验室能力验证、检验方法培训、研究批签发工作机制创新等形式，进一步规范和细化生物制品批签发工作，共同提升实验室管理水平，提高我国批签发生物制品质量。

（四）加强检验技术科研创新，进一步促进食药产业健康发展

近日，总局和科技部联合印发了《关于加强和促进食品药品科技创新工作的指导意见》，该《意见》与审评审批制度改革相呼应，与“十三五”国家食品、药品安全规划有机衔接。各级检验检测机构要立足监管科技创新，落实好意见要求，推进食品药品标准基础研究，充分发挥标准对企业研发的引领作用，支持创新技术和产品转化研究，以科技创新引领和支撑食品安全和药品医疗器械产业创新发展，为深化改革鼓励创新顺利开展提供技术保障。要继续大力推进药品医疗器械标准提高行动计划，全系统检验检测机构要根据“十三五”食品、药品安全规划目标，分阶段分年度完成有关标准制修订任务，配合推进

2020年版《中国药典》制定工作。重点引导和支持“打假”技术研发，鼓励补充检验方法研究。加强科研投入，提高掺杂使假、非法添加、染色增重、擅自改变工艺等假冒伪劣产品的检验能力，建立科学合理的食品药品安全监测和评价评估技术体系，增强应急检验能力。

（五）落实检验机构责任，进一步规范检验检测工作

去年国家认监委和总局按照“双随机、一公开”的方式，对199家食品检验机构进行了现场监督检查，其中68家未通过资质认定。发现的主要问题包括分包不规范、样品管理不规范、原始记录缺乏溯源性、未按标准开展检验检测等。在对8家医疗器械检验检测机构进行监督检查时发现，部分检验机构存在数据记录不完整、不及时、无法溯源，复检工作程序不完善、过程不规范、相关记录文件缺失等问题。

各级检验检测机构要高度重视相关问题，严肃工作纪律，进行自查自纠，进一步规范检验检测工作。监督抽检工作方面，要落实好检验责任，做到规范抽检，依法核查处置，及时公开抽检信息。严肃处理抽检任务不落实、抽检信息弄虚作假等问题，确保检验数据的真实、准确、可溯源，保障检验检测工作的科学、规范、高效开展。

目前，总局正在开展重点实验室建设工作，已经发布了相关的管理办法。最近又发布了重点实验室总体规划。重点实验室的建设对加强和规范检验检测工作、解决重大监管难题具有重要意义，要遵循合理布局、精准定位等原则，明确功能定位，突出研究特色，避免低水平重复、同质化竞争，充分满足科学监管的专业能力和综合技术要求。各级检验检测机构要按照规划目标和管理要求，从监管需求和工作实际出发，做好重点实验室的建设工作。

（六）坚持从严治党不动摇，抓好党风廉政和干部队伍建设

全面从严治党永远在路上，要驰而不息、不断深化。一是深入推进全面从严治党。深入贯彻党的十九大、中央纪委二次全会精神，牢固树立“四个意识”，严格落实全国食品药品监管会议对全系统党风廉政建设工作要求，把全面从严治党决策部署落实到检验检测的各环节。始终落实好中央八项规定，把制度建设贯彻始终。强化日常管理和监督执纪，使党员领导干部知敬畏、存戒惧、守底线。二是切实转变工作作风。2017年12月1日，习近平总书记针对“四风”问题作出重要批示。在中央纪委二次全会上，总书记进一步要求，要纠正形式主义、官僚主义，一把手要负总责。食品药品监管工作关系群众切身利益，检验检测工作更是容不得半点敷衍，要深刻学习领会批示精神，坚持不懈纠正“四风”，对照四风新表现的种种形式，查找问题和不足，立行立改，建立长效机制，拿出更直接、更有效的措施来整治“四风”的新表现、旧顽疾。要重视调查研究，生物制品批签发、标准提高、复核检验等工作有关问题要及时报告，相关工作的开展、政策措施的制定实施必须深入一线调研，拿出真招实策，切实解决实际问题，充分发挥求真务实的工作作风，真正践行全心全意为人民服务的根本宗旨。三是建设能够干事创业的干部队伍。加强学习和培训，不断提高检验检测干部队伍的思想政治素质和业务能力。强化责任意识和担当精神，尤其是党员领导干部要以身作则，敢于挑重担，敢于涉险滩，坚决把“四个最严”落到实处，不负党和人民的期望。通过提高检验检测工作透明度，自觉接受社会监督，着力打造一支政治可靠、清正廉洁、业务精湛、作风优良的检验检测队伍。

同志们，新时代食品药品安全工作要有新气象、新作为。我们要以习近平新时代中国特色社会主义思想武装头脑，牢固树立“四个意识”，严格落实“四个最严”要求，不忘初心，牢记使命，圆满完成各项重点工作任务，奋力创造无愧于新时代的新成绩，一步一步将人民群众的美好

愿景变为现实，为实现“两个一百年”目标、实现中华民族伟大复兴的中国梦而不懈奋斗！

中国食品药品检定研究院党委书记、院长李波在2018年全国食品药品医疗器械检验工作电视电话会议上的讲话（节选）

一、2017年主要工作回顾

2017年是落实药品医疗器械审评审批制度改革的深化之年，也是落实鼓励药品医疗器械创新的开局之年。在总局和各省级监管部门的正确领导下，全系统各检验机构，以保障公众身体健康和生命安全为宗旨，坚持问题导向，着力排查四品一械产品潜在的系统性风险，团结奋进，戮力同心，充分发挥了对行政监管的技术支撑作用，各项工作都取得明显成效。

（一）服务监管大局，支持药品医疗器械审评审批改革成绩突出

助力改革创新，加快优先检验。按照《关于深化审评审批制度改革鼓励药品医疗器械创新的意见》，各地检验机构迅速响应，建立药品医疗器械优先检验工作程序，着力解决药品注册检验积压问题，对积压情况进行认真梳理，对未提交检验报告的品种逐一督办。全年共核对731个品种，结果及时报送药审中心。加快完成重组埃博拉病毒病疫苗、奥西替尼、索林布韦等一批临床急需的创新药品，以及介入人工生物心脏瓣膜等12个创新医疗器械产品注册检验工作，为及早获批上市提供了有力支持。统一规范进口药品注册检验技术和时限要求，对各口岸检验机构超时限的品种进行督查督办，2017年各口岸药品检验机构受理化药药品进口注册检验439件，完成注册检验并将结果发送审评中心555件，进口化学药品注册检验明显加快。按照总局部署，配合推进药包材与药品关联审评审批工作，完成注册资料审评1802份，发出补充通知730份，无品种积压现象，为关联审评审批工作夯实了基础。

仿制药一致性评价相关工作富有成效。仿制药质量与疗效一致性评价是药品医疗器械审评审批改革的重点难点之一。全系统勇挑重担、克服困难，做了大量基础性、关键性工作，推动了仿制药一致性评价工作的平稳高效开展。全系统37家药检所抽调70余名业务骨干参加参比制剂集中遴选，制定参比制剂集中遴选工作细则，发布参比制剂目录10批、品种162个，品规210个，收集整理50个原研地产品种申报参比制剂资料。起草一致性评价复核检验技术指南和复核检验分配流程。制定了原研地产化、同一生产线、国内及进口仿制药等4条一致性评价产品申报路径并配套相应程序文件。完成美国和日本橙皮书等369个品种的翻译工作，为2017年底发布的《中国上市药品目录集》奠定了基础。我院和广东、湖南、河南、河北、武汉等5个省市检验机构承担了第一批仿制药一致性评价品种的复核检验工作，并及时出具了复核检验报告。为2017年12月底第一批17个品种通过仿制药一致性评价提供了有力支持。各地还积极探索与科研院所、医院建立仿制药一致性评价技术平台，深圳市药检院、山东省院等地陆续建立生物等效性试验血样检测实验室，充分运用雄厚的检验检测技术能力，为当地开展仿制药一致性评价工作保驾护航。

医疗器械分类改革和标准管理工作不断深化。医疗器械分类管理是推进医疗器械审评审批改革的一项重要步骤。经过全系统两年多的共同努力，2017年，医疗器械分类技术委员会专业组成立，十大医疗器械检测中心和江苏省医疗器械检验所在面临各项挑战的同时，不仅作为牵头单位或参与单位协调500余名专家完成了子目录修订工作，广州、杭州、济南、上海、沈阳和北大中心还先后派出10名技术骨干承担了在京集中工作组的各项任务，为《医疗器械分类目录》的顺利发布提供了有力的技术支持。8月31日新版《医疗器械分类目录》正式发布。根据总局部署，中检院及时制定培训方案、编写教材，分期分批

开展宣贯培训和政策解读，为新《目录》的顺利实施提供了全方位的技术支持。标准管理方面，完成了《医疗器械标准管理办法》和《医疗器械标准制修订工作管理规范》的起草，并分别于7月1日实施和12月12日正式发布。对指导我国医疗器械标准化管理工作、规范标准制修订、促进标准实施和提升，提高医疗器械的质量起到了积极的推动作用。组织开展86项医疗器械行业标准制修订工作，审核发布104项医疗器械行业标准。截至目前，我国有效医疗器械标准达到1554项，其中国家标准217项，行业标准1337项，国际标准转化率达90%以上。2017年首次协助总局承办了国际医疗器械监管者论坛（IMDRF）国际标准研究工作组会议，逐步融入国际医疗器械标准研究队伍。我国医疗器械标准管理质量和水平得到了明显提升。

（二）坚持问题导向，加大监督抽检和风险防控力度

2017年，全系统共完成各类食品监督抽检任务238万批次，覆盖企业116万家，检出不合格样品7.2万批次；完成药品、医疗器械、化妆品监督抽检29万批次。食品安全抽检监测37万批次，发现不合格样品9606批次。保健食品抽检监测2569批次，发现不合格及问题样品119批次。化妆品抽检监测1.40万批次，检出不合格样品1096批次。国家药品计划抽检2.57万批次，涉及138个品种，5145家企业和使用单位，检出不合格药品529批次（制剂283批次，饮片246批次）。生物制品批签发检验1.11万批次，不予签发26批次。医疗器械计划抽检3673批，涉及2553家企业和使用单位，发现不合格产品329批次。抽检频次、覆盖面均有所增加。

充分利用抽检结果，对发现的问题及时处置。根据药品抽检结果，向250家企业发出259份药品质量提示函。总局直接对12家企业5个品种开展飞行检查，部署相关省局对162家企业36个品种开展现场检查，查实部分企业存在非法添加染色、擅自变更工艺、不按处方投料、使用不合格原辅料、质量管理体系存在严重缺陷等一系列违法违规问题，有效打击了食品药品违法犯罪行为。

加大信息公开力度。实现食品、药品抽检信息的每周公开，有效促进生产经营企业落实主体责任。全年总局发布食品抽检信息通告53期，市、县两级食品抽检信息公布率同比分别增加16%和57%。国家药品抽检通告46期，省级药品抽检通告199次。国家医疗器械质量公告29期。不合格化妆品通告15期。

深入挖掘利用抽检数据，及时对相关产品质量状况进行分析研判，完成《2016年度药品抽检年报》《2016年度医疗器械抽检年报》《2016年度广告监督监测年报》、保健食品功效抽检监测专题报告等，为总局监管决策提供数据支撑。进一步加强监督抽检制度化、程序化建设，制修订抽样操作程序、抽检品种信息调整工作程序等；配合总局修订发布《生物制品批签发管理办法》，为抽检工作的规范高效开展提供制度保障。成功举办2017年中国药品质量安全年会，向全国药品医疗器械相关企业、研究单位等，通报抽检发现的共性质量问题，共同研究解决方案，帮助企业及早发现、及早消除质量安全风险，促进产业有序健康发展。

我院根据国家药品抽检信息系统中记录的抽验数据，对各承检机构完成检验时间、抽验数据上传时间、重大问题上报、质量分析报告评议、报告书送达等工作内容进行评价，按照31家承担2017年国家药品抽验抽样工作的省局、省所抽样数量排名，我院建议总局根据排名，对抽样数量排名前十名的单位、组织工作完成情况排名前十五名的单位、质量分析报告进入全国现场评议的承检机构予以表彰。

（三）奋发有为，助推食品药品全链条管理

紧守国门，严把口岸检验关。2017年度我国药品进口批次数同比增长13.5%，呈稳定增长趋

势，20个口岸药品检验机构完成46385批次进口药品的口岸检验工作，涉及401家进口单位，到岸货值超过252亿美元。共检出101批次不合格药品，涉及岸货值8993万美元，不合格率为0.22%，连续多年持续在低位水平。口岸检验机构力量不断增强，深圳所口岸检验机构已挂牌运行。山东省、湖南省、辽宁省新增药品进口口岸申请已通过现场考核正待国务院批准。

持续大力支持检查核查工作。按照总局党组要求，全系统高度重视检验系统兼职检查员队伍建设，大力支持各级各类检查工作，积极选派骨干力量，全力协助总局、省局开展“四品一械”临床数据核查、药品医疗器械现场检查等工作。据不完全统计，各省级检验机构共参加各类现场检查、飞行检查、数据核查、仿制药一致性评价检查工作等1200余人次，累计3600余天，参加总局审核查验中心药品医疗器械境外生产现场核查29人次，发挥了检验检测机构在研发生产过程监督、生产现场检查中的重要作用，加强了药品安全的源头管理。

快速响应、及时高效完成多次应急检验任务。进一步加强监管、净化市场，更好地保障人民群众饮食用药安全。妥善应对“毒鸡蛋”事件，一周之内建立鸡蛋中氟虫腈及其代谢物残留量测定方法，抽检北京市售鸡蛋样品108批次，对监测结果进行风险评估。针对抽检发现的吸附无细胞百白破联合疫苗质量问题，及时进行风险预警，配合总局对涉事企业进行飞行检查，调集技术力量，加班加点，加速样品检测为后续处理提供支持。对目前申报批签发的每批百白破疫苗均进行效价检测，确保市场不缺疫苗、上市的疫苗质量放心。高效完成3批埃博拉病毒病疫苗应急注册检验，使我国成为世界上第二个获得生产许可埃博拉病毒病疫苗的国家。

高标准做好各项重大活动保障。全系统有关检验院所承担“一带一路”峰会、十九大、全运会等多项重大服务保障任务，出色完成会议驻地及社会全面防控检验任务，及时更新重大活动期间药品、保健食品、化妆品等监测数据，保证了重大活动食品药品质量的万无一失。

（四）抓“牛鼻子”，不断提高科学监管水平

牢牢抓住方法和标准这个“牛鼻子”，作为落实习近平总书记“四个最严”要求的重要抓手。通过修订、完善和提高食品药品检测方法与标准，不断提高食品药品质量控制水平，确保人民群众饮食用药安全。2017年，全系统组织制定26项食品安全国家标准，药品标准提高工作576项。截至2017年，全国共有31个省级药检院所、副省级城市药检院所、口岸药检所参与了“国家药品标准提高行动计划”，由最初的注射剂标准提高专项工作，逐步扩大到涵盖中药、化学药、生物制品、药用辅料、药包材、药品检验方法等各方面。药品标准质量大幅提升。按照总局党组加大打击假冒伪劣产品的要求，针对抽验中发现的潜在风险，对国内尚未形成标准、抽验范围以外、带有“潜规则”性质的项目，各地检验院所都加大了检测方法研发力度。全年新建食品、药品补充检验方法50项，同比增长85%，总局发布18项食品补充检验方法，10项食品快检方法，16项药品补充检验方法，山东、山西、广东、广西、江苏等省院所积极攻关，在本年度的工作中取得了突出成绩。云南、江西、黑龙江等省院所上报的方法也正待总局批准。研究制定《药品补充检验方法研制指南》，开展打假工作科技成果评选，不断充实打假技术储备。“补充检验方法在银杏叶药品专项治理中的应用”等相关成果，在监管实践中发挥了重大作用，得到了毕井泉局长的充分肯定。

（五）科研能力持续提高，国际合作取得新进展

学术研究成果丰厚。2017年全国副省级以上检验机构共发表论文2854篇，SCI论文186篇；获得专利117项；科技经费总计3.25亿元，68

项科技成果获奖，包括1项国家级，24项省部级（一等奖9项，二等奖7项，三等奖8项），社会力量奖19项，地方级奖24项。我院“艾滋病诊断、预防和治疗产品的评价关键技术建立与推广应用”获国家科技进步二等奖。中检院、上海所、重庆院等单位牵头承担了国家重点研发计划重点专项相关项目，实现了全系统牵头承担该领域项目零的突破。

国际交流合作已成为提高检验检测能力水平的重要着力点。与美国、英国、法国、日本、葡萄牙及中国香港等国家、地区的科研机构签订国际合作项目29项，举办国际会议11次。中检院代表国家与世界卫生组织的技术合作取得积极进展，在原有化学药品和生物制品领域两个合作中心的基础上，又增加了一个传统药植物药领域的合作中心，与世界卫生组织的快检合作研究项目顺利完成，并取得阶段性成果。值得一提的是，全系统积极参与国际药典起草，承担了70个品种任务，其中43个品种已正式收载入最新版国际药典。

重点实验室建设、能力验证着力推进。按照总局有关部署要求，完成并发布《国家食品药品监督管理总局重点实验室管理办法》，评定条件、评定程序、分类设置意见等配套文件同时发布，明确了重点实验室的定位、任务、经费来源、建设领域等，进一步强化了监管工作技术支撑和技术储备。目前已受理50多个重点实验室的申请材料。能力验证工作稳步推进，全国从事食品药品检验的实验室踊跃参与，全年能力验证累计达到2960次，同比增长85%，参与实验室突破800家，覆盖了四品一械检验检测系统实验室，进一步强化了实验室质量管理意识，为评价、监测和提高检验机构能力水平奠定了坚实基础。

此外，特别值得一提的是，全系统坚决执行国务院“放管服”改革措施，克服自身困难，自2017年4月1日至12月1日，在停征收费的8个月时间内，全国省级食品药品器械检验机构和口岸药品检验机构从大局出发，做到了检验费停收，检验工作照做，不折不扣地落实注册检验取消收费政策。为国内外企业减负约3.8亿元。

同志们，过去的一年极不平凡，全系统攻艰克难、开拓创新，密切配合贯彻落实审评审批制度改革任务，扎实推进了检验检测工作，有力支持了食品药品监管事业发展。这些成绩的取得，离不开总局和各级监管部门领导长期以来的关心和支持，离不开兢兢业业，勤劳奉献的全系统干部职工。在此，我代表中检院向全系统的干部职工表示衷心的感谢！

二、坚持以人民为中心，扎实做好检验检测工作

党的十九大作出中国特色社会主义进入新时代，我国社会主要矛盾发生变化等一系列重大政治判断，描绘了决胜全面建成小康社会，夺取新时代中国特色社会主义伟大胜利的宏伟蓝图。食品药品检验检测系统贯彻落实党的十九大精神，首要任务就是学习领会习近平新时代中国特色社会主义思想，坚持“以人民为中心”的发展理念，把保障人民饮食用药安全，保证人民用得起用得上新药、好药，作为一切工作的出发点和落脚点，切实增强做好食品药品安全工作的责任感和使命感。

党的十八大以来，党中央、国务院对食品药品安全高度重视，多次对食品药品监管工作提出要求、进行部署。习近平总书记十分牵挂食品药品安全工作，就食品药品安全工作发表了一系列重要讲话，作出一系列重要指示，要求用最严谨的标准、最严格的监管、最严厉的处罚和最严肃的问责，确保人民群众舌尖上的安全。为做好新时代食品药品安全工作指明了方向。为我们食品药品检验检测工作提供了遵循。

检验检测工作事关食品药品安全，是重大政治任务，全系统要切实提高政治站位。习近平总书记强调：食品安全是民生，民生与安全联系在一起就是最大的政治；能不能在食品安全上给老

百姓一个满意的交代，是对我们执政能力的重大考验。食品药品安全关系人身健康和生命安全，关系到人心向背和社会稳定，关系到中国梦和“两个一百年”目标的实现，容不得半点含糊。

检验检测工作要以“四个最严”为指导，切实发挥好阵地和堡垒作用。以“四个最严”作为我们检验工作的着力点，要在标准提高、监督检验技术水平、安全风险评估能力、检验责任落实上下功夫。要从严做好从产品注册检验、批签发、进口检验等源头把控，到飞行检查检验、监督抽检等全流程检验工作。既要服务医药产业发展需要，发挥技术创新的阵地作用；又要为监管服务，为人民群众饮食用药安全提供可靠技术保障，发挥堡垒作用。

检验检测工作要统一思想，按照总局统一部署，牢牢把握住改革和创新的大局，支持审评检查工作。随着药品医疗器械审评审批制度改革、各项鼓励创新政策的不断推进，已逐步形成了以审评为核心，以检查、检验为重要支撑，企业承担主体责任，实行全产业链全过程风险管理的新监管思路和理念。这种全新的思路和理念对检验检测工作提出了更高要求，需要转变思路，主动作为，进一步充分挖掘和利用检验检测机构长期以来积累的技术人才和技术能力的优势，充分发挥技术潜力，要更广泛地介入产品研发，上市流通使用等事前、事中、事后全过程质量研究，与审评、检查工作形成有效衔接，为审评审批、检查核查提供最有力、最充分的技术支持。

三、2018年重点工作安排

2018年，按照总局的工作部署，对食品药品检验检测系统的总体要求是：以习近平新时代中国特色社会主义思想为指引，认真贯彻落实党的十九大精神，贯彻学习全国食品药品监督管理暨党风廉政建设工作会议要求，坚持稳中求进的监管工作总基调，为提升食品药品安全保障水平，深入推进药品医疗器械审评审批制度改革和鼓励创新的政策落地提供技术支撑。

要坚持以人民为中心的理念，坚持问题导向，坚持创新引领，加强调查研究，加强人才队伍建设，在食品药品医疗器械全生命周期监管各环节中，发挥检验人员、检验技术和检验数据的不可或缺的作用。

（一）继续大力支持深化审评审批改革和鼓励创新相关工作

一是全力配合仿制药质量和疗效一致性评价，做好检验技术复核工作。目前，第一批13个品种（17个品规）已经通过评价，其中就有部分检验机构提供了技术复核。2018年是仿制药一致性评价工作快速推进的一年，也是基本药物中289个固体口服制剂3年评价期限截止年份，一定会有大量的仿制药一致性评价品种需要技术复核，希望各单位提早安排，有所准备，接到技术复核任务后就检验标准、检验时限与审评中心做好沟通衔接，确保按时完成任务。二是积极配合药品优先审评审批，做好优先检验工作。去年年底，总局发布了《关于鼓励药品创新实行优先审评审批的意见》。对于进入优先审评程序的新药注册申请，药品检验机构应该建立优先检验程序，在各环节科学调度和合理调配资源，优先安排样品检验，在最长不超过90日内出具检验结论。确保在时限内完成检验任务。三是配合监管方式转变，主动探索兼职检查员模式，支持检查员队伍建设。目前，总局党组积极落实两办联合发布的42号文件的要求，正在筹建职业化检查员队伍，药审中心也已成立合规办公室，审评、检查和检验等技术人员的融合发展已经成为趋势。在过去的二十年里，全国检验系统的技术人员作为兼职检查员，参与了大量GMP、GLP、GCP等各类现场检查工作，是全国检查员队伍中一支不可忽视的重要的技术力量，不但拓展了检验技术人员的专业视野，也很好地补充了职业检查员的不足。在刚刚结束的总局工作会议上，毕井泉局长在闭幕式讲话中也对全系统检验人员兼职参与检查工作提出了明确要求，并提出了检查机构与检验机构购买服务、技术人员兼职参与的思路，为今后探索进一步形成规范、长期、可持续的支持检查工作模式提供了参考。

（二）坚持问题导向，认真做好检验和风险防控工作

食品药品监管系统 2018 年工作的总基调是“稳中求进”，稳就是要防风险保安全。抽检工作是食品药品安全风险防控的重要工具。按照总局下达的 2018 年食品药品医疗器械抽检计划，坚持以问题为导向，科学合理开展检验工作，及时发现系统性、区域性的、潜在的产品质量安全风险，督促企业落实主体责任。具体到食品抽验工作，按照《食品药品检验工作规范》和 2018 年食品安全抽验计划的要求，依法、科学、规范做好 33 个食品大类、137 个食品品种，共计 135 万批次食品安全检验工作。对于药品和医疗器械的抽验工作，做好临床使用量大、社会关注度高的 162 种高风险药品和 64 种重点医疗器械的检验工作。

新修订《生物制品批签发管理办法》已于 2 月 1 日起正式实施，办法细化了签发机构的签发流程，进一步明确了签发时限要求，强化了批签发机构管理。包括中检院在内的 8 家批签发机构务必做好签发数据上传公示、年报编制等配套实施工作。

（三）坚持创新引领，开展标准研究和补充检验方法研制

检验检测技术创新是食品药品医疗器械监管科技创新的重要组成部分，是监管服务产业的重要支撑，也是我们检验检测系统的立足之本。我们要按照总局和科技部联合印发的《关于加强和促进食品药品科技创新工作的指导意见》的有关要求和总局发布的《食品药品监管总局关于进一步加强食品药品标准工作的指导意见》《医疗器械标准规划（2018－2020）》的有关要求，加强食品药品医疗器械标准、检验检测技术方法的研究，大力开展食品药品补充检验方法研究，解决监管急需和产业发展的关键问题。

一是加强标准研究。在食品标准方面，积极配合推进食品中农兽药残留限量及其检验方法、生物毒素、污染物限量等食品安全标准的制修订。在药品标准方面，配合药品标准提高计划，配合推进 2020 年版《中国药典》的编制工作。在医疗器械标准方面，开展有源、无源、体外诊断试剂类重点领域医疗器械产品标准和方法标准提高工作，制修订 100 项左右的标准。加强各技委会和技术归口单位与总局医疗器械标准管理中心的协调配合，提高标准制修订工作的科学性、规范性和时效性。在化妆品标准方面，要加快制修订基础通用、重要产品检测方法标准，加强安全风险物质残留质量标准研究等，开展化妆品禁限用物质检验方法研究，为打击掺伪使假提供支持。

二是加强补充检验方法研制。补充检验方法是打击掺杂掺假行为的“显微镜”，是体现我们检验机构技术支撑能力的重要标志。各检验机构要结合监管需要，严格按照《食品补充检验方法研制指南》和《药品补充检验方法研制指南》的有关要求开展补充检验方法的研制工作，切实保证方法的科学严谨和监管适用性，解决食品中非法添加和制假售假，部分中药饮片染色增重、以次充好这类让百姓最痛恨、最担忧的问题。突破监督执法技术瓶颈，助力打击危害食品药品安全行为。

（四）加强质量管理，提升检验能力水平

质量体系建设是检验质量的重要保障，通过质量体系的建设来确保检验数据的准确、完整、可追溯，来夯实和提升检验能力。一是要加强和重视质量体系建设。2017 年，总局会同国家认监委联合开展了系统内外食品检验机构资质认定专项监督检查，并对检查结果进行了通报，发现内部管理制度和体系文件不完善、不规范，原始记录、检验报告不规范，样品管理、分包、变更不规范以及未按标准检验和超范围检验等问题。一

方面，系统内涉及的食品检验机构要抓好问题整改，确保整改到位，严格执行食品检验机构资质认定条件和食品检验工作规范的有关要求，不断规范检验工作；另一方面，药品和医疗器械要“举一反三”，对照检查自身存在问题，强化质量管理。此外，在委托系统外食品药品医疗器械检验机构承担检验任务时，要结合通报指出的问题，加强对分包检验机构管理。二是积极参加能力验证工作。能力验证可以看作是一次检验机构的能力“统考”，既有我们政府检验机构的“自测”，也有对第三方检验机构的评估。既能提升自身能力，也能发挥培养第三方、培训第三方、监督第三方的作用。2018 年的总局能力验证计划已经发布，请各地认真贯彻落实。三是科学组织总局重点实验室的建设工作。重点实验室是食品药品监管科学技术创新的重要平台，是提升检验能力的重要抓手。各检验机构要按照《国家食品药品监督管理总局重点实验室管理办法》的要求，结合《国家食品药品监督管理总局重点实验室总体规划（2018－2020）》的安排，单独申报或与高等院校、科研院所和由社会力量举办的相关领域研究机构联合申报，力争建成一批科技创新型、示范型、标杆型的综合性重点实验室。

（五）加强调查研究，妥善应对停征药械检验收费政策

总局高度重视停征检验收费对全系统的影响，在停征收费政策出台前后，总局领导多次作出批示，召开会议研究，要求密切关注影响和后续发展。按总局要求，中检院去年底在全系统范围内组织进行了全面调查，并向总局进行了反馈。基于调查结果，为应对停征检验收费的影响，我们自身需要做好以下三个方面的工作：一是要积极争取财政经费支持。做好检验成本测算，配合省局做好与地方财政部门的沟通，争取足额的检验经费保障。二是要积极做好检验服务工作。从监管工作大局出发，打消“没有经费就不干活”的消极态度，耐心细致地做好客户服务，按要求按时限完成检验。三是要关注医疗器械注册检验，按医疗器械相关法律法规要求，对医疗器械注册申请人委托检验的注册产品依据产品技术要求进行检验，并出具检验报告用于产品注册。

（六）加强教育培训，强化人才培养体系建设

要加强检验机构能力建设，重在加强人员培训和人才培养。一是探索建立科学规范的教育培训体系建设。在过去 4 年里，中检院组织开展了 15 期地市食药检系统技术和业务管理骨干的培训，收到了良好效果。抛砖引玉，各地可以积极探索，建立符合本省市特点的人员教育培训体系，实现人员能力均衡发展。二是要加强对企业的业务指导。习总书记在谈到公共安全时，专门强调企业主体责任问题。检验检测机构不是药品生产企业的检测实验室，要让企业切实能承担起质量安全的主体责任，加强对企业一线质控技术人员的指导，实现监管关口前移，在药品生产线上第一时间捕捉问题，解决问题，从源头降低风险，提升产品质量。加强对企业的指导，既有利于节约检验资源，起到事半功倍的效果，也是深化“放管服”改革的具体实践。

（七）加强纪律建设，扎实做好党风廉政建设工作

深入学习贯彻党的十九大及十九届中纪委二次全会精神，结合自身实际，精心谋划部署和落实各项工作。严格贯彻执行中央八项规定。重点加强对关键岗位、环节和人员的监督管理。加大整治力度，始终保持高压态势，坚决纠治隐形变异“四风”问题，坚决防止“四风”反弹回潮。要针对发现的突出问题，完善相关制度规定和配套措施，把制度的篱笆扎得更紧，防止权力失控、行为失范。要严格政治纪律、政治规矩，用党章党规党纪抓好纪律建设，始终将纪律规矩挺在前面，强化对党员干部的教育、管理和监督。要运用好监督执纪“四种形态”，坚决维护党规

党纪的严肃性，向全系统传递执纪必严、违纪必究的强烈信号。要认真履责，既要履行好党委主体责任，也要大力支持纪委履行好监督职责，推动全面从严治党落地生根，不断提高反腐倡廉能力水平，营造风清气正的良好环境，为推进检验检测事业提供政治保证。

“旧岁已展千重锦，新年更进百尺杆。”同志们，推进食品药品医疗器械监管事业发展，既是我们的责任和使命，更是我们的选择和追求！站在2018年的新起点，让我们开拓新思路，落实新举措，同心协力、真抓实干，推动2018年的工作迈向新高度，为推动产业创新发展、保障公众饮食用药安全、推进健康中国战略做出新的贡献！

第一部分　检验检测

2018 年检验检测工作

概　况

中国食品药品检定研究院（以下简称“中检院”）2018 年度受理 17606 批检验检测工作（以批/检样数计），较 2017 年减少 1338 批，降幅为 7.1%。2018 年度完成 17459 份报告，较 2017 年增加 2252 份，增幅为 14.8%。

注：2018 年度统计时间 2017 年 12 月 1 日至 2018 年 11 月 30 日，其他类别包括细胞、毒种、菌种、人血浆、人血清。环境设施检验与监测自本年度单独分类。进口检验包括常规进口和进口生物制品批签发（生物制品批签发，以下简称批签发）。检品受理，指受理检验的样品批数（进口药品按检样数计，批签发除外），包括退撤检批次。检验报告书完成，指授权签字人签发检验报告书的检品批数（检样数），不包括函复结果或出具研究性报告的检品批数。

检品受理情况

2018 年度受理检品 17606 批，同比下降 7.1%。

按检品分类计，2018 年度受理化学药品 2150 批（12.2%），中药、天然药物 1262 批（7.2%），药用辅料 251 批（1.4%），生物制品 8419 批（47.8%），医疗器械 1100 批（6.3%），体外诊断试剂 1384 批（7.9%），药包材 428 批（2.4%），食品及食品接触材料（以下简称食品）247 批（1.4%），保健食品 109 批（0.6%），化妆品 221 批（1.3%），实验动物 424 批（2.4%），环境设施检验与监测 285 批（1.6%）其他类别 1326 批（7.5%）（图 1－1）。

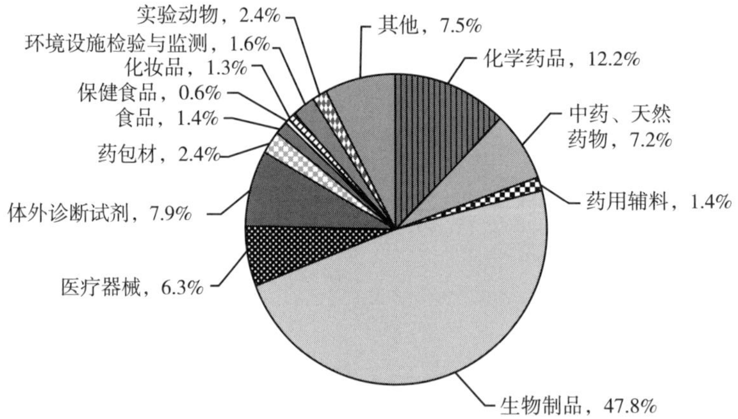

图 1－1　2018 年度各类检品受理情况

2018 年度检品受理同比变化情况：药包材增长 99.1%，药用辅料增长 47.6%，实验动物增长 39.0%，其他类别增长 10.1%，中药、天然药物增长 6.9%，化学药品增长 0.9%，生物制品下降 7.5%，食品下降 21.1%，医疗器械下降 21.8%，体外诊断试剂下降 24.1%，保健食品下降 46.3%，化妆品下降 75.1%（图 1－2）。

按检验类型计，2018 年度受理监督检验 2909 批（占总受理量的 16.5%，包括国家级计划抽验 2698 批，国家级监督抽验/监测 211 批），注册/许可检验 2572 批（14.6%），进口检验 642 批（3.6%，其中进口批签发 268 批），国产批签发

5119 批（29.1%），委托检验 1336 批（7.6%），合同检验 4583 批（26.0%），复验/复检 172 批（1.0%），认证认可及能力考核检验（以下简称认证认可检验）273 批（1.6%）（图 1-3）。

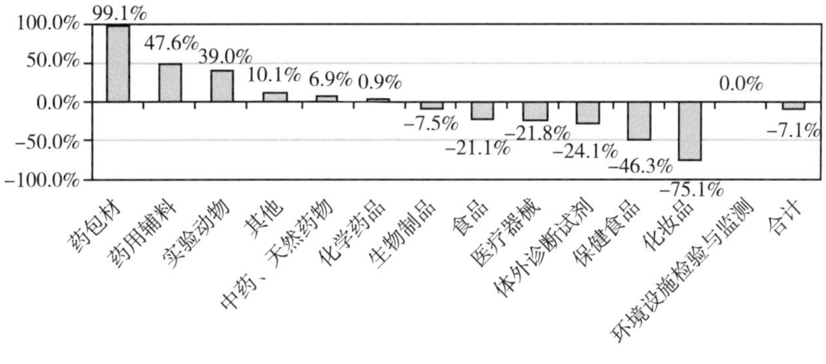

图 1-2　2018 年各类检品受理同比变化情况

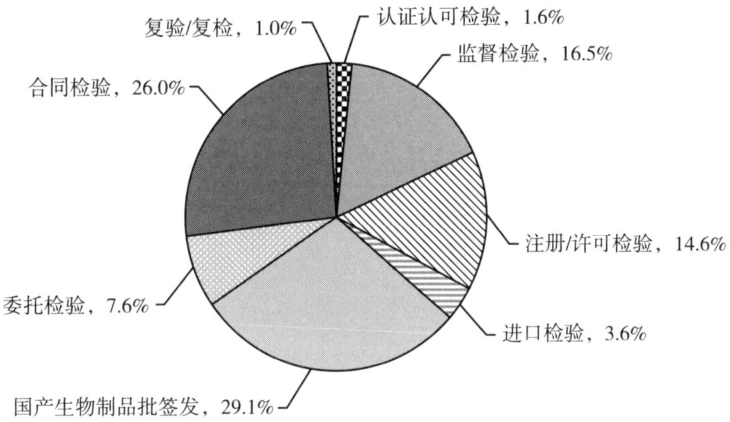

图 1-3　2018 年度各类检定业务检品受理情况

2018 年度检品受理同比变化情况：合同检验增长 22.5%，监督检验增长 5.1%，国产批签发下降 3.8%，复验/复检下降 6.0%，进口检验下降 8.3%，认证认可检验下降 17.8%，委托检验下降 20.7%，注册/许可检验下降 39.0%（图 1-4）。

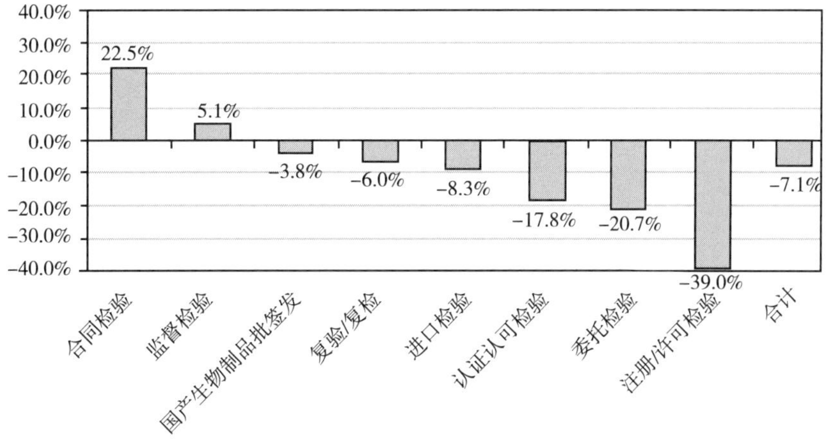

图 1-4　2018 年度各类检定业务检品受理同比变化情况

报告书完成情况

2018 年度完成 17459 份报告，同比增长 14.8%。

按检品分类计，2018 年度完成化学药品检验报告 2051 份（11.8%），中药、天然药物 1274 份（7.3%），药用辅料 129 份（0.7%），生物制品 8952 份（51.3%），医疗器械 724 份（4.2%），体外诊断试剂 1665 份（9.5%），药包材 158 份（0.9%），食品 42 份（0.24%），保健食品 179 份（1.0%），化妆品 583 份（3.3%），实验动物 398 份（2.3%），环境设施检验与监测 186 份（1.1%），其他类别 1118 份（6.4%）（图 1-5）。

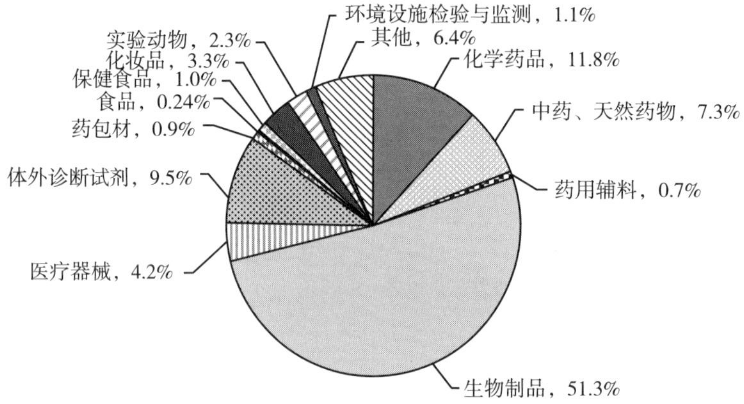

图 1-5 2018 年度各类检品报告书完成情况

2018 年度完成报告同比变化情况：食品增长 600.0%，药包材增长 95.1%，化妆品增长 83.9%，实验动物增长 35.8%，医疗器械增长 29.3%，体外诊断试剂增长 21.3%，其他类别增长 20.6%，生物制品增长 9.8%，中药、天然药物增长 7.6%，药用辅料增长 7.5%，保健食品增长 3.5%，化学药品增长 1.4%（图 1-6）。

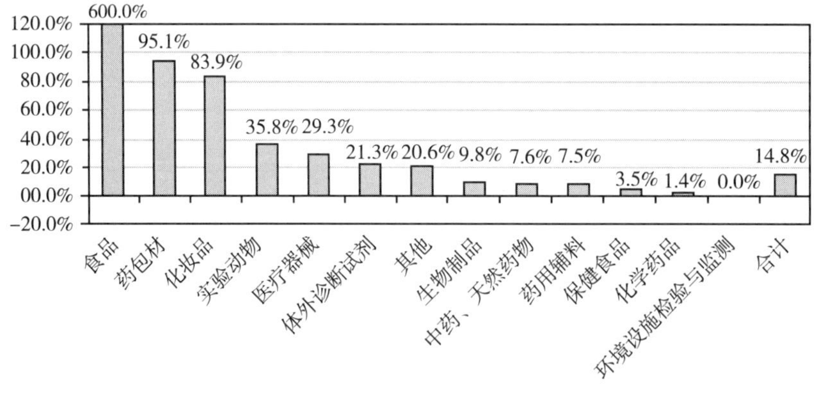

图 1-6 2018 年度各类检品报告书完成同比变化情况

按检验类型计，2018 年度完成监督检验报告 2918 份（占总签发量的 16.7%，包括国家级计划抽验 2685 份，国家级监督抽验/监测 233 份），注册/许可检验 3624 份（20.8%），进口检验 619 份（3.5%，其中进口批签发 237 批），国产批签发 5175 份（29.6%），委托检验 1258 份（7.2%），合同检验 3643 份（20.9%），复验/复检 153 份（0.9%），认证认可检验 69 份（0.4%）（图 1-7）。

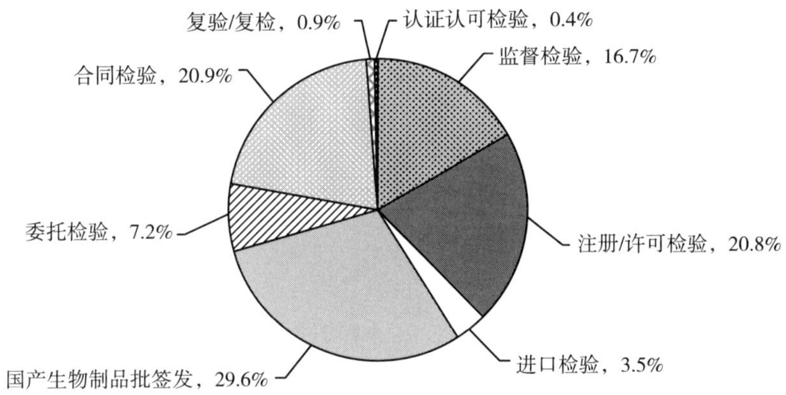

图 1－7　2018 年度各类检定业务报告书完成同比变化情况

2018 年度完成报告同比变化情况：委托检验增长 73.0%，合同检验增长 33.7%，注册/许可检验增长 17.7%，监督检验同比增长 8.5%，国产批签发增长 3.5%，进口检验增长 1.5%，复验/复检下降 25.4%，认证认可下降 59.2%（图 1－8）。

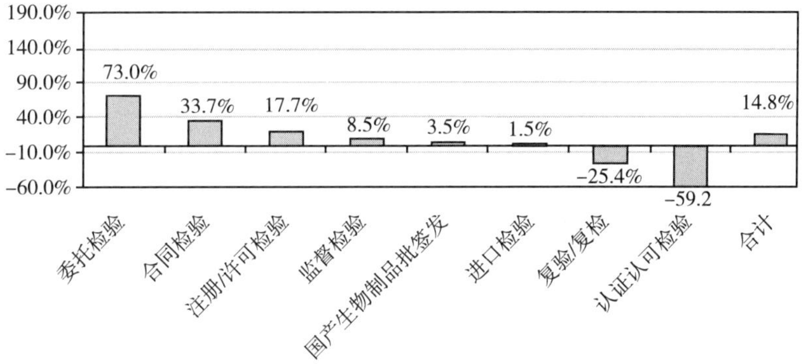

图 1－8　2018 年度各类检定业务报告书完成情况

生物制品批签发

2018 年度受理了 5387 批，同比下降 3.5%，包括国内制品 5119 批，下降 3.8%；进口制品 268 批，增长 2.7%；疫苗 4452 批，下降 3.7%，血液制品 45 批，增长 542.9%，诊断试剂 890 批，下降 6.1%（图 1－9）。

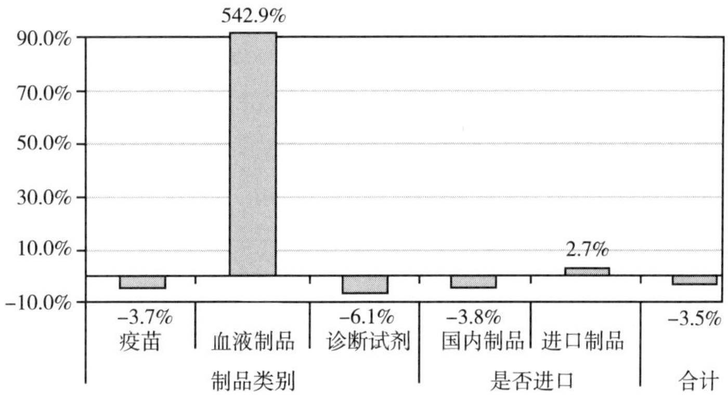

图 1－9　2018 年度批签发检品受理同比变化情况

2018 年度完成了 5412 份报告（不合格制品 26 批），同比增长 3.3%。包括国内制品 5175 批（不合格制品 26 批），增长 3.5%；进口制品 237 批，增长 0.4%；疫苗 4483 批（不合格制品 24 批），增长 4.6%；血液制品 44 批（不合格制品 1 批），增长 91.3%；诊断试剂 885 批（不合格制品 1 批），下降 4.7%（图 1－10）。

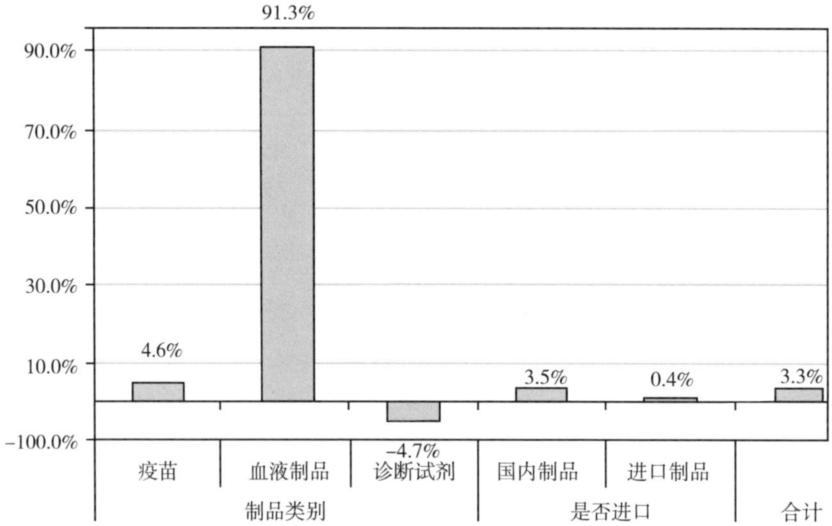

图 1－10 2018 年度批签发报告完成同比变化情况

专项工作

化妆品主动监测专项抽检工作

针对网络销售化妆品安全性问题，中检院组织开展原国家食品药品监督管理总局专项风险监测工作，编制总结报告，为监督抽检提供风险发现。搜集化妆品相关舆情信息，组织专家进行风险研判，起草化妆品应急监测方案，为化妆品抽检监测提供数据支持。协助原国家食品药品监督管理总局完成风险监测工作组成员单位遴选：制定风险监测工作组成员单位遴选初筛方案，对 30 家检验机构的申报材料进行初筛。为规范风险监测工作组成员单位的工作，起草相关机构管理制度文件。组织部分风险监测工作组成员单位开展 2018 年国家网络化妆品专项风险监测，制定工作方案，并负责汇总分析监测数据，编写总结报告。

中药材专项抽验

中药材专项抽验二期研究的民族药材共 13 个品种，分别为滇桂艾纳香、甘青青兰、洪连、土牛膝、棘豆、蓝盆花、藤茶、喜马拉雅紫茉莉、叶下珠、芸香、榛子雄花、草血竭，土牛膝，涉及藏药、蒙药、维药、彝药、苗药、壮药、土家族药、朝鲜族药和黎族药等。这些民族药材均为当地特色民族药材品种，收载于地方标准中。针对目前民族药材质量标准专属性不强的问题，按照国家标准的要求，对民族药材普遍存在的包括基原混乱，缺乏必要的鉴别、含量测定和检查项以及定性定量指标缺乏专属性等问题从基原、化学到分子生物学，进行标准提高等研究，探索民族药质量控制思路。中检院从技术层面进行顶层设计与技术指导，利用民族省区品种与资源优势，与民族省区药检院（所）优势互补，合作发展，探索适合民族药发展的技术体系，解决关键的瓶颈问题，建立符合民族药特点的质量控制新模式。该专项于 2018 年初启动，按照“深入研究、浅出标准”的指导理念，计划用 2 年时间形成民族药材质量标准草案。

药品国家评价性抽检

2018年度中检院共承担7个品种和3个专项的国家评价性抽检任务，共发出报告书1318批，其中159批次不符合规定，不仅品种及批次数为历年最多，在检验过程中还加强风险的研判，对存在的质量问题，及时向原国家食品药品监督管理总局发出“盐酸多塞平片”“肠泰合剂”“复合乳酸菌胶囊”风险提示信息。此外受理了17个品种30批样品的复验。

根据原国家食品药品监督管理总局会议纪要下达的任务和2018年国家药品抽验实施方案（中检院预算项目）计划，2018年生物制品抽验计划涵盖了7个品种，实际抽验检测了其中的5个品种。7个计划抽验品种为水痘减毒活疫苗、肠道病毒71型灭活疫苗（Vero细胞）、b型流感嗜血杆菌结合疫苗、吸附无细胞百白破联合疫苗、双价人乳头瘤病毒吸附疫苗、四价人乳头病毒疫苗（酿酒酵母）和重组人干扰素α2a注射剂。由于双价人乳头瘤病毒吸附疫苗、四价人乳头病毒疫苗（酿酒酵母）未能抽到样品，故未进行样品检验，中检院对该两个品种开展了探索性研究方法的建立工作。其余5个品种均按计划要求完成相关抽验工作，所检项目均符合法定检验标准，合格率100%。

国家医疗器械质量监督抽验

2018年，中检院在局本级国家医疗器械质量监督检验任务中承担动物源脱细胞（基）产品、骨填充（修复）材料和多参数监护仪的抽验任务。共收到各类样品31批，出具合格报告25批，不合格报告6批。

同时，还对骨修复（填充）材料及动物源脱细胞（基）产品的有机溶剂残留进行了探索性研究。发现，动物源脱细胞（基）产品有2批次检出丙三醇残留，骨修复（填充）材料中有2批次检出2－乙基己醇残留，提示在该类产品的产品技术要求中，有必要增加有害残留物的检测项目。

药用辅料及包材监督抽验

2018年，药用辅料全国评价性抽验品种为：羟丙基甲基纤维素（全项）和聚氧乙烯（35）蓖麻油（专项）；药包材：注射用冷冻干燥用卤化丁基橡胶塞（全项）和钠钙玻璃输液瓶的线热膨胀系数（专项）。抽验工作已全部完成，“注射用冷冻干燥用卤化丁基橡胶塞”作为中检院优秀质量分析报告，参与了2018年度国家药品抽检品种评议会的现场交流。

聚氧乙烯（35）蓖麻油共抽取了9批样品，法定检验合格率为100%；羟丙基甲基纤维素在全国范围内抽取了57批样品，法定检验合格率为100%；注射用冷冻干燥用卤化丁基橡胶塞共抽取71批样品，发出70批合格报告，1批不合格报告。钠钙玻璃输液瓶共抽取60批，发出47批合格报告，13批不合格报告。

应急检验工作

马兜铃酸的应急检验

根据原国家食品药品监督管理总局任务安排，中检院组织三家省级药品检验单位分别对木通、土木香、防己和龙胆泻肝丸，细辛和九味羌活丸，冠心苏合丸，风痛安胶囊进行了马兜铃酸成分的检测研究。本专项收集木通、细辛、土木香和防己4种中药饮片共计80批，收集龙胆泻肝丸、九味羌活丸、冠心苏合丸和风痛安胶囊4种中成药品种共计128批（包括重复批号4批）。结果表明有2批龙胆泻肝丸、4批风痛安胶囊检出马兜铃酸Ⅰ，表明可能存在木通混入关木通、防己混入广防己的现象。

女金丸的应急检验

根据原国家食品药品监督管理总局《关于请对女金丸和消癌平胶囊开展检验的函》（食药监

药化监便函〔2017〕364 号）要求，中检院先后对原国家食品药品监督管理总局转交由吉林一正药业集团有限公司生产的女金丸 8 批（批号分别为：150603、150604、151005、151106、160101、160102、160603、170101）进行了研究，结果吉林一正药业集团有限公司生产的 8 批女金丸存在苋菜红、亮蓝、日落黄的染色问题，染色剂集中在丸剂表面。

消癌平胶囊的应急检验

根据原国家食品药品监督管理总局《关于请对女金丸和消癌平胶囊开展检验的函》（食药监药化监便函〔2017〕364 号）要求，我院先后对原国家食品药品监督管理总局转交由南京中科药业有限公司生产的消癌平胶囊 10 批（批号分别为：20160601、20161102、20160603、20170901、20170501、20170602、20160602、20170601、20161101、20170201）进行了研究，结果南京中科药业有限公司生产的 10 批消癌平胶囊中未检出金银花的特征性成分。

缬沙坦原料及制剂中基因毒性杂质 NDMA 及 NDEA 的检测分析研究

对 7 月 29 日国家药品监督管理局（以下简称“国家局”）新闻发言人介绍浙江华海药业股份有限公司缬沙坦原料药中检出微量 *N* - 亚硝基二甲胺（NDMA）杂质有关情况和后续处理提供了技术支持。后续建立了缬沙坦中 NDMA 和 NDEA 方法，其中 NDMA 方法已在药典委员会官网公示，NDEA 的方法已报送药典委，对抽取的 21 批原料和 15 批制剂进行了全面的检测并发出报告，对有关沙坦类的药品进行了全面梳理。

对重庆医工院生产的培美曲塞二钠、蔗糖铁、阿立哌唑三个品种共 9 批样品 5 日内完成了全项检验并发出了报告。

对药审中心抽取的维格列汀片、二甲双胍维格列汀片、甲磺酸伊马替尼片三个品种共 24 批样品在 12 日内完成相关的检验工作并发出研究报告。

长春长生案件调查工作

自长春长生疫苗案件发生以来，积极配合和协助国家局案件调查工作，向国家局及调查组提供疫苗监管相关材料报告，并派专家参与现场调查和涉案疫苗风险评估报告的起草，为案件调查和处置提供技术支持。相关材料主要涉及长春长生公司疫苗批签发数据及分析、涉案狂犬病疫苗抗原含量比对研究数据和效价检测数据、涉案狂犬病疫苗临床试验血清的检测方法和检测结果、百白破疫苗效价测定实验室比对研究结果、江苏延申和河北福尔狂犬病疫苗事件调查相关材料等 30 余份正式报告或公函。另外先后派出 12 人次分别参加了对长生公司的现场抽样和现场检查、对武汉生物制品研究所有限责任公司百白破核查处置工作以及国家局组织的对其他疫苗企业的飞行检查。

第二部分　标准物质与标准化研究

概　况

2018 年，中检院全年分装 589 个品种共 300 万支，同比增长 13.2%；包装 600 个品种共 310 万支，同比增长 27.6%（表 2－1）；2012 年新版基本药物目录中所需的 1022 个品种的供应率为 100%；全院 3090 个必供品种的全年保障供应率大于 96.5%，满足监管基本需要。处理用户订单 29642 个（同比增长 90%），分发供应了 196 万支；按金额计算一级直供率为 29%，同比增长 10%。

表 2－1　2013～2018 年度国家药品标准物质分装及包装量

年度	分装		包装	
	品种数（个）	分装量（万支）	品种数（个）	包装量（万支）
2013	680	195	655	208
2014	685	204	580	191
2015	677	205	563	168
2016	582	237	672	237
2017	445	265	470	243
2018	589	300	600	310
同比	32.4%	13.2%	27.7%	27.6%

2018 年度国家药品标准物质品种总数与分类

截至 2018 年底，中检院能够提供各类标准物质 4093 种，与 2017 年相比增加 107 个品种，其中生物制品标准物质 196 种，化学对照品 2724 种，对照药材 825 种，医疗器械及体外诊断试剂标准物质 147 种，药用辅料对照品及药包材对照物质 197 种，食品标准物质 4 种。随着食品标准物质的诞生，中检院研制生产的标准物质，已经覆盖到了三品一械（表 2－2 和图 2－1）。

表 2－2　2013－2018 年度国家药品标准物质分类品种数　　单位：个

年度	生物制品标准物质	化学对照品	对照药材/对照提取物	医疗器械及体外诊断试剂标准物质	药用辅料对照品及药包材对照物质	食品标准物质	合计
2013	189	2181	740	52	55	/	3217
2014	196	2221	746	56	55	/	3274
2015	204	2520	762	64	130	/	3680
2016	197	2665	767	99	158	/	3886
2017	202	2691	798	107	188	/	3986
2018	196	2724	825	147	197	4	4093
同比	－3.0%	1.2%	3.4%	37.40%	4.8%	100%	2.7%

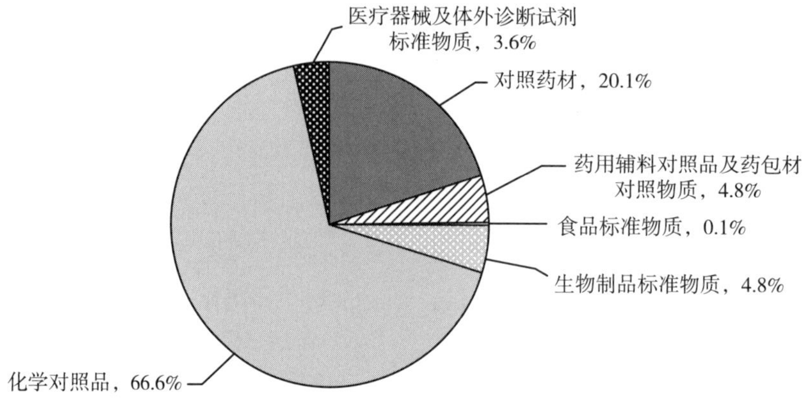

图 2－1　2018 年度国家药品标准物质品种分类情况

2018 年国家药品标准物质报告审核

2018 年共审批 593 份国家药品标准物质报告，其中，首批标准物质报告 121 份，换批标准物质报告 472 份。与 2015 年相比，标准物质报告总量增长 31.4%（表 2－3 及图 2－2）。受理企业新药标准物质原料备案品种 13 个。

表 2－3　2013～2018 年度国家药品标准物质报告审核数

单位：份

年度	首批标准物质数	换批标准物质数	合计
2013	140	551	691
2014	112	311	423
2015	298	274	538
2016	263	444	707
2017	97	373	470
2018	121	472	593
同比	24.7%	26.5%	26.2%

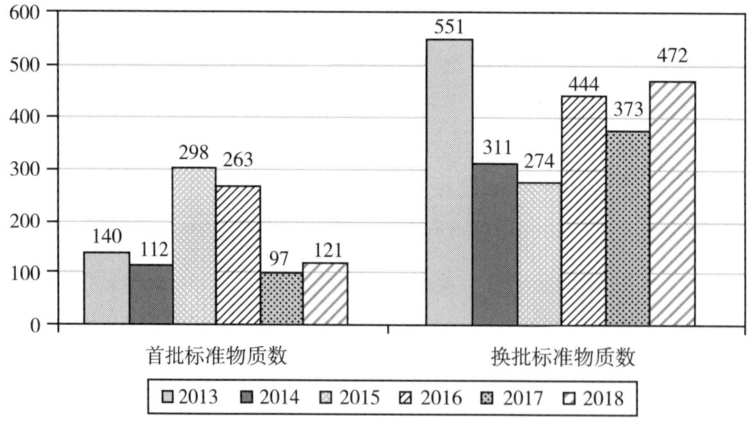

图 2－2　2013～2018 年度首批和换批国家药品标准物质报告受理情况

重点专项

生产策划和计划督导能力

年初，中检院采取“销售速度法”和“曲线拟合法”，对标准物质的需求量科学测算并组织研制。通过实施“平台日报、项目员提醒、季度督办函”的三级督办，采用内外审并举和时限管理，审评时限由原来的 20 个工作日缩减为 15 个工作日内完成，实际平均时限为 13 个工作日，而对于缬沙坦等特殊品种，仅在 3 个工作日内就完成了审评。与 2017 年相比，2018 年标准物质首批与换批计划总完成率由 72.4% 提高至 99.2%。

质量体系建设

鉴于 ISO17034：2016“标准物质生产者能力一般要求”和等同转化的 CNAS－CL04：2017“标准物质/标准样品生产者能力认可准则”的发布实施，2018 年中检院对《国家药品标准物质协作标定管理程序》《国家药品标准物质生产策划程序》等 3 个程序文件、16 个管理操作规程，以及 18 个与研制生产相关的仪器操作规范进行了制修订，加强与 ISO17034 的契合度，充实了标准物质作为一个产品的内涵，使得中检院标准物质生产策划、审评审批、协作标定等环节更加规范可靠，为中检院申请 CNAS－RMP 认可奠定了重要基础。

同期，中检院参照 ISO17034 最新要求对说明书进行了改版升级，并为了彻底清查解决标准物质说明书不规范甚至出错的问题，对所有现售品种的说明书进行了核查比对，完成 4000 个品种的核查，纠正错误 137 条，补充内容、规范格式并启用标准物质专用章；同时建立说明书标签编辑模块，固化参数和电子版格式，实现全部在售品种说明书电子化，确保说明书的准确性、严肃性、追溯性。

标准物质质量监测

为保障库存在售的国家药品标准物质的质量，中检院每年开展药品标准物质质量监测工作，按照国家药品标准物质质量监测的有关操作规范，2018 年中检院对 590 个药品标准物质品种进行质量监测。通过对影响标准物质质量的关键因素进行测定和分析，对质量发生变化的品种即时采取停用并发布公告等措施，有效保障库存在售药品标准物质的质量。经过近六年质量监测工作的实施，质量发生变化需要停用药品标准物质的品种数量明显减少，为药品标准物质的质量安全建立了一道有效的“防护网”。

体外诊断试剂标准物质管理工作

为了聚合资源，吸纳院外研制力量，实现体外诊断试剂标准物质统一管理，考虑到北京市医疗器械检验所研制的部分已获得原国家质量监督检验检疫总局批准，中检院通过多次召开院长专题会讨论，确定了将该所研制的体外诊断试剂标准物质纳入中检院统一管理的工作思路，经与北检所进行沟通讨论并达成北检所独立研制、中检院统一管理的共识，并组织召开专家认定会，议定北检所研制的 8 个品种补充完善说明书后通过技术认定。为顺利实现统一管理，中检院还根据双方议定内容起草了《关于转交 8 个体外诊断试剂标准物质统一管理和供应的协议书》。北检所的加入，聚合了研制资源，丰富了供应品种，为相关体外诊断试剂产品质量监管提供了更加有力的技术支撑。

另外，按照国家局要求，我们继续修订《体外诊断试剂国家标准品（含参考品）管理有关规定》，目前已完成第七稿，并已上报有关领导。

标准物质国际合作与应急研制

近年来完成 60 多种国外药典收载化学对照品的研制，其中，2018 年与 LGC 联合研制的 5 个药品标准物质，已经完成分析标定、全新中文产品检验报告（COA）和中英文标签的设计。双方还就 5 个品种在全球销售合作模式以及标准物质其他方面更广泛的合作签署了标准物质战略合作备忘录。

自 2018 年 7 月 7 日国内首次报道缬沙坦事件后，立即启动其中基因毒性杂质 *N*－亚硝基二甲胺（NDMA）对照品的应急研制。仅仅一个多月，就完成了查阅资料、联系原料、制备分装、分析测定、报告审评审批和对外供应等工作，实现应急研制的快速响应。NDMA 对照品的研制成功填补了药品标准物质的空白，其对外供应在国家药品标准“缬沙坦国家药品标准修订稿”征求意见稿公示期间完成，将为该标准的执行以及监督检验和质量控制提供了有力的物质保障，切实践行了中检院标准物质工作“服务行业发展，支撑监管需要”的质量目标。

开展国外标准中收载标准物质的前瞻性研究。完成了莫达非尼等7个杂质对照品的研究，使中检院自主研制的国外药典收载的品种达到了147种，为进口药上市之后的监管提供了技术储备。

建立进口药标准物质申报制度

根据《进口化学药品通关检验有关事项的公告》（2018年第12号）要求，中检院起草了《进口化学药品标准物质申报备案办法》。办法明确了进口化学药品标准物质申报备案的流程，为方便用户，提高工作效率，中检院配套建立了网上申报系统；办法对进口化学药品标准物质备案所需资料和实物数量进行了具体规定，配套了相关表单保障办法有序实施。目前已将《进口化学药品标准物质申报备案办法》及起草说明报送国家药品监督管理局药品监督管理司。

第三部分　食品药品技术监督

制度建设

标准制修订

2018 年度，对《国家药品抽查检验管理办法》进行完善和规范。

药品技术监督

国家药品抽验

2018 年，国家药品计划抽检品种共 162 个。其中，中央补助地方经费项目品种 127 个，包括化学药 42 个、抗生素 18 个、生化药 10 个、中成药 42 个、中药饮片 8 个、生物制品 1 个、药包材 2 个、药用辅料 4 个，属于国家基本药物的品种有 15 个；中检院预算项目品种 28 个，包括化学药 7 个、抗生素 1 个、生化药 2 个、中成药 1 个、中药饮片 6 个、生物制品 7 个、药包材 2 个、药用辅料 2 个，属于国家基本药物的品种有 4 个；专项抽检项目共 11 个，涉及品种 59 个，其中 45 个品种包含在中央补助地方经费项目和中检院预算项目品种中，另有 14 个品种不属于上述项目，分别是中成药非法染色添加专项品种 3 个、中药注射剂热原问题专项品种 5 个、抗生素有关物质和聚合物杂质问题专项品种 5 个、门冬氨酸洛美沙星专项品种 1 个。

2018 年，国家药品抽检抽到品种 159 个（2 个生物制品、1 个由各省自抽自检的专项品种未抽到样品）23863 批次样品。经检验，23161 批次符合规定（包括 3 批次按补充检验方法和检验项目批件检出非法成分），702 批次不符合规定，合格率 97.1%。2018 年国家药品抽检共产生 148 份质量分析报告。

《2017 年国家药品计划抽验质量状况报告》（白皮书）

根据 2017 年国家药品计划抽验结果，中检院组织院内各业务所按照《国家药品抽检药品质量状况分析报告提纲》要求撰写报告分论部分。内容包括标准检验质量状况、现行的药品标准状况、生产企业状况、品种存在的系统性风险等方面，还囊括历年抽检数据纵向分析、原因分析、汇总问题并提出了建议。本报告于 2018 年 6 月 5 日在中检院官网进行公开。

医疗器械技术监督

国家医疗器械计划抽验工作

2018 年，国家医疗器械抽检共对 62 种医疗器械开展监督抽检，对 3 种医疗器械进行风险监测。监督抽检产品中，有源医疗器械 23 种，无源医疗器械 29 种，体外诊断试剂 10 种。3 种风险监测产品均为无源医疗器械。抽样范围涵盖全国 31 个省、自治区、直辖市。抽样品种涵盖有源医疗器械、无源医疗器械、体外诊断试剂。抽样环节覆盖生产企业、进口代理单位、经营企业、使用单位。30 家具有相关资质的医疗器械检验机构承担检验工作。

2018 年，实际抽到监督抽检样品 3158 批、风险监测样品 169 批。其中，生产、进口代理、经营、使用环节各抽到样品 1525 批、198 批、634 批、970 批，分别来自 1396 家医疗器械生产企业、109 家进口代理单位、485 家医疗器械经营单位和 669 家使用单位。监督抽检样品中，有源医疗器械共抽到 425 批，无源医疗器械共抽到 2380 批，体外诊断试剂共抽到 353 批。

经检验，共发现不合格医疗器械产品256批，整体不合格率8.11%。其中，有源医疗器械不合格76批，不合格率17.88%；无源医疗器械不合格164批，不合格率6.89%；体外诊断试剂不合格16批，不合格率4.53%。

监督抽检样品中，一共有三类医疗器械1125批，二类医疗器械1973批，一类医疗器械60批。第三类医疗器械不合格共66批，不合格率5.87%，占全部不合格数量的25.78%；第二类医疗器械不合格共180批，不合格率9.12%，占全部不合格数量的70.31%；第一类医疗器械不合格共10批，不合格率16.67%，占全部不合格数量的3.91%。

国产医疗器械（内资产品）共2800批，发现不合格221批，不合格率7.89%；进口医疗器械（外资产品）共358批，发现不合格35批，不合格率9.78%。

《国家医疗器械抽检产品质量安全风险点汇总分析报告（2017年度）》和《国家医疗器械抽检年报（2017年度）》

2018年，中检院编制了《国家医疗器械抽检工作年报》。监督中心组织全国检验机构填报医疗器械质量安全风险点，发现企业生产质量管理体系、产品技术要求、国行标等方面的风险点共1600余个，并在分类归纳后完成了《国家医疗器械抽检产品质量安全风险点汇总分析报告（2017年度）》。在深入研究2017年度国抽品种的基础上，编写了《国家医疗器械抽检年报（2017年度）》。

保健食品技术监督

全国保健食品监督抽检和风险监测工作（中央转移地方支付工作）

2018年，中央转移地方任务全国共计划抽检2230批，截至2018年12月31日，实际完成抽检2222批，完成率为99.6%（由于个别省份抽取样品困难，申请调整了任务品种，所以计划完成率未达100.0%）。共发现不合格样品31批次，不合格率为1.40%；在抽取的样品中，有1765批次同时开展了风险监测，发现问题样品19批次，问题检出率为1.08%。

保健食品专项监督抽检和风险监测工作（总局本级工作）

2018年，总局本级任务计划完成抽检710批（包括常规抽检360批次，网抽200批次，进口样品150批次）。截至2018年12月31日，实际完成抽检695批，计划完成率为97.9%（由于总局本级第四季度任务中部分样品未完全提交，所以计划完成率未达100.0%），不合格样品14批次，不合格率为2.01%；在抽取的样品中，有574批次同时开展了风险监测，发现问题样品20批次，问题检出率为3.48%。

食品及保健食品专项抽检监测工作

2018年，中检院协助原国家食品药品监督管理总局食监三司组织开展食品及保健食品专项抽检监测工作。该专项工作总计抽检770批次，其中总局本级任务200批次，省级局任务570批次。总计发现4批次不合格样品，不合格率为0.52%，未发现问题样品。

涉嫌食品、保健食品欺诈和虚假宣传专项整治抽检监测工作

2018年，中检院协助原国家食品药品监督管理总局食监三司组织开展涉嫌食品、保健食品欺诈和虚假宣传专项整治抽检监测专项工作。该专项计划抽检1400批次，实际抽检1414批，完成率100%。其中监督抽检1006批次，发现不合格产品21批，不合格样品检出率2.09%；风险监测1107批，发现问题产品26批，问题样品检出率2.35%。

总结分析报告

对2017年全年保健食品抽检监测相关的工作进行详尽的汇总，包括工作计划、工作总结、不合格和问题产品数据、信息通告、经费预算等。最终完成《2017年保健食品监督抽检和风险监测工作总结及汇编》和《2017年国家保健食品安全监督抽检工作年报》并报送相关部门。

广告技术监督

2018年，全国31个省、自治区、直辖市食品药品监督管理部门（以下简称：省级局）审批药品广告12480个、医疗器械广告24794个、保健食品广告7451个，共计44725个广告。受原国家食品药品监督管理总局稽查局委托，中检院对其中的10987个广告进行抽查，抽查比例为24.6%，经与省级局沟通，及时处理了478个存在问题的广告（药品277个、医疗器械82个、保健食品119个），仍有3个存在问题的保健食品广告未处理，已在“广告审查监管系统”中予以标注或要求省级局调回复审。

2018年1至11月，广告监测工作改为重点媒体抽查方式。监测范围涉及170家电视台和180份报纸。中检院共监测到电视、报纸严重违法广告20447条次，涉及电视广告18291条次，报纸广告2156条次，其中药品广告10409条次，医疗器械广告1132条次，保健食品广告8906条次。

2018年1至11月，通过委托公司主动监测，中检院对552个涉嫌互联网发布“三品一械”违法广告信息的违法网站进行复审和研判，373个网站属于发布“三品一械”严重违法广告网站，其中有55个网站发布药品广告，42个网站发布医疗器械广告，276个网站发布保健食品广告；发布严重违法广告的网站中，有77个网站属于企业官网，296个网站属于电商平。据此，原国家总局稽查局将有ICP备案的315个违法网站转办各省级局进行处置，将没有ICP备案的17个违法网站移送工信部作关闭处理，将41个服务器设在境外或者港澳台的网站提请国家互联网信息办公室屏蔽。

2018年，汇总各省级局上报违法广告公告70期，涉及7021次违法广告（药品6472次，医疗器械133次，保健食品416次）；各地因发布违法广告共撤销或收回广告批准文号93个，其中，药品广告63个；医疗器械广告20个；保健食品广告10个；各地采取暂停销售的行政强制措施36次。

第四部分　质量管理

能力验证提供者体系的建设和运行

2018 年，中检院组织接受了 CNAS - PTP 复评审，三个地点共 31 个样品、77 个参数通过认可，维持了能力验证提供者资格，扩大了认可领域和参数，为下一步做好能力验证工作打好了更坚实的基础。

组织按照国际标准《ISO/IEC 17043 能力验证提供者通用要求》组织实施 10 个总局能力验证计划，总计 658 家单位报名，参与了 1520 项次，有 1329 项次满意，10 个能力验证计划总体满意率为 87.43%，其中，食品药品医疗器械检验检测系统内有 419 家单位报名，参加了 1171 项次，有 1024 项满意，总体满意率为 87.45%。

除了原国家食品药品监督管理总局项目外，中检院还组织实施了 33 个系统能力验证计划，报名单位 900 余家，参加项次累计数量达到 3562 项次。

继续开展测量审核工作，截至 2018 年 11 月 23 日，共收到 202 个测量审核申请，签发 182 份测量审核报告，服务系统内外各实验室。

检验检测质量管理体系的运行与维护

换证复评审

2018 年 1 月 22 ~ 23 日，接受了 CNAS 评审组对中检院进行了为期 2 天的实验室认可、检验检测机构资质认定二合一复评审。评审组对我院天坛和大兴两个实验区申请的药品、生物制品、实验动物、药品包装材料、诊断试剂、无源医疗器械、有源医疗器械、食品、保健食品、食品接触材料、化妆品、生活饮用水、洁净区（室）等 13 个检测领域的技术能力进行了确认。评审组认为我院管理体系运行有效，能够保障实验检测工作的正常运行，实验室人员配备和技术能力能够满足申请认可的技术范围要求；特别是搬迁至大兴新址后，实验室条件得到明显改善，实验室布局和环境条件满足所开展检测工作要求，质量体系和技术能力符合实验室认可和资质认定的相关要求。评审后，我院通过认可的参数，天坛 1580 个能力参数/项目，大兴 737 个能力参数/项目。

扩项评审

2018 年 9 月，中检院包材辅料所申请进行洁净环境检测项目的 CNAS 和 CMA 的扩项评审。9 月 13 ~ 14 日，接受了评审组的现场检查，通过听取汇报、现场核查检验经历报告，以及仪器设备、安排现场试验等多种方式，对申请扩项参数的技术能力进行了现场评审和资质认可。评审组一致认为，包材辅料所搬迁至药检楼后，实验室条件得到了明显改善，各种质量活动均处于受控状态，实验室布局、环境条件和资源配备可以满足所开展药用辅料、药包材、洁净环境检测工作要求，质量体系和人员配备和技术能力符合此次实验室扩项认可和资质认定的相关技术要求。评审组认可了此次申请认可的 161 个参数的检测能力。

质量体系文件日常控制管理工作

中检院体系文件共计 8431 个。截至 11 月 23 日，新制订文件 754 个，修订改版文件 615 个，废止文件 48 个，定期审核文件 370 个。

针对当前实验室普遍存在的问题，组织了多次包括色谱数据完整性、能力验证统计和评价等内容的培训，共计200人次参加。

承担CNAS实验室技术委员会药品专业委员会工作

CNAS实验室专门委员会全体委员会议

中检院作为CNAS药品专委会秘书处挂靠单位，完成专委会相关工作。分别于2018年5月和11月，召开了2次CNAS实验室专门委员会第四届药品专业委员会全体委员会议。在2018年，完成了第四届药品专委会的组建工作，完成了药品评审员培训、药品相关领域检测实验室人员培训，开展了人体生物样品管理指南研究、器械领域专业项目指南研究、诊断试剂应用指南研究等课题工作。2019年将在培训、能力验证、专项研究等方面继续发挥专委会的作用，为CNAS提供技术保障。

中国药学会第五届药物检测质量管理学术研讨会

中检院组织召开了中国药学会第五届药物检测质量管理学术研讨会。来自全国食品药品检验检测机构、科研院所、高等院校、医药企业领域的230余名代表参加了本次会议。会议邀请了5位专家，分别就《新版ISO 17025：2017认可政策》《检验报告的法律效力和责任承担》《新版ISO 17025的风险分析》《新准则下管理体系文件转换实施构想》《药包材相容性检测技术整体解决方案》等内容作特邀报告。本次研讨会征集到来自全国食品药品检验机构、医药企业、高等院校、医疗机构等领域代表论文89篇，集中论述药品检测质量管理的应用中迫切需要解决的热点难点问题。在实验室管理和检测技术两个分会场进行报告交流19篇优秀论文，经过专家现场审评。会议期间，召开了中国药学会第一届药物检测质量管理专业委员会第五次会议，学习传达《关于进一步加强中国科协所属学会党委建设的指导意见（试行）》等文件，讨论总结专业委员会2017年工作总结及2018年工作计划，研究药物检测质量管理专业委员会换届事宜等。

重点实验室工作

2017年11月23日启动申报工作，截至2018年2月28日，共收到申报材料130份，包括食品类48份、药品类61份、化妆品类5份、医疗器械类16份。秘书处组织力量，对收到的申报材料进行了完整性和符合性审查，提出核查要点，统一核查标准，并根据重点实验室现场核查评分标准对药品领域的申报材料进行了摸底打分，为后续答辩和现场核查工作做准备。

组织制定了重点实验室评定条件、评定程序、分类设置意见、申请书等配套实施文件；组织专家编制了重点实验室答辩评分标准、现场核查评分标准等评定操作细则；并讨论制定了评定工作纪律要求、评定专家公正性保密及廉洁自律声明等工作细则，已汇编形成评定工作手册。

开展重点实验室评定专家委员会组建工作，起草了专家委员会章程。向原国家食品药品监督管理总局直属单位、各省级局、相关部委及高校、相关科研院所发出推荐专家候选人的函，共收回786份推荐表。其中省级局推荐390人，相关部委推荐25人，直属单位推荐210人，高校107人，科研院所推荐54人。经审核，符合“具有正高级技术职称或同等专业水平，在食品、药品、化妆品、医疗器械、实验室管理等方面具有专业特长”等条件的500名专家进入重点实验室评定专家库。根据重点实验室分类设置意见中的重点实验室领域划分（食品设置29类实验室、药品设置29类实验室、化妆品设置8类实验室、医疗器械设置17类实验室，共83类），考虑到评定工作中的回避原则及评定工作与专家日常工作时间的协调问题，提出了111名专家组成的原国家总局重点实验室评定专家委员会委员名单，完成了公示程序。

目前着手进行重点实验室评定方案的制订、配合局机构改革，修改相关配套文件、随时准备启动重点实验室评定工作。

完成WHO－PQ药品质量控制实验室预认证复评审

2018年8月27～30日，WHO专家组对中检院化学药品检验质量体系进行了为期4天的现场检查（WHO－PQ）。检查组按照WHO－GPCL对质量管理相关的各个方面进行了深入、细致、全面的检查。评审专家对中检院在质量体系建设方面所做的努力与取得的成果给予了充分肯定，认为中检院的质量体系持续基本满足WHO GPCL的要求，经过提交书面整改，目前已获得通过复评审。通过WHO－PQ的复评审检查，完善了以ISO/IEC17025为主，涵盖GXP的质量管理体系．对于提升中检院质量控制水平，提升中检院的国际形象具有重要意义。

系统发展与指导

2018年11月7～8日，在湖北省宜昌市组织召开2018年全国系统能力验证工作会议。各省、自治区、直辖市食品、药品检验所（院），药用包材、辅料检验所，中央军委后勤保障部卫生局，各省级医疗器械检验机构分管质量工作的所负责人、质保科负责人及CNAS相关人员150人参加此次会议。此次会议，全面回顾了五年来中检院开展的能力验证工作，深度剖析了检验检测机构在能力验证工作中所遇到的问题。针对实施中发现的问题，集思广益，为更好地开展能力验证工作打下坚实的基础。

第五部分　科研管理

概　述

2018 年，中检院在研课题 158 个，科研经费到账 18078.6 万元，其中 2018 年立项课题 49 个（表 5－1），获得专利授权 10 项（表 5－2），获得科学技术奖 5 项（表 5－3），主编出版论著 9 部，公开发表论文 554 篇，其中 SCI 论文 88 篇，影响因子最高为 41.058（附录）。

中检院制定发布了《科研课题间接费使用细则（试行）》《科研课题结题结账及结余资金使用管理细则（试行）》《科研项目和课题预算调整管理细则（试行）》和《科研课题财务助理管理细则（试行）》4 个管理细则，及《补充检验方法研究基金管理办法（试行）》。

中检院举办以“创新监管科技 巩固食药安全”为主题的中检院科技周活动。全年围绕促进新药创新和加快审评审批组织了 7 场学术论坛。邀请国内外专家做了 8 场学术报告。还与中国药学会联合主办国家药品监督管理局 2018 年“药品安全　强国富民”科技周开放日活动。

表 5－1　2018 年立项课题

序号	项目（课题）名称	负责人	专项经费（万元）	起止日期	经费来源	备注
1	创新药物非临床安全性评价研究关键技术	李　波	8459.22	2018.1—2020.12	国家科技重大专项	承担
2	创新生物技术药评价及标准化关键技术研究	王佑春	9121.80	2018.1—2020.12	国家科技重大专项	承担
3	突发急性传染病诊断试剂参考品及评价技术研究	张春涛	4352.85	2018.1—2020.12	国家科技重大专项	承担
4	中药组分资源库及产业公共技术服务平台建设	马双成	940.51	2018.1—2020.12	国家科技重大专项	承担
5	以百白破为基础的联合疫苗质量控制平台研究	马　霄	1132.83	2018.1—2020.12	国家科技重大专项	承担
6	我国食品检验相关参考菌种库及即用型微生物活体参考物质的研究与评价	崔生辉	494	2018.1—2020.12	国家重点研发计划	承担
7	我国食品微生物检验培养基相关参考体系研究与评价	王金恒	390	2018.1—2020.12	国家重点研发计划	承担
8	贝类中致病微生物富集过程及控制技术	张　洁	335	2018.1—2020.12	国家重点研发计划	承担
9	食品中快速检测方法评价对照物质研究	钮正睿	456	2018.1—2020.12	国家重点研发计划	承担
10	食源性微生物溯源质控物质体系及其应用研究	李景云	550	2018.12—2021.12	国家重点研发计划	承担
11	食源性微生物溯源分析与网络监管平台构建与应用	徐颖华	573	2018.12—2021.12	国家重点研发计划	承担
12	镍钛形状记忆合金及植入器械评价方法和标准化研究	汤京龙	98	2018.9—2021.6	国家重点研发计划	承担

续表

序号	项目（课题）名称	负责人	专项经费（万元）	起止日期	经费来源	备注
13	低模量钛合金及植入器械检测技术和标准化研究	王　健	298	2018.9—2021.6	国家重点研发计划	承担
14	毒性中药饮片质量标准及科学性研究	张　萍	118	2018.12—2021.12	国家重点研发计划	承担
15	基于氯法齐明的苯酚嗪类衍生物抗狂犬病毒活性与作用机制及化学基础	刘　强	55	2019.1—2022.12	国家自然科学基金	承担
16	实验用鸡鸭鹅鸽的微生物地方标准及相关检测技术研究	岳秉飞	30	2018.1—2020.6	北京市科技计划	承担
17	变应原制品质量控制研究	张　影	100	2018.1—2018.12	中国医学科学院重点实验室	承担
18	血清 HBV RNA 等新型检测试剂国家参考品的研制	周　诚	83.19	2018.1—2020.12	国家科技重大专项	参加
19	功能性治愈临床治疗的质量控制研究	赵晨燕	110.55	2018.1—2020.12	国家科技重大专项	参加
20	马兜铃酸对转基因小鼠短期致肝癌和人肝细胞致突变试验研究	耿兴超	152.29	2018.1—2020.12	国家科技重大专项	参加
21	呼吸道细菌鉴定技术与参比库的建立	徐　潇	356.25	2018.1—2020.12	国家科技重大专项	参加
22	13 价肺炎球菌结合疫苗质量和效力评价体系的建立及应用	叶　强	253.18	2018.1—2020.12	国家科技重大专项	参加
23	重组人血白蛋白质量控制关键技术和标准研究	王敏力	169.73	2018.1—2020.12	国家科技重大专项	参加
24	Sabin 株脊髓灰质炎灭活疫苗国际化及世界卫生组织预认证	李长贵	514.48	2018.1—2020.12	国家科技重大专项	参加
25	EV71 疫苗国际化的质控及评价研究	毛群颖	611.87	2018.1—2020.12	国家科技重大专项	参加
26	NoV、RSV 等新型疫苗及类病毒颗粒相关平台技术体系研究	刘悦越	77.87	2018.1—2020.12	国家科技重大专项	参加
27	溶瘤病毒产品质量和安全评价技术研究	李永红	248.84	2018.1—2020.12	国家科技重大专项	参加
28	高清内镜系统研发及产业化	李　宁	20	2017.7—2020.12	国家重点研发计划	参加
29	藿苷片	刘丽娜	30	2017.7—2019.12	国家科技重大专项	参加
30	混合人工肝系统的构建与优化	徐丽明	139.75	2018.7—2020.12	国家重点研发计划	参加
31	食品中生物类致癌物的监测技术研究	李　莉	230	2018.1—2020.12	国家重点研发计划	参加
32	可诱导韧带再生的高强度植入系统的研发	陈　亮	65	2018.9—2021.6	国家重点研发计划	参加
33	血管靶向光动力设备在皮肤和眼科血管疾病治疗的应用示范	戎善奎	5	2018.6—2021.5	国家重点研发计划	参加
34	3D 打印钛合金及植入器械标准化和审评指南研究	付步芳	10	2018.9—2021.6	国家重点研发计划	参加
35	EV71/CVA16 衣壳蛋白 VP0 的裂解及其对感染性和疫苗免疫原性的影响	毛群颖	19	2018.1—2021.12	国家自然科学基金	参加
36	医学微生物资源共享服务子平台运行与服务支撑	王佑春 叶　强	120	2018.1—2018.12	国家科技基础条件平台	参加

续表

序号	项目（课题）名称	负责人	专项经费（万元）	起止日期	经费来源	备注
37	国家实验细胞资源共享服务平台	孟淑芳	10	2018.1—2018.12	国家科技基础条件平台	参加
38	中藏药材数字化数据的加工审核及信息系统的完善	马双成 康　帅	40	2018.1—2020.8	青海省创新平台建设专项	参加
39	百年科技强国发展战略研究－健康科技	王军志	10	2018.2—2018.12	中国工程院战略研究	参加
40	食品中有壳类海鲜过敏原的检测	孙姗姗	7.3	2018.8—2020.8	院中青年发展研究基金	承担
41	化妆品纳米颗粒的检测方法研究	李硕	7.8	2018.8—2020.8	院中青年发展研究基金	承担
42	月柿提取物质量标准建立及其功效特性的研究	张伟清	6.8	2018.8—2020.8	院中青年发展研究基金	承担
43	猪肉中多种类兽药残留检测方法的优化及建立	王　聪	6.6	2018.8—2020.8	院中青年发展研究基金	承担
44	蛇毒蛋白类多组分生化药科博肽的物质基础与质量控制方法研究	刘　博	7.9	2018.8—2020.8	院中青年发展研究基金	承担
45	人工智能医疗器械软件性能评价方法研究	张　超	6	2018.8—2020.8	院中青年发展研究基金	承担
46	ICC－qPCR 病毒灭活验证方法的建立及其应用	段晓杰	6.9	2018.8—2020.8	院中青年发展研究基金	承担
47	蛋白制剂中表面活性剂辅料对主药聚集的影响机制研究	王　珏	6.36	2018.8—2020.8	院中青年发展研究基金	承担
48	不同临床时期梅毒感染者样本的抗体谱变化对梅毒诊断试剂质量影响研究	夏德菊	7.8	2018.8—2020.8	院中青年发展研究基金	承担
49	政府会计制度改革下中检院会计核算指南研究	李平生	3.4	2018.8—2020.8	院中青年发展研究基金	承担

表 5－2　2018 年获得专利授权项目

序号	专利名称	授权专利号	公告号	授权日期	专利类型	专利权人	发明人
1	一种减少不良反应的头孢米诺钠化合物及其制剂	ZL20161043714.9	CN104013655B	2017/12/12	发明专利	中国食品药品检定研究院	蒋晨；胡昌勤；周晓东
2	一种微生物低温保存保护剂	ZL20161112053.8	CN103386128B	2018/9/11	发明专利	中国食品药品检定研究院	赵爱华；王国治；付丽丽；寇丽杰
3	普伐他汀钠药物共晶及其制备方法和用途	ZL20151062804.5	CN105646545B	2018/6/26	发明专利	中国食品药品检定研究院	张娜；武香香；吕扬；何兰；杨化新
4	假病毒包装系统及其用途	ZL20151029395.5	CN105646540B	2018/4/10	发明专利	中国食品药品检定研究院	王佑春；马建；聂建辉；刘强；黄维金
5	一种布氏菌疫苗	ZL20151012466.3	CN105646539B	2018/3/16	发明专利	中国食品药品检定研究院	魏东；陈成；李恪梅；王国治

续表

序号	专利名称	授权专利号	公告号	授权日期	专利类型	专利权人	发明人
6	一种食品中合成药物成分的检测方法及其应用	ZL20151012255.5	CN104792987B	2018/7/13	发明专利	中国食品药品检定研究院	武力；刘晓静；李琼；彭华；张仲夏；李广勤；张庆生；曹进
7	牛棒状杆菌实时荧光定量PCR检测试剂盒及其专用引物和探针	ZL20151008884.1	CN105622635B	2018/1/16	发明专利	中国食品药品检定研究院	邢进；冯育芳；岳秉飞；贺争鸣
8	一种制备iGb3S基因敲除的非人哺乳动物的方法及应用	ZL20141031328.0	CN104846115B	2018/2/2	发明专利	中国食品药品检定研究院	徐丽明；邵安良；范昌发；单永强；陆艳；章娜；杨昭鹏；林永亮；徐斌
9	一种橙皮苷类免疫亲和柱的制备及其应用	ZL20141002536.1	CN104880555B	2018/1/6	发明专利	中国食品药品检定研究院	刘丽娜；金红宇；马双成；王莹；王涛
10	一种大量制备BCG－CpG－DNA的方法	ZL20131058605.7	CN104771753B	2018/5/15	发明专利	中国食品药品检定研究院	王国治；赵爱华；寇丽杰

表5－3 2018年获得科技奖励项目

序号	项目名称	获奖等级	完成单位	主要完成人（获奖人）
1	全球消灭脊灰行动计划关键疫苗（国家Ⅰ类新药sIPV及bOPV）的研发及应用	中国药学会科学技术奖一等奖	中国生物技术股份有限公司，中国食品药品检定研究院，北京北生研生物制品有限公司	杨晓明，王军志，王辉，李长贵，吴永林，魏树源，赵玉秀，王红燕，英志芳，杨云凯，王剑锋，张晋，李爱灵，梁宏阳，王守智
2	结核病预防、诊断与治疗制品质量评价关键技术体系的建立与应用	中国药学会科学技术奖二等奖	中国食品药品检定研究院，重庆医科大学附属第一医院	王国治，徐苗，赵爱华，陈保文，卢锦标，沈小兵，都伟欣，苏城，杨蕾，罗永艾，黎友伦，彭丽，王璞，周丽蓉，郭述良
3	戊型肝炎新病原的发现、诊断新技术和人畜传播研究	华夏医学科技奖二等奖	中国食品药品检定研究院，北京大学，河北大学，西北民族大学，长春理工大学	王佑春，庄辉，王玲，黄维金，赵晨燕，耿彦生，张峰，周诚，冯若飞，于源华
4	我国实验动物质量检测能力验证体系的创建与应用	中国实验动物学会科学技术奖二等奖	中国食品药品检定研究院	岳秉飞，王洪，魏杰，付瑞，邢进，冯育芳，王吉，李晓波
5	北京市实验动物微生物与遗传质量监测体系的建立与应用	北京市实验动物协会科学技术奖一等奖	中国食品药品检定研究院	岳秉飞，付瑞，邢进，王洪，王吉，魏杰，冯育芳，李晓波，王淑菁，黄健，巩薇，贺争鸣

中青年发展研究基金课题验收工作

2018年11月20～21日，中检院组织召开2016年度立项及2015年度延期的15个中青年发展研究基金课题（表5－4）结题验收会。20日为中药、化药、药包材、标物、管理领域的7个课题答辩评审验收，评审专家组由肖新月、孙会敏、许明哲等7位专家组成，肖新月研究员担任专家组组长，7个课题通均过验收，最高分91.0分，最低分85.8分。21日为生检、安评、医疗器械、诊断试剂、实验动物领域的8个课题答辩评审验收，评审专家组由王佑春、岳秉飞、曾明等9位专家组成，王佑春研究员担任专家组组长，8个课题均通过验收，最高分88.57分，最低分82.43分。

表5－4　2018年度中青年发展研究基金结题验收课题

序号	课题名称	课题负责人	验收得分
1	二维液相色谱法用于复方罗布麻片Ⅰ质控的研究	刘朝霞	86.40
2	促卵泡激素（FSH）体外生物学活性检测方法的建立及方法学研究	王绿音	91
3	药用玻璃及药用卤化丁基橡胶塞相容性研究方法指导原则的建立	李　樾	90.6
4	基于生药学及分子生物学技术的两面针真伪鉴别方法研究	余坤子	87
5	对照药材制备中前处理冻干方法的研究与建立	张　琪	86.8
6	六西格玛理论在标准物质统计过程管理中的应用研究	谢晶鑫	88.2
7	技术人员上岗资质审批信息系统的建立和运用	黄小波	85.8
8	猪圆环病毒1型细胞基质适应株筛选及参考品的建立	于晴川	86.43
9	HLA基因多态性对轮状病毒减毒活疫苗免疫原性的影响分析	刘悦越	87
10	百日咳微量杀菌力方法的建立和应用	卫　辰	88.43
11	第二代测序技术病原微生物多重核酸检测试剂质量评价研究	刘东来	87.14
12	大鼠心脏毒性miRNA标志物研究	潘东升	83.57
13	体内组织工程法促进糖尿病裸鼠创面愈合的评价研究	王　涵	84.29
14	多模式下的呼吸机性能评价方法研究	侯晓旭	88.57
15	开发一种实验动物设施环境便捷检测平台的研究	刘　巍	82.43

中青年发展研究基金课题申报工作

2018年度中国食品药品检定研究院“中青年发展研究基金”课题申报工作于7月27日启动，各所、处、室、中心共推荐19个申报课题，14个通过形式审查并符合立项要求的课题进入答辩评审，9月27日，由院学术委员会委员胡昌勤、岳秉飞、王春仁等14位专家组成的专家组听取申请人汇报并予评审，评审结果经主管院长、院长批准，给予“食品中有壳类海鲜过敏原的检测”等10个课题（表5－5）立项支持，专项经费66.86万元。

表5－5　2018年度中青年发展研究基金立项课题

序号	课题名称	申请人	经费额度
1	食品中有壳类海鲜过敏原的检测	孙姗姗	7.3
2	化妆品纳米颗粒的检测方法研究	李　硕	7.8
3	月柿提取物质量标准建立及其功效特性的研究	张伟清	6.8
4	猪肉中多种类兽药残留检测方法的优化及建立	王　聪	6.6

续表

序号	课题名称	申请人	经费额度
5	蛇毒蛋白类多组分生化药科博肽的物质基础与质量控制方法研究	刘　博	7.9
6	人工智能医疗器械软件性能评价方法研究	张　超	6
7	ICC－qPCR 病毒灭活验证方法的建立及其应用	段晓杰	6.9
8	蛋白制剂中表面活性剂辅料对主药聚集的影响机制研究	王　珏	6.36
9	不同临床时期梅毒感染者样本的抗体谱变化对梅毒诊断试剂质量影响研究	夏德菊	7.8
10	政府会计制度改革下中检院会计核算指南研究	李平生	3.4

发布《补充检验方法研究基金管理办法（试行）》

补充检验方法研究基金（以下简称本基金）用于鼓励和补偿在“三品一械”安全风险监测、案件稽查、事故调查、应急处置等工作中采用的具有科学性、先进性、实用性和规范性的补充检验方法研究成果。目的是加强补充检验方研究，完善检验检测技术体系，有力支撑食品药品“打假”工作，切实保障人民群众饮食用药健康安全。

发布科研管理有关细则

为落实《财政部 科技部 教育部 发展改革委关于进一步做好中央财政科研项目资金管理等政策贯彻落实工作的通知》精神，科研处结合有关文件要求，制订和发布了《科研课题间接费使用细则（试行）》《科研课题结题结账及结余资金使用管理细则（试行）》《科研项目和课题预算调整管理细则（试行）》和《科研课题财务助理管理细则（试行）》4 个管理细则，进一步规范和细化了科研课题管理。

学术交流

学术论坛活动

2018 年 4～11 月，中检院举办了 7 场学术论坛，目的在于以人民需求为中心，强化政治意识；以监管科学为指导，遵循技术先行；以监管大局为考量，做好本职担当；以学术论坛为桥梁，加大沟通服务，助力加快审评审批，促进我国新药研发和安全监管的创新发展。

学术论坛效果显著。其中，院学术委员会生物分委会组织 3 场，医疗器械分委会组织 2 场，理化分析和药理毒理分委会各组织 1 场。来自审评检验机构、研究院所、大专院校和企业等共计 900 余人参加论坛活动。其中企业约占 51.2%，审评检验机构 9.0%，科研院所 3.2%，高等院校 2.6%，其他 34.0%。

2018 年 4 月 9 日，中检院召开了 CAR－T 细胞治疗产品质量控制技术及非临床评价技术论坛，论坛邀请了国内 CART 细胞产品研究领域的专家、研发人员与中检院相关科室专业人员共同交流，对《CAR－T 细胞治疗产品质量控制检测技术及非临床评价要点（初稿）》进行了讨论。在会后征求相关专家、单位意见后，形成专家共识，并分别在院外网及杂志发表《CAR－T 细胞治疗产品质量控制检测研究及非临床研究考虑要点》[中国药事，2018，32（6）：829－852]。该《要点》发布当日即有大量转发，在业内引起较大的反响。中国科学报采访的多位业内专家给予了充分肯定。在中国工程院组织的 2018 年国际临床和转化医学论坛、“第九届全国生物治疗大会”及 2018 年“生物制品年会”上进行了报告。

2018 年 6 月 6 日，中检院召开了抗体药物质量控制与评价论坛，论坛邀请了国内抗体研究领域专家、研发机构与中检院技术人员共同探讨抗体及抗体偶联药物在研发制造、质量控制及临床前评价方面的技术要点。征求意见后于7月在《中国药事》杂志发布《抗体偶联药物质量控制和临床前评价专家共识》［中国药事，2018，32（7）：991-1004］。

论坛举办后，各企事业单位认为该论坛就抗体药物的质量控制与评价在监管机构与企业间开展了高效的交流对话，各界专家也充分肯定了论坛对促进抗体药物的产业发展及服务监管决策的积极作用；此外，针对组织起草的中英文版《专家共识》，会后还收到来自40余家机构的560条反馈意见（含重复意见），为修订和完善《专家共识》提供了重要参考。

2018年6月21日，中检院召开了纳米技术产品质量检测及临床前评价技术论坛，论坛邀请了国内纳米技术领域专家、研发机构和生产厂家代表，与中检院相关人员共同探讨纳米技术产品在研发制造、质量控制及临床前安全性评价方面的技术要点，达成共识。会后在《中国药事》杂志发布《纳米材料遗传毒性试验方法选择的技术共识》［中国药事，2018，32（8）：1011-1019］供纳米技术产品研发、检测等各相关技术人员参考。

论坛促进了纳米材料研发与监管领域的沟通与交流，对纳米材料产品的生产与评价标准规范化起到积极推动作用。

2018年7月12日，中检院召开了可降解血管支架质量评价论坛，论坛以主题演讲与讨论相结合的形式进行，并得到中关村科技园区大兴生物医药基地管委会的支持。来自全国各地高校、医院、研究所及检验机构的十位资深专家，围绕心血管材料和器械最新进展、内支架的发展历程、可降解支架的临床医生视角、新型可降解血管支架材料、生物可吸收药物洗脱支架（DES）的审评思考、可降解血管支架临床体外测试、生物学评价及三维打印可降解血管支架的体外内皮化评价模型研究等主题，针对学科和技术领域的前沿和热点问题展开论述。各位专家与参会同行就“可降解血管支架质量评价技术要点”进行了的热烈讨论。

论坛为搭建了一个让学术专家、医疗专家、评审专家、检测专家和广大的企业同行面对面交流的平台。对促进可降解血管支架产业的有序发展、更好地开展“十三五”国家重点研发计划课题“全降解聚合物支架检测与评价体系的建立”，以及建立适合此类产品的检测方法和质量评价体系影响深远。

2018年7月23日，中检院召开了药包材与药物相容性相关技术论坛，来自检验机构和知名企业的六位资深专家，围绕药包材与药物相容性的实验技术研究思路、注射剂包装材料与药物的相容性研究、吸入制剂相容性研究、椭偏仪与扫描电镜-能谱仪在药用玻璃检测中的探索应用、丁基橡胶塞与药品相容性试验技术、提取物和迁移物中有关物质的判定与评估等主题进行了经验交流。与会专家对中检院起草的注射剂与药用玻璃包装容器相容性研究试验方法进行了讨论并达成共识，认为该文件为注射剂与玻璃包装容器相容性研究和落实《化学药品注射剂与药用玻璃包装容器相容性研究技术指导原则（试行）》等各指导原则中的各项要求提供了科学、有效、可靠、准确的方法，有效落实了“放管服”，推动了药包材检测工作的发展。已刊文于《中国药事》发表《注射剂与药用玻璃包装容器相容性试验方法指南》［中国药事，2018，32（9）：1188-1196］。

论坛搭建了一个与众多企业同行面对面交流的平台，大家一起交流研究思路，解读相容性控制要点，对药包材产业的有序发展，起到了积极的促进作用。

2018年10月8日，中检院召开了人工智能医疗器械产品发展和质量评价论坛，论坛邀请了国内监管、科研、临床机构的专家学者及产品研发人员和中检院相关人员参会。论坛对人工智能等医用软件医疗器械产品的质量检测现状和存在问题进行讨论和交流讨论。参会专家对“用于AI测试的肺部图像标注规则”进行了讨论。“规则”征求意见后已于《中华放射学》杂志发表《胸部CT肺结节数据标注与质量控制专家共识（2018）》[中华放射学杂志，2019，53（1）：9－15]。

中检院开展的数据质量评价工作和标准数据集建设模式得到了业内的广泛认可，为中检院筹建人工智能医疗器械标准化技术归口单位提供了良好的宣传。目前有多家三甲医院、卫健委下属研究机构表达合作意向，邀请中检院在多个大型数据集的建设过程中提供质控和认证服务。还有十几家初创公司踊跃联系中检院送检。中检院会后收集到了来自全国上百名优秀专家的报名资料，为遴选专家打下良好基础。

2018年11月28日，中检院召开了重组药物相关蛋白质量标准提高技术论坛，论坛邀请了国家药品审评中心、国家药典委员会和国内50余家从事生物制药领域的90余位专家和负责人，与中检院相关院所领导和科室人员共同探讨了重组药物相关蛋白质量标准提高方面的问题。参会代表针对重组药物相关蛋白质量标准提高和治疗性生物制品（重组蛋白药物）体例整合与规范进行了广泛深入的讨论与提问。《重组蛋白药物制品相关蛋白的分析与评价》等10篇相关系列论文已于《中国药事》发表。

表5－6　2018年学术论坛活动

序号	论坛活动名称	时间	参会单位数	人数
1	CAR－T细胞治疗产品质量控制技术	2018.4.9	35家。企业20家，药典会和检验机构3家，科研院所3家，高等院校3家，医院2家，其他4家	80
2	抗体药物质量控制与评价	2018.6.6	150家。企业126家，审评和检验机构20家，研究院所2家，高等院校2家	180
3	纳米技术产品质量检测及临床前评价技术	2018.6.21	24家。企业12家，检验机构6家，科研院所4家，高等院校2家	103
4	可降解血管支架质量评价	2018.7.12	53家。企业31家，检验机构4家，科研院所4家，高等院校10家，医院4家	150
5	药包材与药物相容性相关技术	2018.7.23	158家。企业103家，审评和检验机构33家，科研院所17家，高等院校5家	180
6	人工智能医疗器械产品的发展和质量评价	2018.10.8	108家。企业97家，审评和检验机构4家，协会学会2家，科研院所3家，高等院校2家	110
7	重组药物相关蛋白质量标准提高	2018.11.28	97家。企业77家，药典会和检验机构12家，其他8家	107

参会人数共计910人，其中企业466人（51.2%），审评检验机构82人（9.0%），科研院所29人（3.2%），高等院校24人（2.6%），其他309人（34.0%）

科技周活动

为全面提升中检院科技能力，更好地适应食品药品监管和高新技术快速发展的需要，中检院于2018年10月9～12日举办了主题为“创新监管科技 巩固食药安全”的科技周活动。

10月9日科技周开幕，中检院副院长路勇主持开幕式并致辞，解放军总医院生命科学院院长付小兵院士和中检院学术委员会主任委员王军志研究员分别做了题为“生物材料与完美的组织修复和再生”“我国生物药监管科学的发展与意义”的报告。北京市药品检验所所长杨文良、中国人民解放军联勤保障部队药品仪器检验所副所长聂凌云、中检院副院长张志军出席开幕式活动。

本届科技周依托第九届学术委员会的4个专业分委会，围绕食品药品安全、检验检测、质量控制、风险防控和促进创新研发等安排了4个学术领域的分会场活动。

在理化分析分会场，来自中检院化药所、中药所、包材所、食品所、化妆品所的17位专家，分别以“药品质量标准及相关体系研究”“药物中微量/痕量成分分析与评价技术”及“药物分析新技术的应用”为主题，做了精彩的学术报告。

生物制品分会场主题是“生物制品批签发管理”。首先由生检所主要负责人对中检院生物制品批签发工作进行了整体介绍。随后生检所的8位专家作了专题报告，包括呼吸道病毒疫苗、虫媒病毒类疫苗、人用狂犬病疫苗、细菌多糖（结合）疫苗、百白破疫苗、卡介苗和血液制品的质量控制及现状，并对疫苗和血筛试剂批签发的现场核实情况进行了介绍。

药理毒理分会场，以“新技术在药理毒理研究中的应用”为主题，邀请了德国柏林大学的Marx教授、安贞医院的兰峰教授，以及我院化药所、器械所、动物所、安评所等业务所的多位专家进行了报告。报告内容涵盖了从体外到体内实验，从多能干细胞、3D细胞到组织芯片等国内外最先进的相关技术及研究进展。

医疗器械分会场的主题是“医疗器械创新与质量”。中检院四名来自不同领域的资深研究人员从美国认可标准、医疗器械电磁兼容问题及其控制、动物源性医疗器械质量控制关键技术、胶原蛋白质量控制等四大方面，针对相应学科和技术领域的前沿和热点问题展开主题演讲。

来自北京市药检所、北京市医疗器械检验所、中国人民解放军联勤保障部队药品仪器检验所、河北省药品检验研究院、四川省食品药品检验检测院、四川省医疗器械检测中心、中国医科大学等检验机构、高校、科研机构与企业人员参加了交流，中检院学术委员会委员、各部门负责人、有关业务所职工约500余人次参加了本次科技周活动。

2018年“药品安全　强国富民”科技周开放日活动

2018年5月21日，国家药品监督管理局2018年“药品安全　强国富民”科技周开放日活动在中检院举办。此次活动由国家药品监督管理局指导，中检院、中国药学会联合举办，开放日活动由中检院副院长王佑春主持。国家药品监督管理局巡视员毛振宾，中关村科技园区大兴生物医药产业基地管理委员会工委书记、主任田德祥，中国食品药品检定研究院院长党委书记、院长李波，中国药学会副理事长兼秘书长丁丽霞出席本次活动。

专家报告后，参会人员分别参观了中检院化学药品检定所和生物制品检定所部分实验室。中检院相关人员对各自实验室的能力和主要职责进行了简单介绍，进一步加大公众对中检院的了解和认识。

本次开放日活动，中检院和中国药学会周密组织，活动日程紧凑，交流内容丰富，参会人员踊跃，现场座无虚席，起到了很好的药品安全监管知识普及效果。

国家药品监督管理局、大兴生物医药基地管委会、中检院、中国药学会等单位相关部门负责人及工作人员，中关村科技园区医药企业代表，北大药学院学生代表，人民网等数十家新闻媒体记者约120余人参加了此次活动。

学术讲座

2018年中检院组织了8次学术讲座，特点是聚焦监管科学和学科前沿，报告整体质量较高。分别为加拿大皇家学会院士罗恩·巴比克博士的“疫苗研发新方法”、中科院生物物理所王祥喜博士的“病毒的入侵与组装”、“ICH指导原则与实践—制剂产品质量控制难点解析”、宾夕法尼亚大学Jan Joseph Melenhorst博士的“From Bench to bedside：recent advances and future challenges on precision manufacturing in CART industrialization（从实验室到生产线：CART 产业化中精准生产流程的机遇与挑战）”、美国 SAS 软件研究所包文俊博士的“JMP 统计数据的分析与统计模型的构建”、美国南加州大学监管科学国际中心主任 France Richmond 博士的“美国 2018 年监管进展”（监管科学交流）、南方医科大学唐时幸博士的“美国 FDA 实验室与科学研究在产品审批中的作用”报告、“医疗器械的免疫学评价相关技术”。

第六部分 系统指导

系统交流

2017 年全国中药材及饮片质量和检验工作研讨会

2018 年 1 月 3 ~5 日，由中检院主办，广东省药品检验所承办的 2017 年全国中药材及饮片质量和检验工作研讨会在广东省广州市召开。来自全国的 55 个省市级检验院（所）116 人参加此次会议。

会议就 2017 年全国中药材及饮片质量和检验工作情况、原国家食品药品监督管理总局中药饮片专项抽验工作、中药材及饮片标准问题和修订原则等问题进行了交流讨论。中检院中药所中药材室负责人介绍了 2017 年全国中药材及饮片质量报告。中检院、江西院、深圳院、成都院、重庆院的代表介绍了 2017 年度中药饮片专项抽验工作及发现的质量安全问题。陕西院、贵州所、湖南院、大连所、甘肃院、天津所、青海所、安徽院、浙江院、江苏院分别介绍了 2017 年本省的中药材及饮片质量和检验情况。会议还邀请了中药饮片使用单位代表—深圳市人民医院中药部原文鹏主任介绍了中药饮片在临床使用及标准制定中的一些问题。还邀请国家药典委员、暨南大学曹晖教授介绍了《中国药典》（2020 年版）饮片标准编制规划和原则。

从全国中药材及饮片年度质量报告显示，自 2013 至 2017 年连续 5 年来，我国中药材及饮片的抽验合格率从 64% 提高到 85%，中药材及饮片质量呈现出稳步提升的态势，也充分体现了近年我国各级药品监管部门强化监管所取得的成效。

2018 年全国药检系统中药民族药检验工作会

2018 年 9 月 5 ~7 日，由中检院主办，黑龙江省食品药品检验检测所承办的 2018 年全国药检系统中药民族药检验工作会在黑龙江省哈尔滨市召开。中检院副院长张志军、中检院中药所所长和各科室负责人以及来自全国药检系统各省、自治区、直辖市（食品）药品检验所（院），各口岸药品检验所，中央军委后勤保障部卫生局药品仪器检验所的中药民族药室主任和分管领导，共计 130 余名代表参加此次会议。

本次会议的主要目的和任务是：总结两年来全国中药民族药检验检测工作取得的成绩，交流中药民族药检验检测工作经验，提高与完善中药民族药检验检测质量标准，加强检验能力的建设，探讨中药民族药监管措施，研究部署下一阶段主要工作。中检院副院长张志军、黑龙江省食品药品监管局副局长李军、黑龙江省食品药品检验检测所所长安宏出席了开幕式。

大会由中检院中药民族药检定所所长主持。黑龙江省食品药品监管局副局长李军对代表们的到来表示诚挚热情的欢迎，同时介绍了黑龙江省食品药品监管局近几年在食品药品监管方面开展的工作和取得的成绩。

张志军副院长在讲话中讲到，近年来，全国中药检验检测机构在中药抽验和服务监管工作中发挥着重要的作用。中检院中药所牵头组织相关药品检验机构以问题为导向，坚持创新驱动，攻坚克难，完成并协助总局解决了一系列检验和监管重点难点问题。主要体现在：检验检测技术取得突破性进展，解决了一系列长期想解决但因技术手段缺乏而束手无策的打假难题；作为中药市场质量监管的利剑，补充检验方法的应用将成为常态。如：银杏叶提取物及制剂掺伪系列补充检验方法；红花、五味子、丹参、蒲黄、朱砂、血竭等违法染色补充检验方法。这些补充检验方法已广泛用于中药打假工作中，成功应用于市场监管；技术支撑作用显著，监管实效明显，中药质量稳步提升；药品检验机构能力建设不断强化；中检院中药所领头羊作用进一步加强。

张志军副院长最后强调，尽管中药检验系统在中药监管中取得了很大的成绩，但每个药检工作者还要正视自己的责任，中药监管风险依然重大，形势依然严峻。并提出六点建议：一是强化责任意识、落实“四个最严”要求。近期的长春长生狂犬病疫苗、百白破疫苗等事件的发生，以及随后的问责处理给新时代药品质量安全监管工作敲响了警钟，警示我们必须提高政治站位，按照“四个最严”要求，深刻反思汲取教训，认真查找工作中存在的不足。时刻提醒从自身工作做起，强化担当作为，严格履行监管职责，落实监管责任；二是要充分认识中药领域存在的风险和问题，要把风险意识始终贯穿到检查、抽验、稽查办案全过程，贯穿到与公检法机关行刑衔接的全过程，查找并解决中药领域的风险点；三是药品检验机构要着力提高检验和研究水平。当前，制药领域的技术进步日新月异，但同时不法企业违法手段也日益隐蔽和不断翻新。这就要求药品检验机构不断提高自身检验能力和科研水平，保持自身技术上的领先和优势，才能在监管中有效发挥作用；四是要加强队伍建设和人才培养；五是要讲政治、讲科学、讲协调、讲效率，严格按照总局、省局的整体部署和要求去做，明确职责和方向，出具真实可靠的检验报告，发展药检系统内、外部交流机制，遇到问题共同解决。准确把握战略机遇，选准领域和主攻方向，建立和完善符合我国国情的具有中国特色的中药检定的创新模式，研制特色标准，突破核心关键检测技术，产生标志性成果；六是认真落实国家局中药饮片质量集中整治方案，各级药品检验机构应高度重视中药饮片整治行动，在具体整治工作实施方案中明确工作重点和目标。积极配合省级药品监管部门开展相关工作。要以问题为导向，提高整治工作的针对性和实效性，对于发现的线索追根溯源、一查到底。

中检院中药民族药检定所所长介绍了中检院中药所两年来带领全系统在中药检验标准、新技术、新方法等方面取得的成绩，为中药监管提供了强有力的技术支撑。

在科研方面，带领 14 家省市药品检验机构完成了国家重大新药创制——中药质量安全检测和风险控制技术平台课题，建立了水平先进、内容较完备的中药中有害残留物、掺伪物检测技术平台以及中药中有害残留物风险评估体系。发表研究论文 240 余篇，申请发明专利 23 项。并已顺利通过验收。组织有关药检所进行国抽专项中成药染色、中成药朱砂等专题研究工作。并组织进行了国家局任务含马兜铃酸成分中药材及制剂的专项检验工作。研究建立各品种中马兜铃酸 I 的检测方法，为切实提高专项抽验工作对药品质量风险的监控力度，为药品的质量监管提供技术支撑。

中检院从调查研究、给国家局提交建议、撰写方案、申报立项、组织实施、技术培训、指导地方省市检验机构等方面，推动了全国中药材及饮片专项抽验和系统监管。该项工作有效震慑并打击了近几年中药材及饮片行业存在的掺杂使假、染色增重等违规生产经营行为，明显改善了中药材及饮片生产经营秩序。同时，带领并组织全国药检系统每年撰写《我国中药材及饮片年度质量报告（白皮书）》，为食药监总局制定监管计划、风险防范提供重要参考。

在民族药标准提高方面，近年来，中检院中药所在药检系统搭建了民族药检验研究技术平台，联合主要民族省区药检院所，共同开展质量标准提升的相关工作，中检院民族药室作为牵头单位主要负责顶层设计，立项及项目管理。完成了原国家食品药品监督管理总局药化注册司专项——特色民族药材检验方法的示范研究一期结题，并通过专家论证会，总局和专家对项目的完成给予高度的评价。

中检院中药所还带领药检系统部分单位开展了数字化标准物质和数字化标本馆两个数字化平台建设。为药品质量控制新技术的发展和监管提供了新的思路与方法。数字化平台的开发、启动顺应了国家“互联网+”的战略目标，及世界范围内各领域信息化、数据化的潮流趋势和中药质量安全控制的发展方向，可以突破药品质量控制中标准物质发放和使用的瓶颈问题，以及中药产品快速、有效的监管具有较大的研究意义、实用价值和应用前景。

为配合国家局做好中药质量监管工作，中检院坚持传承与创新并举，每年举办全国中药性状显微鉴别培训班及新技术新方法培训班，近年又同时开展网络现场免费实时培训，近5年累计现场培训全国各领域中药专业人员20000人次以上。另外，现场教学和网络实时直播同步进行，大大提高了培训效率。中检院中药所派员赴西藏和内蒙古对当地药检机构技术人员进行药品检验技术培训。

开幕式结束后，本次会议特别邀请了中国人民大学刘鹏教授作了题为“中国药品安全风险治理”的报告。从监管的角度，以长春长生疫苗事件为例深入浅出地介绍了风险管理的程序与原则、药品风险评估、药品信息沟通，以及如何建立高质量的药品安全风险治理体制等。

随后，会议进行了数字化质量控制平台构建的专题报告和9个药品检验机构的工作经验交流。黑龙江省食品药品检验检测所、上海市食品药品检验所、吉林省药品检验所、广东省食品药品检验所、安徽省食品药品检验所、江西省药品检验检测研究院、广西壮族自治区食品药品检验所、北京市药品检验所、河南省食品药品检验所从科学管理思路、检验服务监管、党建引领，强化科室建设、科研创新和人才培养方面介绍了各单位经验和理念。参会代表对报告的内容反映强烈，收获颇大，对今后的工作具有很强的指导意义。

大会报告后分三个小组，针对中药检验存在的问题、中药室能力建设和发展中存在的问题、药品监管风险问题分析、中药科研课题、人才培养和人才流失问题进行了热烈讨论。对药材与饮片检验：主要集中在药材及饮片问题性状的判定，由于栽培品与野生药材、现代干燥工艺与传统工艺晾晒引起性状问题的判定；进口药品（药材）检验：希望与有经验口岸药检机构交流，避免结果的误判风险；人才培养的问题；科研合作机制；以及检品超周期的问题，易制毒试剂的管理，样品均一性等问题进行探讨，并提出了建议。

中检院中药民族药检定所所长在总结发言中充分肯定了会议的成果，同时，对未来两年工作重点进行了部署：①不忘初心，牢记使命，践行四个最严要求，认真做好中药检验检测工作；②坚持以问题为导向，认真做好中药检验和风险评估防控工作；③加强科研研究，特别是涉及中药质量与安全的研究，做好技术储备；④加强检验标准和补充检验方法研究，包括质量等级标准，为中药监管提供利剑；⑤加强质量体系管理，积极参加能力验证，切实提高检验能力和水平；⑥加强调查研究，深入一线，撰写行业调研报告，提出风险点，为监管提供支撑；⑦加强学科建设，特别是多学科交叉，加强教育培训，有针对性的办培训班，培养专业人才，复合型人才，管理人才；⑧充分利用WHO CC、WHO IRCH、FHH平台，加强国际交流和合作；⑨加强纪律建设，扎实做好党风廉政建设工作，党建工作与业务工作一起抓，相互结合。

张志军副院长最后强调，各级药品检验机构应坚守自己的职责，不忘初心，不断提高检验能力，为我国药品监管提供技术支撑。

2018年全国系统能力验证工作会议

2018年11月7~8日，中检院在湖北省宜昌市组织召开2018年全国系统能力验证工作会议。各省、自治区、直辖市食品、药品检验所（院），药用包材、辅料检验所，中央军委后勤保障部卫生局，各省级医疗器械检验机构分管质量工作的所负责人、质保科负责人及CNAS相关人员150人参加此次会议。此次会议，全面回顾了五年来中检院开展的能力验证工作，深度剖析了检验检测机构在能力验证工作中所遇到的问题。针对实施中发现的问题，集思广益，为更好地开展能力验证工作打下坚实的基础。

2018年中国药品质量安全年会暨药品质量技术培训会

2018年11月13~14日，中检院在江苏省无锡市召开了2018中国药品质量安全年会暨药品质量技术培训会。会议以“确保药品安全，维护公众健康”为主题，围绕国家药品医疗器械年度抽检数据，分析药械质量风险，搭建检验检测机构与企业交流平台，发挥国家抽检在上市后监管中的重要作用。会议设中药、化药、生物制品、仿制药一致性评价、医疗器械、包装材料与药用辅料、体外诊断试剂等7个分会场，来自全国药品和医疗器械检验检测机构、生产企业、科研机构近1200人参会。中检院院长李波主持会议，国家药品监督管理局药品监管司司长袁林、无锡市副市长高亚光、江苏省食品药品监督管理局局长王越、中检院院领导及相关负责同志出席会议。

会上，中检院介绍了2017年国家药品抽检质量状况，以药品国抽数据为基础，系统评价和分析了2017年我国药品质量状况，研究探寻可能影响药品内在质量的各种风险和问题。2017年所抽样品涉及885家药品生产企业、3282家药品经营企业和978家药品使用单位。抽检合格率97.87%，较2016年提升2个百分点；去除中药饮片品种，总合格率为98.58%，较上一年度提高0.2个百分点。根据被抽样单位所属省份所涉及的不符合标准规定数据分析，各省整体不合格率较2016年有所下降。此外，还介绍了2017年国家医疗器械抽检质量状况。在药品抽检合格率不断提升的同时，医疗器械抽检合格率亦保持在稳定的区间。近年来医疗器械国抽涉及产品整体质量较为稳定，整体合格率保持在90%左右。虽然抽检的数据显示，国产医疗器械在质控方面与国外大型医疗器械生产企业仍有一定差距，但国产产品质量在不断提升。以聚合物基修复材料为例，2017年国家医疗器械抽检不合格检出率为0。此次抽检的国产产品聚合收缩率值低于部分进口产品，提示国产产品质量不断提升。

全国地市药检系统模块化培训

2018年7月，中检院在新疆维吾尔自治区乌鲁木齐市举办了第十六期全国地市药检系统模块化培训班，新疆维吾尔自治区食品药品检验所及辖区内食品药品检验检测机构的150余位业务骨干参加了此次培训班。

培训为期5天，内容涉及近30个培训模块，涵盖了化妆品检定、药检所质量管理体系建设、世界卫生组织药品质量控制实验室认证、样品管理、国家药品标准物质研制与使用等内容，授课讲师均为中检院一线业务骨干，具有丰富的实验室操作和管理经验。每个培训模块都安排了答疑并留下讲师联系方式，讲师与学员进行气氛热烈的互动。学员还将对每个讲师的培训效果进行评价。培训结束后，为完成培训的学员颁发结业证书。

自2013年全国地市药检系统模块化培训工作正式开展，至此，中检院共在全国16个省（自治区）举办了16期地市药检系统模块化培训班。

对外开展交流培训，对全系统进行指导

2018 年，中检院陆续举办“理化分析方法验证实验设计和统计规范培训班”“化学药品能力培训班”“宿主细胞 DNA 残留检测（荧光定量 PCR 法）培训班”“全国放射性药品质量控制与检验技术培训班”“2018 年全国抗感染药物检验技术研讨会暨抗生素注射剂质量与疗效一致性评价技术研讨会”“全国药品微生物检验控制技术精要培训班”“第十六届全国药检药理学术研讨会”等培训班及研讨会，培训人员超 1500 人次。

第七部分 国际交流与合作

概 况

出国（境）情况

2018 年，中检院共选派专家、技术骨干 30 人次赴美国、瑞士、法国、德国、意大利、西班牙、丹麦、比利时、希腊、爱尔兰、奥地利、菲律宾、印度、马来西亚、泰国、新加坡、日本、中国香港等 18 个国家及地区访问交流、参加国际会议。其中参加国际会议 18 人次、执行双边交流及合作项目 4 人次、境外检查 8 人次。共组织出访团组 30 个，其中自组团出访团组 17 个，参加国家局或其他直属单位团组 13 个。

接待来访

2018 年，中检院共接待来自美国、加拿大、英国、德国、丹麦、沙特阿拉伯、泰国、日本、韩国、印度、马来西亚、新加坡、越南、巴基斯坦、尼泊尔、印度尼西亚、乍得、澳大利亚、新西兰、中国台湾、香港特区、世界卫生组织、联合国项目事务署中国办事处、欧盟、电气电子工程师学会 25 个国家/地区及国际组织的技术官员、专家学者 212 人次来院访问、学术交流、授课讲座及参加我院主/承办的各类国际/学术会议，作专题报告 81 个；组织举办及承办 11 次国际/WHO/学术研讨会及双边会议培训班，累计培训 1000 余名全国技术骨干。

国际会议

2018 年，中检院共选派专家 18 人次应邀出席世界卫生组织（WHO）、美国药典委员会（USP）、国际标准化协会（ISO）、医疗器械监管机构国际论坛（IMDRF）等国际组织、政府机构和非政府组织召开会议，在大会上作专题报告 7 个，向世界展示了我国在药品、生物制品和医疗器械等领域的研究成果和科研水平，宣传了我国政府为保障人民用药安全采取的有效措施，扩大了中检院在国际上的影响。

国际交流

黄维金赴瑞士日内瓦参加了 DNA 疫苗技术指导原则咨询会

应世界卫生组织（WHO）邀请，经国家食品药品监督管理总局批准，中检院生检所黄维金研究员于 2018 年 2 月 21 ~23 日赴瑞士日内瓦参加了 DNA 疫苗技术指导原则咨询会。会议主题围绕着 DNA 疫苗的研发前景、质量控制、临床前安全性、DNA 疫苗定义、指导原则涵盖范围和具体修订内容、意见等展开，采取专题报告后共同讨论得出结论的方式进行。会议由 WHO 医学、疫苗和药物相关的基本药物和保健品部（EMP）生物制品规范和标准技术负责人 Ivana Knezevic 博士组织，由来自德国 PEI 的 Heidi Meyer 博士主持。会议对 DNA 疫苗相关研发前景和临床前评价等内容进行了讨论，起草委员会的人员对指导原则计划修订或增减的关键项目逐一进行了讨论，充分听取各方意见。会议最后就 DNA 临床前技术指导则的修订达成共识，形成会议咨询结论，并制定指导原则修订的工作计划。来自 WHO 总部，美国 FDA、美国 NIH、英国 NIBSC、德国 PEI、日本 NIID 等十几个国家监管机构、国际制药商协会联合会（IFPMA）、发展中国家疫苗制造商网络（DCVMN）和来自企业的共 48 名代表参加了此次会议。

李长贵赴瑞士参加WHO呼吸道合胞病毒（RSV）疫苗质量、安全和临床保护效果非正式研讨会

应世界卫生组织（WHO）邀请，中检院生检所李长贵研究员于2018年9月18～19日赴瑞士日内瓦参加呼吸道合胞病毒（RSV）疫苗质量、安全和临床保护效果非正式研讨会。出席会议的有来自于美国FDA、英国NIBSC、德国PEI、中国NIFDC、日本NIID、韩国KFDA的专家，来自于美国、法国、中国等企业的代表以及WHO总部专家共30余人。会议由美国FDA的Judy Beeler博士主持，WHO项目负责人为周铁群女士。来自于WHO的Ivana Knezevic博士报告了WHO生物制品标准的进展，周铁群女士报告了该指导原则的过程及本次会议的预期成果，Feikin博士报告了WHO不同部门对于RSV病毒及疫苗的有关活动，来自于英国NIBSC的Enghart博士报告了RSV抗体中和试验标准化及标准品的国际协作研究结果，包括Nordic、GSK、Jansen、Novavax、Pfizer和Sanofi等多家制药企业报告了RSV疫苗的研发进展。

王军志赴瑞士参加第69届WHO生物制品标准化专家委员会年会

2018年10月28日至11月2日在世界卫生组织（WHO）总部（瑞士日内瓦）召开了第69届WHO生物制品标准化专家委员会年会。参加此次会议的有美国、英国、德国、加拿大，中国、韩国和泰国等国家的药品管理部门（NRAs）以及WHO生物制品标准化与评价合作中心（WHO CC）的12位ECBS专家委员、12位临时顾问和另外近70位来欧洲药典会、WHO区域办公室和联合会等机构的代表。中检院王军志研究员作为WHO ECBS专家委员会委员参加了此次会议。本次会议主旨是促进全球生物制品标准及其管理的协调统一，面对新技术新制品，提高监管机构的监管能力，讨论并解决生物制品国际标准化面临的实际问题。世界卫生组织副总干事Dr. Swaminathan致辞后作重要发言，首先向各WHO CC和ECBS委员以及参会人员对WHO全球公共健康事业所做出的贡献表示感谢。特别指出ECBS委员和临时专家主要发挥个人业务能力，而不是代表自己的组织和国家。随后经Dr. S. Hill推荐、参会代表一致同意，全体会议与疫苗/生物治疗产品分会场由Dr. Klaus Cichutek担任会议主席，Elwyn Griffiths和Mrs Teeranart Jivapaisarnpong担任会议记录员；血液制品/体外诊断产品分会场由Dr. Harvey Klein担任会议主席，Dr. Claire Morris和Dr. Jens Reinhardt担任记录员。会议审议的内容有：生物制品标准化战略方向及WHO优先考虑的事项，疫苗和治疗性生物制品标准化领域的工作进展，血液制品和体外诊断试剂标准化领域的工作进展，WHO血液监管者网络工作报告，WHO疫苗合作中心网络工作报告，WHO血液制品和诊断试剂合作中心网络工作报告，来自NIBSC、EDQM、PEI和CBER关于标准物质研制的进展报告，国家监管机构执行规范监管的指南，疫苗特异性标准技术要求文件的编制建议，抗蛇毒血清的最新进展，2017年10月以后细胞治疗最新进展，生物治疗产品获准后变更流程和需要提供的数据的指导原则，WHO优先考虑病原的标准问题，国际标准物质的更新互换等问题。会议期间，王军志研究员作为第四届WHO CC网络会议的主席报告了会议的基本情况和达成的共识并提交ECBS会议讨论。

李静莉、郑佳赴德国参加国际医疗器械监管者论坛（IMDRF）国际标准研究工作组会议

经国家食品药品监督管理总局批准，李静莉、郑佳于2018年1月28日至2月3日赴德国柏林参加国际医疗器械监管者论坛（IMDRF）国际标准研究工作组会议。此次会议的主要议题包

括编写 IMDRF 指南《如何提升为医疗器械监管所用的标准质量》、讨论 IMDRF 和 IEC、ISO 签署合作备忘录事宜，以及讨论我院牵头提出的 IMDRF 新项目提案《更新 IMDRF 认可标准清单》。与会代表对编写 IMDRF 指南的意见逐条进行了讨论并达成共识，对指南进行了逐字逐句的修改、完善。我国重点针对监管机构如何更好地参与国际标准化活动、如何改进国际标准制修订流程、如何优化国际标准内容等方面提出了 14 条实质性技术内容的修改意见，均被接受，并在指南中得以具体落实。经与会代表共同努力，指南整体内容已基本形成，将正式提交 IMDRF 管理委员会，向公众征求意见。会议讨论了 IMDRF 和 IEC/ISO 签署合作备忘录的工作安排。工作组已完成起草 IMDRF 和 IEC、IMDRF 和 ISO 的合作备忘录，并与 IEC、ISO 中央秘书处积极沟通，有序推动合作备忘录的签署工作，从而落实 IMDRF 成员国监管机构和国际标准化组织在医疗器械标准领域的合作。目前，IMDRF 和 IEC 合作备忘录已获得 IEC 的认可。工作组将向 IMDRF 管理委员会正式提交合作备忘录文本，并将在 2018 年 3 月上海召开的管理委员会会议上讨论，确定和 IEC 签署的具体安排。ISO 将在其年会上对合作备忘录的具体内容进行讨论并反馈意见。会议对我院牵头提出的 IMDRF 新项目提案《更新 IMDRF 认可标准清单》进行了充分讨论。会上，我国代表对提出该项目的初衷以及预期成果对各成员国的积极作用进行了详细介绍，并针对重点问题进行了解释。经讨论，大部分工作组成员明确表示了对该项目的肯定和支持，同时提出了建设性的修改意见。会后，我国代表将根据所提意见，进一步修改完善提案，正式向 IMDRF 管理委员会提交新项目提案。会议还对更换工作组召集人、IMDRF 其他相关工作组工作进展以及今年工作组会议安排进行了讨论。除我国代表，参加会议的人员还包括德国、美国、俄罗斯、加拿大、巴西、日本、新加坡等 7 个监管机构代表，以及欧盟和 COCIR 的代表。

张志军、余新华赴意大利参加国际标准化组织牙科学技术委员会第 54 届年会

经原国家食品药品监督管理总局批准，应意大利牙科工业协会（UNIDI）邀请，中检院张志军副院长、医疗器械标准管理研究所余新华副所长于 2018 年 9 月 18～22 日赴意大利米兰参加国际标准化组织牙科学技术委员会（ISO/TC 106 Dentistry）第 54 届年会及分技委会和工作组会议。本次年会按照各分技委下设的 51 个工作组（WG）分别共召开 68 个工作组会议和 8 个分技委会年会及 ISO/TC 106 全体会议，各国技术专家、教授、学者、企业代表针对口腔材料、器械、设备和口腔保健护理用品领域的国际标准新项目提案、工作组草案、委员会草案及技术报告等进行了深入讨论。来自中国、美国、德国、英国、日本、韩国、法国、加拿大、澳大利亚、意大利、瑞典、瑞士、荷兰、比利时、泰国、挪威、奥地利、芬兰等 25 个国家和地区共计 360 余名代表参加本次年会和各分技委会议及工作组会议。参会期间，张志军会见了 ISO/TC 106 牙科学技术委员会主席（也是 WG10 的主席）德国 DIN 的 Gottfried Schmalz 教授、ISO/TC 106/SC4 和 SC6 Hams Petetr Keller 秘书长、ISO/TC106/SC8WG6 的会议召集人 Claudea Feinanders（巴西）等专家，并就口腔、牙科领域医疗器械的管理与标准化工作进行了交流。

易力赴马来西亚参加 AHWP 第 23 届马来西亚年会

2018 年 10 月 23～26 日，医疗器械标准管理研究所易力随国家药品监督管理局赴马来西亚吉隆坡参加第 23 届亚洲医疗器械法规协调会（Asian Harmonization Working Party，AHWP）年会暨第 22 届 AHWP 技术委员会（TC）会议。会议包括由 7 个技术部分组成的为期 2 天的论坛和

研讨会、1天的第22届AHWP TC会议和1天的第23届AHWP年会。本届AHWP政府主席、副主席和业界副主席、TC主席和副主席、AHWP香港秘书处、成员国政府和业界代表以及顾问委员会成员参加了此次年会。参加会议的有来自美国、日本、澳大利亚、亚洲、欧洲、非洲等国家的和相关国际组织FDA、WHO、APECMed、PAHWP、IMDRF、ISO、IEC、DITTA等医疗器械监管方面和企业界的代表及专家，以及东道主马来西亚的政府监管人员及企业代表，共计200余人。国家药品监督管理局团组和医疗器械行业协会成员以及在中国的外资企业代表近20余人作为中方代表参会。本次会议主要介绍了人工智能、网络安全技术、IVD监管要求、数字健康技术、医疗器械唯一标识（UDI）以及质量体系认证和标准等6个专题。对医疗器械上市前监管工作组、体外诊断试剂上市前监管工作组、医疗软件类产品监管工作组、上市后监管工作组、基于效果和安全的临床证据工作组、质量体系审核工作组、质量体系的事实和运行工作组、标准工作组、医疗器械唯一标识和命名工作组等9个工作组一年的工作进展和未来的工作计划进行全面的总结和讨论。最后，由AHWP业界副主席Quan Kuan向大会汇报了本届AHWP的总体工作情况、主要成就以及未来展望。此次中国作为AHWP副主席参加年会并主持UDI技术分论坛，所有团组成员和核心的业界代表都在大会或技术论坛上演讲或发言，介绍我国的监管理念、模式和在UDI方面的管理思路，并代表IMDRF发言。与会者的高度关注和称赞中国的法规体系和思路，并表示希望同中国建立更深入广泛的交流，学习中国的监管经验，更加充分体现了我国监管机构和业界在国际法规技术领域的日益扩大的影响力。

孙会敏赴美国参加2018年度美国药典委员会专家委员会面对面会议

应美国药典委员会邀请，经原国家食品药品监督管理总局批准，中检院孙会敏研究员作为USP药用辅料专家委员会委员，于2018年10月16日至2018年10月20日，赴美国马里兰州洛克威尔市参加了2018年度美国药典委员会专家委员会面对面会议。会议回顾了2018年度EC的三年成果、EC2工作计划的评估与更新、讨论了中国药典和EDQM研讨会更新、辅料策略会议更新、2020－2025征集候选人（C4C）步骤、招聘大使更新、2020－2025专家委员会（CoE）、PDG各论讨论、更新过渡到新的USP－NF平台、PDG更新、协调审评的指示、专家小组更新、总论修订更新、特定元素章节讨论、辅料杂质更新以及日本药典更新。还讨论了乳糖、聚乙二醇、聚山梨酯系列/聚山梨酯65、聚维酮、羧甲纤维素系列、肉豆蔻酸肉豆蔻脂、十二烷基硫酸钠、糖精/糖精钠/糖精钙、蔗糖、硅酸钙、十六烷基硫酸钠、异十八醇、白凡士林和二氧化硅胶体等辅料各论的相关问题。会议期间，孙会敏研究员作为聚山梨酯类药用辅料标准更新组的负责人，在本次会议中作了题为“Discussion on assay method development for polysorbates and identification for polysorbate 65 by Infrared Spectroscopy”的报告，汇报了聚山梨酯类一系列药用辅料的组分分析和结构确证，以及是否采用红外光谱法对聚山梨酯65进行鉴别，结果表明聚山梨酯65与聚山梨酯20/40/60/80/85存在结构组成的相似性，这些微小的差异会在红外光谱上表现出一些不同。因此，孙会敏建议USP提供聚山梨酯类实样对照品，这样能够更准确地鉴别聚山梨酯各型号，以消除诸如仪器或人为产生的误差，最终确定聚山梨酯各型号的组分，从而精准控制其质量，更好地满足药用要求。此外，孙会敏还应邀做了有关聚维酮辅料的报告。

戴忠随国家局团赴日本参加西太区草药协作论坛（FHH）第16届执委会会议

2018年10月29日至11月2日，西太区草药协作论坛第16届执委会会议及第7届学术报告会在日本召开。经原国家食品药品监督管理总局批准，由国家药品监督管理局药品注册管理司王海南处长为团长，药品注册管理司、新药审评中心及中检院中药民族药检定所戴忠研究员一行4人组成中国代表团参加了此次会议。出席会议的有来自于WHO、美国FDA、日本NIHS、NIBIOHN、韩国NIFDS、Sangli University、中国NMPA、NIFDC、中国香港Department of Health、新加坡HAS、越南DAV、NIDQC、中国Macau University、德国CAMAG公司的专家共30余人。会议由日本NIHS的Takashi HAKAMATSUKA博士主持。会议共分八个部分，第一至第六部分分别就各国家和地区草药最新进展、系统命名及标准化、质量保证及信息、上市前安全评价及上市后安全监管、WHO/WPRO合作、观察员工作等内容进行大会报告，这六部分内容大会邀请来自日本、韩国、中国、中国香港、中国澳门、新加坡、越南等国家和地区的专家进行了大会报告。中检院戴忠研究员作了题为"Quality Control and Adulteration Identification of TCM Products"的报告。会议的第七、第八部分由与会专家就FHH未来10年发展规划进行了讨论。各成员国和地区普遍认为应加强信息沟通，包括成员之间以及FHH与WHO之间的协调与沟通，信息共享，协调工作，共同促进传统药物的应用和发展，戴忠认为未来沟通的重点应放在药品监管信息交流、新技术应用信息交流及打击非法掺伪信息交流等方面，共同促进传统药物协调发展。

德国柏林科技大学 Uwe Marx 教授来我院进行学术交流

2018年10月11日，德国柏林科技大学（Berlin University of Technology）生物工程学院Uwe Marx教授、Vera Meyer教授访问中检院，就双方合作开展的"人体器官芯片"项目工作进展和下一步研究方向，与李波院长及安全评价研究所相关人员进行了深入交流。

人体器官芯片是一门新兴的、交叉学科的前沿科学技术，在新药开发中具有明显优势和前景，尤其是在药物非临床安全性研究领域的前沿和热点，在2015年被Nature杂志称为是未来可能替代动物试验的革命性技术。安评所2014年与柏林科技大学签订了长期合作协议，共同进行人体器官芯片技术作为毒理学评价体外替代新方法的科研工作；目前合作项目进展顺利，安全评价研究所已成功构建了"肝－肾双器官微流控芯片"模型，并用于药物毒性评价研究。合作双方就目前研究结果进行了深入交流讨论，制定了下一步的研究计划，展望了未来合作发展前景，并续订了长期合作协议。

下午，Marx教授在我院科技周上作了题为"从器官芯片工具到个体器官芯片－药物开发经典模式的转变"的学术报告。详细介绍了器官芯片的发展历程，当前世界范围内研究的最新进展，在新药开发领域的应用现状。特别介绍了最新的四器官芯片－生理药代动力学毒性评价模型（4－Organ－ADMET－Chip），模型能够更好地模拟人体药物吸收、分布、代谢、排泄的主要功能性和毒性靶器官的生理特性，弥补了传统体内、体外试验的不足，作为沟通药物临床前评价和临床应用的桥梁，具有重要的意义和广泛的应用前景。当前器官芯片技术已可为病患个体开发属于自己的器官芯片，实现了向人体临床试验的进一步跨越，有望解决当前临床试验高风险、高投入和低成功率的问题。

本次学术交流进一步促进了安全评价研究所与德国柏林科技大学的科研合作项目的发展，今后双方会通过开展更多的试验项目或相关人员培训学习等方法进行更加密切、深入的合作。

国际合作

金绍明、黄传峰、宁霄、张会亮等4人赴丹麦执行中丹食品检测合作任务

经原国家食品药品监督管理总局批准，应丹

麦环境与食品部丹麦兽医食品局邀请，2018 年 1 月 7～20 日，中检院食品化妆品检定所助理研究员金绍明、副研究员黄传峰、主管药师宁霄、助理研究员张会亮 4 人赴丹麦执行中丹食品检测合作任务，围绕食品中农兽药残留化学分析进行了全面系统的学习。此次出访本着理论和实践相结合的原则，除进行了食品中农兽药残留的检测、国家食品安全抽检年度计划相关内容；样品的接收及处置流程；农兽药残留筛查检测方法；单一农药残留检测方法；食品质量控制体系建设等专业理论知识学习外，还进行了实验室专业检验检测技术实践。丹方安排开展了牛奶中抗生素残留的检测、鸡肉中抗生素残留的检测、蔬菜、水果中多农药残留的检测，以及单一农残矮壮素、草甘膦的检测、鸡蛋中氟虫腈的检测等具体实验操作部分。还介绍了实验室日常的仪器维护、标准品的保存及配制、仪器的计量、废液的储藏及处理等问题，并对全实验室进行了参观。通过研修及具体实验操作，中方学员对丹方所使用农兽药残留的检测方法有了更深入的了解，掌握了具体实验操作要点，并结合自身在国内的日常工作，针对两国检测方法的差异方面进行了具体的讨论，不仅对检测标准和方法体系的建设加深理解，更切实掌握了先进的技术手段，为今后日常检验及科研工作提供了良好的技术支持。

世界卫生组织国际植物药监管合作组织第二工作组会议在上海市召开

受国家药品监督管理局委托，由中国食品药品检定研究院主办的世界卫生组织国际植物药监管合作组织第二工作组会议（Group meeting of Working Group 2，IRCH，WHO）于 2018 年 8 月 28～30 日在上海市召开。来自中国、沙特阿拉伯、马来西亚、泰国和中国香港特别行政区从事植物药监管的官员及专家共 10 余人参加了此次研讨会。

中检院中药所马双成所长致开幕辞，对各位代表的到来表示了热烈的欢迎，并在会上做了报告。他总结了第二工作组近年来在植物药标准物质技术指南的制订等方面所做的努力，回顾了中检院中药所申请并成为 WHO 传统医药合作中心的整体过程，介绍了中检院中药所的整体构架及近年来在中药检测新技术新方法等方面取得的成绩。中检院代表们分别就数字标准物质、数字标本平台、植物药对照药材、植物药化学对照品、植物药对照提取物，以及植物药掺伪检测方法共 6 个方面的研究进展进行了汇报，并与参会的国外代表就相关问题进行了充分的讨论。

马来西亚卫生部的 Mohamed 先生介绍了马来西亚近年来在植物药检验方法研究、对照品及标准制订等方面所做的努力。中国香港特别行政区卫生署中药检测中心的梁启文博士介绍了香港中药材标准的研究进展及中药检测中心的相关情况。泰国公共卫生部食品药品监督管理局的 Nimnuan 女士介绍了泰国植物药监管及泰国植物药药典的相关工作。沙特阿拉伯食品药品监督管理局植物药产品部的 Yousef 博士介绍了沙特阿拉伯植物药监管方面的经验。

会议还组织各国代表参观了上海诗丹德标准技术服务有限公司，听取了公司相关人员就对照品原料的制备、检验检测及标准制定等方面的业务介绍，并就有关问题进行了讨论。

国际植物药监管合作组织（IRCH）是由 WHO 基本药物与传统药物技术合作司与有关国家政府发起成立的国际性合作组织，致力于通过完善植物药监管规章，保护并促进公众健康与安全。中国是该组织的第一批成员国，截至目前（2017 年 9 月）已有 31 个国家或地区，以及 3 个国际组织成为 IRCH 的成员。IRCH 构建了植物药监管的全球合作平台，其国际规模及影响力正在逐步扩大。第二工作组名称为“植物药质量控制（包括标准物质）”，中国是第二工作组主席国，由中检院中药所负责具体工作，现阶段主要针对植物药对照物质开展合作研究。第二工作组会议基本上每一年举办一次。此次会议加深了各国间在植物药的监管、质量控制、标准制订方面的相互了解，并就植物药标准物质领域的相关研究进展展开了充分的讨论，为中药所正在开展的WHO植物药标准物质技术指南的制订与申报起到了积极地促进作用。

马双成研究员等2人赴中国香港特区参加香港中药材标准第52次科学委员会会议

经原国家食品药品监督管理总局批准，应中国香港特别行政区政府卫生署（以下简称“卫生署”）邀请，中国食品药品检定研究院中药民族药检定所所长马双成研究员、康帅助理研究员2人于2018年10月9～13日赴香港特区参加了香港中药材标准第52次科学委员会会议。

近年来，由于香港和内地中医药交流合作的日益加深，中医药在香港社会的认知度得到大幅提升，中药材产业已建立起由政府主导的适合香港市场实际且卓有成效的药品监管体系。在“一国两制”原则和《国家食品药品监督管理总局与香港特别行政区政府食物及卫生局关于食品药品监管领域的合作协议》下，中检院和香港特区卫生署通过开展中药检测及标准研究领域的交流及合作，有效地提升了中药质量及安全水平。2011年，中检院与香港特区卫生署在京签署了《建立香港中药材标准合作协议》，并由中检院参与制定24个品种香港中药材标准；2015年，中检院又参与启动了香港中药饮片标准先导性研究项目（黄芩饮片）；2016年6月15日，原国家食品药品监督管理总局港澳台办公室袁林主任与香港特区卫生署陈汉仪署长共同签署了《关于中药检测及标准研究领域的合作安排》，进一步推进了双方的合作与发展。目前，中检院承担的24个中药材标准的研究已经全部完成，陆续收录于《香港中药材标准》第七、八、九册（其中第七册和第八册已出版，第九册也将于近期出版）。黄芩饮片的先导性研究工作也已基本完成，各项内容已通过科学委员会讨论通过，完整专论将提交2019年2月份国际专家委员会审议。

《香港中药材标准》（以下简称“港标”）的研究是由香港特区卫生署主持的一项重要工作。港标工作的组织构架是由中医药事务部港标办事处组织协调，由8所单位开展研究，政府化验所负责复核，由科学委员会和国际专家委员会负责审核。基本上每个季度都会召开一次科学委员会会议，1年到1年半召开一次国际专家委员会议。

此次会议是第52次科学委员会会议。香港特区卫生署署理助理署长（中医药）黄毓明医生出席会议并致欢迎辞。香港特区卫生署中医药事务部罗国伟高级药剂师主持会议。参加会议的国际专家委员会委员有美国伊利诺利大学Harry Fong教授和车镇涛教授、英国胡佛汉顿大学陈金泉教授、中国香港浸会大学赵中振教授和中检院马双成研究员。香港特区政府化验所的有关人员全程列席会议。另有来自中检院、香港中文大学、香港大学等8所研究机构的专家和代表共计40余人参会。

会议审议内容分两大部分，第一部分是第10期中药材的研究工作，包括缬草、黑种草子、矮地茶、飞扬草、生巴豆、溪黄草等品种，涉及的项目包括样品收集、性状和显微鉴别方法、对照品选择、薄层色谱鉴别方法、指纹图谱鉴别方法、含量测定方法，以及实验室比对结果和各项目数据收集情况。香港卫生署还组织讨论了与药材相关的DNA鉴别方法、微生物检测、重金属风险评估和农药残留检测技术方法改进等内容。第二部分是饮片标准先导性研究工作。各研究单位分别汇报了所承担饮片标准（包括当归、姜黄、粉葛、香附、土茯苓、黄芩、麻黄和泽兰八种）。香港卫生署通过对八种饮片标准的研究进行归纳和总结，汇报了目前饮片研究在显微鉴别方法的建立、限度制订等方面存在的困难，并与国际专家委员会委员和代表进行了充分的讨论，在一定程度上对具体问题达成了共识。

马双成研究员作为香港中药材标准国际专家委员会委员，会议期间对全部的研究报告进行了审议，并就各具体问题向香港卫生署及研究单位提出了相关的意见和建议。康帅助理研究员就中检院承担的黄芩饮片标准研究工作进行了汇报，并应会议需要，就《中国药典》饮片限度制定的相关原则和要求作了报告，与参会专家进行了充分的交流。会议期间，香港特区卫生署还向国际专家委员会委员及各位代表分享了由中检院和香港卫生署在《中国药品标准》上联合发表的文章“香港中药材标准研究与历程回顾”。与会人员对中检院多年来在港标研究中所做的努力表示了充分的肯定与认可。此外，马双成研究员还就中检院承担的协助香港特区政府筹建中药标本馆相关事项以及下一期香港药材标准起草招标等事项与香港卫生署中医药事务部的相关负责人员交换了意见。

承办培训班、学术研讨会

中－美实验动物合作与发展论坛

2018 年 5 月 8 日，由中检院和美国 Jackson Laboratory 共同主办的“中－美实验动物合作与发展论坛”在北京市召开。来自实验动物领域的 40 余位专家出席此次论坛，论坛就中美实验动物“管理体系”“标准体系”“质量与检测”以及“模型动物最新进展”等方面议题进行了深入交流。

第六届中美毒性病理研讨会

中检院国家药物安全评价监测中心与美国毒性病理学会（Society of Toxicologic Pathology，STP）主办，康龙化成（北京）新药技术有限公司承办以“药物内分泌系统和肌肉骨骼毒性病理诊断和报告”为主题的第六届中美毒性病理研讨会于 2018 年 7 月 1～4 日在北京市召开。中检院王佑春院长和国家药物安全评价监测中心张河战主任参加了研讨会开幕式，王佑春院长和美国俄亥俄大学的 Thomas Rosol 博士分别代表主办方致开幕词。

会议邀请了美国俄亥俄大学的 Thomas Rosol 博士、美国辉瑞公司的李宪堂博士和 Kathryn E. Gropp 博士、美国拜玛林制药有限公司的 Sundeep Chandra 博士、上海中医药大学药物安评中心的张泽安博士及国家上海新药安全评价研究中心的大平东子博士等 10 位内分泌系统及肌肉骨骼毒性病理诊断著名专家到会进行大会报告。本次会议共有来自全国 50 多家从事药物临床前安全性评价的药检所、科研院所、制药企业或 CRO 公司的 180 多位代表参会，会议涵盖内分泌系统多个器官以及骨关节的结构和功能，啮齿类动物及非啮齿类动物自发性病变、肿瘤性及非肿瘤性病变、药物诱导的内分泌系统以及骨关节和肌肉的病理改变，还包含了骨的生物标志物和动物模型及发病机制研究等诸多前沿研究进展内容，是一次最全面、最深入的针对内分泌系统及肌肉骨骼毒性病理学的国际研讨会。

随着近年来我国创新药物研发及临床前药物安评领域的飞速发展，对于内分泌系统以及肌肉骨骼药物相关的病理学改变越来越受到毒理学家们的关注，相信通过本次研讨会的学习和交流，将为我国新药研发和临床前安全性评价提供丰富的理论指导和先进的工作经验。

2018 年全球监管科学技术学术研讨会

2018 年 9 月 26～27 日，2018 年全球监管科学技术学术研讨会在中国食品药品检定研究院成功举行，院长李波主持大会开幕式，国家药品监督管理局副局长徐景和到会致辞。

本次会议是全球监管科学机制（Global Coalition for Regulatory Science Research，GCRSR）的第八届年会，每届年会以一个主题进行讨论交流，通过国际合作的方式加强健康产品的监管科学研究，解决全球监管科学共同面临的问题和挑战。今年的会议主题是“数据科学时代下的膳食补充剂和植物药的风险/效益”。来自中国、美国、欧盟、加拿大、日本、韩国、澳大利亚、新加坡、印度等10多个国家的170名专家学者围绕这个主题，分四个板块：21世纪全球监管需求和展望、挑战与机遇、毒性和安全性评价、新兴技术与数据分析进行了汇报和讨论交流。中检院食化所和安评所分别以中国健康食品安全性评价面临的挑战与对策、中草药安全性评价新方法与特殊考虑为题作了大会发言。

会议汇报和讨论了欧盟、美国、中国、日本、加拿大、澳大利亚等各个国家监管机构对膳食补充剂和植物药品的监管现状，注册审批的监管要求，当前存在的问题，风险评估数据和方法，针对有关膳食补充剂和食品造假的监管策略，全面评估植物药/膳食补充剂的质量和安全性的传统方法和新方法，在当前大数据时代中面临的机遇和挑战，产品安全性的主要关注点以及毒理学评价的具体案例分析，如何利用化学信息学方法开发更安全的植物药产品，未来“植物药”国际监管协调模式等。

本次全球监管科学技术大会，为中国医药研发企业、研究机构提供了一个良好的国际学术交流平台，向世界展示了中国在监管科学方面取得的最新研究成果，加强了监管科学国际领域的交流与合作，有利于促进国际监管法规的协调和一致，共同为保障全球公众健康和生命安全贡献中国的智慧和力量。

第八部分　信息化建设

信息化基础建设与运维

中检院新旧址间检验数据灾备项目

检验数据灾备项目总投资1737万元，为期两年，全部由中央预算内投资安排，2018年下达109万。该项目是实现我院关键业务数据级容灾的基础。此项目将对旧址信息中心办公区进行改造，建设灾备机房，部署旧址灾备设备及系统，划分新址机房灾备区域部署设备及系统，最大程度地保证中检院业务核心数据的安全。

根据项目年度计划和下达经费情况，2018年度完成了以下任务：可行性研究报告的编制工作；项目监理和初设单位的招标工作，旧址灾备机房改造计划的制订，初步设计方案的编写，并上报国家局综合和规划财务司。

基本药物质量信息平台二期建设

基本药物质量信息平台二期项目于2017年9月完成招标并启动。2018年8月15~16日，由中检院组织的“基本药物质量信息平台技术交流暨二期项目验收会”在西藏自治区林芝市召开并通过验收。项目涉及全国49个药检所（口岸和副省级以上），以中检院为核心节点，采用10M专线链路链接，口岸和副省级以上药检所之间形成了覆盖全国的专用网络，实现了各类检验信息资源的共享，生物制品批签发系统、进口药管理系统、国家药品抽验系统、检验标准、图书馆资源等在平台上部署使用。

新址机房基础架构建设

新址机房基础架构建设包括：服务器虚拟化建设和结构化数据平台两部分。

2018年度，完成了新址机房基础架构从单台物理服务器部署方式向服务器虚拟化部署方式的关键性转变。服务器虚拟化是将多台实体服务器搭建成虚拟化服务器池，从中划出相应资源提供各系统使用。该关键性转变，能够加强中心机房硬件设备的规范管理，促进各类硬件资源的有效利用，避免设备单点故障，为中检院各类业务系统运行提供7 * 24稳定的运行环境和安全保证。目前，中检院中心机房共建有三个服务池，分别为院内网服务池、院外网服务池和国家食品抽检监测服务池，将三个服务池的40台物理服务器共划出187台虚拟服务器，资源利用率达460%。

为解决中检院各系统数据库部署多、不统一的问题，提高结构化数据平台的性能、安全性，需要将各系统的结构化数据进行统一部署管理。利用Oracle数据库产品功能，建设了具有高容灾结构的结构化数据库管理平台（Oracle RAC + OGG），保证了数据库的持续服务能力，实现了数据库的冗余灾备功能。目前，已完成结构化数据平台的搭建工作。

应用系统迁移工作

随着新址基础架构完成建设，新址具备了应用系统运行条件。2018年，在不影响业务的前提下，逐步将各应用系统迁移至新址运行。最终完成了中检院旧址所有重要应用系统的迁移工作，新址运行的应用系统已超过50个，包括从旧址迁移运行的系统以及在新址新上线的系统。同时，在旧址关停了35台实体服务器，24台虚拟服务器。

新址数据备份

对新址运行的应用系统进行数据备份是数据

安全的重要保障。在新址进行数据备份的原因在于：一，新址虚拟化服务器池的存储是双台设备互为备份结构，虽然能避免因单台设备故障造成的数据丢失，但避免不了误操作造成的数据丢失，需要备份进行保障；二，系统迁移后，操作系统、数据库等关键信息发生变化，需要在新址重新部署。2018 年已实现了 20 台关键业务服务器的数据、重要程序、文件的定时备份。

运维服务和搬迁保障

机房运行维护：随着用电设备日益增加，保障机房用电安全成为重点工作，2018 年对所有用电设备每半年度进行一次检查，春秋两季对空调过滤网、室外机进行清洗，保证制冷效率。在机房环境保障方面，共排查出 2 块蓄电池异常，处理 1 起因消防演习切换电路而造成的空调宕机问题，2 台 UPS 主机因异常断电而自动切换电路。对机房进行重新规划，对各类设备和网络进行调整，便于后期管理和运维工作。

IT 运行维护：完成新旧址两地 IT 运维项目的重新招标工作，合同中约定的服务覆盖我院新旧址的网络、桌面、安全、机房及服务器故障监控等。改进运维服务工作内容，在处理故障的同时进行问题讲解，减少重复性故障的发生。增加巡检工作频次和范围，在故障大面积爆发前，及时进行处理。2018 年共完成运维任务 5016 次，较去年同期减少 2930 次。表明中检院网络由问题高发期逐渐进入稳定运行期。

中检院新址网络参照等保三级的标准建设，部署安全系统及硬件 62 台套；网络设备 233 台，旧址仍有 78 台需要运维；上网行为管理系统实名注册 1243 人/台；虚拟化桌面设备 665 台套，开通 742 个账号。

办公地点搬迁的网络保障：保障单抗室、中药室搬迁新址，包材所、食化所搬至旧址药检楼，体外诊断试剂检定所搬至旧址生检楼，以及动物资源中心顺四条办公区等网络改造。

网站维护工作

保障网站平台安全稳定，将网站服务器备份一台虚拟化服务器。及时修复漏洞，消除安全隐患；请第三方网络安全公司协助对网站进行更深入的安全扫描工作，定期对网站做安全评估。

2018 年中检院网站发文共计 2133 篇稿件，其中外网 1150 篇，内网 983 篇，同比增加近 24%。为配合国家网络安全周宣传活动，外网网站建立相应专栏，启用飘窗功能。内网协同院党委办公室筹建了《党建在线》专栏。

WHO－PQ 复评审相关工作

为迎接 WHO 的复评审，信息中心围绕数据合规性做了大量的基础工作，配合现场检查、对数据的不合规现象进行整改，重新梳理实验室的工作站及相关应用系统共计 81 台套，具体有：用户权限的分级配置、采用域控的方式对工作站的桌面资源进行重新分配、对工作站的时间问题进行制式的统一和时间锁定。

起草并发布了中检院质量体系文件 NIFDC－PD－036《数据控制程序》，对中检院数据合规提出了统一的要求；修订了 NIFDC－SOP－D－M－0001《共享用计算机使用管理操作规程》，明确了工作站的分级权限设置方式。

针对评审中指出的涉及新版检定系统中的电子文件管理系统打印原始记录表单不受控、样品存放没有统一索引、环境监测检验报告书格式模板缺少关键项等若干问题及时响应，配合业务处和质量管理中心，制定了系统的紧急整改方案提交检查组，并为后续的系统整改与完善做好准备和监督实施工作。

委托项目

国家食品抽检监测信息系统

国家食品（保健食品）抽检监测信息系统，

为国家药品监督管理局食品监督抽检司（原总局食监三司）委托建设。2018年中检院对系统进行了升级改造，搭建了一套先进的私有云基础平台，进一步完善了系统功能，确保了国家、省、市、县四级近300万批次的食品抽检监测工作顺利开展。系统现有3000多家监管部门和1000多家检测机构的50000余用户在使用，系统在线出具食品检测报告近3000份/天，峰值超过10000份/天。

国家药品抽检信息系统

国家药品抽检信息系统，为国家药品监督管理局药品监督抽检司（原总局药化监管司）委托建设。2018年中检院对系统进行了升级改造和运维保障等工作。该系统现有30多家监管部门和40多家检测机构的2000多名用户在使用，每年处理2万多批次的国家药品抽检和报告数据、20多万条检验数据。2018年度系统累计处理药品抽检和报告数据23929条。系统为100多位专家在线评议128份质量分析报告和2017年100多份质量分报告标引工作提供了支撑。截至目前，该系统已正常运行11年，累计处理药品抽检和报告数据25万多条，检验数据230多万条。

国家医疗器械监督抽检信息化系统

国家医疗器械监督抽检信息化系统，为国家药品监督管理局药品监督抽检司（原总局医疗器械监管司）委托建设。2018年中检院对软件进行了升级改造和运行维护等工作，该系统每年处理3000多批次的国家医疗器械抽检和报告数据。现有30多家监管部门和30多家具有相关资质的医疗器械检验机构的用户约800人。2018年度处理国家疗器械抽检3313批。目前，该系统已正常使用10年，累计处理抽样和报告数据2万多条，检验数据33万多条。

国家化妆品抽检信息系统

国家化妆品抽检信息系统，为国家药品监督管理局化妆品监督抽检司（原总局药化监管司）委托建设。该系统于2018年开发建设并上线运行，目前已处理化妆品安全抽检监测抽检数据15567批次。现有30多家监管部门和30家检测机构的用户约100人。

特殊药品生产流通信息报告系统

特殊药品生产流通信息报告系统服务于国家药品监督管理局特药处（原总局药化注册司），用于采集全国特殊药品生产和经营企业的详细业务数据，帮助监管机构全面掌握特殊药品的生产和流通情况，对特殊类药品的生产和经营环节进行全方位的追溯管理。2018年中检院开发生产计划管理模块、梳理系统中存在的错误和不规范数据、与16个省市进行数据对接、报表准确性核对、用户培训、系统运维等方面。截止目前，系统中有用户4330名，共入网特药生产和经营企业3691家，采集各类数据约450万条，数据涉及380种药品，药品批准文号1225个，药品规格5380个，药品包装规格1740个。

特殊食品注册机构备案系统

特殊食品注册机构备案系统主要服务部门为国家药品监督管理局特殊食品监管司（原总局特食司）。系统始建于2017年，2018年6月通过验收。其建设目标是通过对检验机构主体信息、资质、设备、人员等信息的有效管理，解决企业与技术机构之间的信息不对称问题，加强对检验机构的管理，对产品注册全过程电子化管理工作起到推进作用。截至2018年11月，通过系统申请备案检验机构530家，通过备案并公开的检验机构有159家，其中具备“产品检验”资质的检验机构有159家，具备“安全与功能验证”资质的检验机构56家，具备“临床实验”资质的检验机构5家。

信息安全

信息安全等级保护工作

2018年度信息安全等级保护工作包括：现状

调研、定级备案、安全技术评估、差距分析、整改设计、整改实施、自测等保测评和设备安全检查9部分。实施过程分4个关键阶段，第一阶段进行现状调研，梳理全院信息系统，对系统进行合并定级，并准备定级备案资料；第二阶段对特定系统开展漏洞扫描、配置检查、渗透测试，同时进行安全管理和安全技术差距分析，针对发现的安全问题提供整改建议；第三阶段依据整改建议落实漏洞修复、安全加固等整改措施；第四阶段测评机构开展等级保护测评工作，并出具测评报告。

根据院《信息安全管理手册》要求，中检院信息中心于2018年11月底开展年度网络安全应急演练活动，以检验管理制度、机构人员、系统建设、运维管理等方面在信息安全等级保护的能力。本次演练活动由纸面推演和实操两部分组织，分别针对恶意代码攻击、门户网站页面篡改和网络拒绝服务攻击三种常见网络安全现象，信息中心汇同网络、安全、运维等技术力量，组成协调小组和实施小组，按照《信息安全等级保护管理办法》的规定，制定演练方案及操作手册，并对方案和操作流程做出细化，在保证日常工作的同时，最大程度上检验网络安全水平。

网络安全保障工作

针对新旧两地网络安全运维工作，中检院进行网络安全设备维护，制定网络安全策略，网络安全分析、加固、设备升级打补丁。完善网络安全应急预案。组织开展网络安全检查，对网络设备、网络安全设备进行巡检，排查消除事故隐患，保障设施安全平稳运行。保障了两会、春节、五一、十一等重大会议和节日期间的网络安全。

应用系统建设与升级维护

实验室仪器数据自动采集存储系统

SDMS一期项目实施范围为化药所的化药室与麻药室，于2017年底开始实施。目前已完成服务器端和近60台仪器的工作站端部署，实现了工作站中原始数据统一采集至服务器保存，以及所有仪器的谱图统一保存到服务器，并与新版检定系统中的检品与检验项目进行了关联。

SDMS二期项目（中检院中药所色谱数据自动采集及检索系统）为期2年，实施范围为中药所全部科室和化药所剩余六个科室，涉及仪器近200台。2018年度完成了以下任务：可行性研究报告的合同签订；项目监理和初设单位招标，初步设计方案的编写与评审，拟于年底前完成项目的建设招标工作。

推进各业务系统实现无纸化办公

无纸化办公主要是实现纸质人工运转工作的电子化，以规范管理、提高效率。当前，中检院各业务工作的无纸化正在各归口管理部门的积极配合下稳步推进。

在中检院行政办公平台上建设的14个办公模块，除发文模块在院长审批环节时需要纸质审签和电子审签，请示签报模块没有全院推广使用外，其他12个模块已实现无纸化流转（定稿文件需要打印后签字、归档）。平台上布设的11个院内业务管理系统中，考勤管理、档案管理、奖励性绩效管理，这3个子系统已实现无纸化流转（定稿文件需要打印后签字、归档）。其余8个子系统正在相关部门的配合下，根据工作实际，逐步优化管理、减少纸质环节（如检定业务系统取消部分校对环节、部分报告取消签发后的纸质流转、协检流程的电子化和实验原始记录的电子化管理）。截至2018年年底，已实现行政办公平台中的12个办公模块以及3个业务管理系统的无纸化流转。

新版检定管理系统

新版检定管理系统于2016年11月9日正式部署上线开始，迄今系统已正常运行2年。系统主要业务模块－受理登记、科室检验报告填写及打印、业务所（院）审批、综合业务处报告制发、业务发文流转、样品留样及入库、检品超时统计等功能模块运作正常。系统运行期间暴露出一些BUG、各部门对系统反馈的一些优化改进建议以及上千次的服务支持已及时予以处理，软件功能逐步完善，系统运行正常。

2018年系统新增以下几部分功能：①新版系统收入合同管理模上线运行；②系统流程环节中取消报告制发环节的科室校对；③开通新版系统与国抽系统数据的对接；④开通新版系统与实验室仪器数据自动采集存储系统数据对接；⑤系统网上送检模块正式开放，企业可以网上填报数据、打印、提交、评价、查看检品检验状况、批量导入数据；⑥系统性能优化：主页待办件、科室待办件等加载时间明显优化。

检验标准管理系统

本系统旨在为全国药检系统提供动态和全面的检验标准信息服务，系统主要功能有，标准数据的收集、整理、校对，标准的查询和统计等。

系统分为院内系统和全国系统，2018年度主要是对院内的系统进行升级改造：①增加进口标准查询模块；②增加标准目录分类导出；③增加后台校对功能，实现对标准、批件、注册证的增删改操作；④开发后台工作人员录入标准、批件、注册证功能；⑤开发实现定时通过接口获取国家局电子数据；⑥维护门户网发布的标准（补充检验方法、药包材、医疗器械）；⑦增加标准受控功能。另外大部分工作是整理、录入和校对标准，入院内的标准库。内网已整理且校对入库的数据：标准13221条、批件9467条、注册证2024条，进口标准1535条。

系统自上线以来，门户网公开的标准数及访问量：医疗器械标准376条，访问287638次；药包材标准130条，访问239420次；补充检验方法标准51条，访问167981次。

协助各部门完成各应用子系统的建设和维护工作

协助各部门完成各应用子系统的建设和维护工作包括：中检院行政办公门户、能力验证系统、资源直报系统数据报送、生物制品批签发系统升级、国家标准物质管理系统、医疗器械标准管理中心信息化系统、实验动物管理系统、物资供应系统、固定资产管理系统、药品补充检验方法和检验项目管理系统等数十个应用子系统的运维工作。

图书档案管理

档案管理

截至2018年11月7日，累计整理入库档案6457卷4035件，库存档案激增至10万卷。为439人次提供查借阅服务，共计查借阅档案4781卷，查借阅量是2012年的3倍。完成《2017年大事记》的编撰与修改工作。为中检院接受巡视、各项评审、能力验证、各类审计工作提供了大量凭证支持工作。

为规范指导进口药审批资料档案管理工作，由中检院购买社会化服务进行整理立卷和寄存托管。此项工作已持续开展三年，2018度进口药审评审批档案管理项目整理装订8530册，寄存托管的进口药审批档案已达6万卷。2018年项目已通过专家验收。

库存档案的数字化扫描工作，是档案管理系统软件的在线查借阅扩充数据库基础。2018年完成270万页档案的电子化工作，是去年工作量的9倍。

2018年档案管理系统进行了改版升级，于11月29日举办了针对全院中层以上干部及兼职档案员的档案管理系统使用宣贯培训。该系统按限定权限可提供数字化全文打印或浏览利用，实现了档案利用查找、借阅、移交的远程网络操作。中检院的档案管理系统从无到有，从简到精，逐渐向档案管理的信息化、网络化和数字化推进，有效地提升了多地办公工作的效率。

图书馆

数字资源方面，保持了 8 种内外网数据库的正常更新运行。上半年为院内 100 多名读者开通了个人的 SciFinder 账号，方便了个人使用。完成图书馆服务器从旧址到新址的迁移。

2018 年图书馆开通《药典数据库》和《外文生物医学期刊整合平台》的移动 APP 服务，使院内读者实现了手机在线检索阅览各大药典及外文文献。院内 630 余名读者申请安装了药典和外文期刊的手机 APP。

为方便图书借阅，对图书管理软件进行改造，取消了原来的借书证，读者可凭中检院工卡直接办理图书借阅，实现了院内一卡通。

2018 年订购中文图书 56 册，外文图书 28 册。中文期刊 71 种，外文期刊 10 种。装订期刊 227 册。2019 年计划停订全部 10 种纸制外文原版期刊，续订 71 种中文期刊。

杂志编辑工作

《药物分析杂志》编辑部

截至 2018 年 11 月 27 日，《药物分析杂志》编辑部收到稿件 986 篇，完成了 11 期的编辑出版工作，共刊出稿件 281 篇，约 408 万字。

《药物分析杂志》多年来一直被北京大学图书馆评为药学类中文核心期刊，2018 年继续入编由北京大学出版社出版的《中文核心期刊要目总览》2017 年版（即第 8 版）。本年度，经过多项学术指标综合评定及同行专家评议推荐，继续被收录为“中国科技核心期刊”（中国科技论文统计源期刊），证书编号 2017 - G087 - 1704。

几年来，在《中国科技期刊引证报告（核心版）》中《药物分析杂志》的主要评价指标如核心总被引频次及核心影响因子一直呈现上升趋势。

为促进药物分析学科科研成果交流，推动药物分析领域最新科研成果转化，2018 年 8 月 18 日至 21 日，主办了《药物分析杂志》普析通用杯第八届优秀论文评选交流会。大会对 244 篇稿件经过盲选、初评、现场评议，评出了优秀奖 20 名，三等奖 10 名，二等奖 6 名，一等奖 3 名。

《中国药事》编辑部

截至 2018 年 11 月 27 日，《中国药事》编辑部收到稿件 1347 篇，出版 12 期，发表论文 282 篇，其中基金论文 94 篇，基金论文比 33%（2017 年该值为 25%）。

自 2016 年，《中国药事》一直被评为中国科技核心期刊，在 2018 版中国学术期刊影响因子年报中，《中国药事》比 2017 年有所提升。

第九部分　党的工作

党务工作

巡视工作

根据中央巡视工作统一部署，2018 年 2 月 24 日至 5 月 23 日，中央第十一巡视组对原国家食品药品监督管理总局党组开展了常规巡视，对中检院进行了延伸巡视。2 月 8 日，中检院党委办公室收到原国家总局《关于印发食品药品监督管理总局党组配合十九届中央第一轮巡视工作方案的通知》，中检院 2018 年配合巡视工作正式开始。2 月 24 日，中检院党委成立配合巡视工作领导小组及其办公室，对配合巡视工作作出统一部署。7 月 20 日，中央第十一巡视组向原总局党组反馈了巡视意见。国家市场监督管理总局成立后，根据巡视反馈意见，制定了《中央巡视整改实施方案》。为抓好巡视整改落实，国家局制定了《巡视整改任务分解表》。9 月 5 日，党委办公室根据巡视反馈意见，报送巡视整改实施方案及细化措施。9 月 29 日，中检院党委印发《关于成立巡视整改工作领导小组及其办公室的通知》，2018 年巡视整改工作持续开展。

期间，中检院向巡视组提供自查报告、汇报材料等资料大约 20 余次。

本轮巡视反馈问题整改任务分解为 121 项整改措施，涉及中检院 13 项，其中整改完成的 1 项，限时完成的整改措施 2 项，长期坚持的 10 项。上轮巡视未完成整改问题整改任务分解为 56 项整改措施，涉及中检院 4 项，其中已完成的整改措施 2 项，还有 2 项需长期坚持。自 9 月 5 日起，中检院落实巡视整改进度周周报送机制。

党组织建设

2018 年 1 月 30 日，中检院召开了 2017 年度院领导班子民主生活会，党委“一班人”开展了批评与自我评判；随后各党支部陆续开展组织生活会及民主评议党员工作，院两委委员分组深入各支部指导点评；同时，还开展了支部党建述职评议考核工作，党委书记对各支部提出点评意见。2018 年 9 月开始，中检院开展了为期一个月的党建和廉政工作交互检查，院领导班子及部分支部书记带队，组织两委委员分成 7 个检查组，对在职的 33 个党支部及 3 个党总支进行了党建和廉政工作交互检查。11 月份召开党委扩大会议，专题听取交互检查情况汇报，针对梳理问题，提出整改意见。各支部还建立了整改台账，积极推进落实。

同时，中检院按照“一岗双责”要求，及时督导支部做好支部书记及委员的补选工作。2018 年任命支部书记 3 人，增补选支部书记 1 人、支委 2 人，任命支部临时负责人 3 人。针对支部书记、委员开展了党务知识专题培训，并下发《怎样做好新时代支部工作》等 14 本学习书籍。按照《中国共产党发展党员工作细则》规定，扎实开展党员发展工作，2018 年发展党员 7 名，考察培养预备党员 11 名。按照原总局要求，严格落实党费收缴制度，顺利完成 2018 年度党费收缴及上报工作。督促入职（学）、离职（学）的党员及时转接党组织关系，确保所有党员纳入党组织管理。对于与党组织失去联系的党员，仍在坚持联系寻找。

制定《中检院党委关于开展形式主义、官僚主义集中整治工作的方案》，成立开展形式主义、官僚主义集中整治工作领导小组及办公室，全面负责院形式主义、官僚主义集中整治工作。12 月上旬，院领导班子成员带队分五个工作组对各部门进行干部作风问题专项整治工作督查，通过个别谈话、民主测评等方式，对各部门特别是部门负责人存在的形式主义、官僚主义问题进行了摸底并逐一反馈了问题。

严格贯彻落实“中央八项规定”精神，新修订了《中检院落实中央“八项规定”精神的实施细则》，为各支部下发了关于新形势下党内政治生活若干准则、党内监督条例，以及《中共共产党纪律处分条例》。同时，还修订了《中国食品药品检定研究院党委理论学习中心组学习规则》《中国共产党中国食品药品检定研究院委员会工作规则》《中国食品药品检定研究院职工思想动态信息管理办法》《党委委员与各党总支、支部挂钩联系制度》等制度规定，起草了《中国食品药品检定研究院党委落实意识形态工作责任制实施办法》，推动了工作的规范化。

思想政治建设

召开 2018 年党建工作会，总结 2017 年党建工作，安排部署 2018 年党建工作，制定下发 2018 年党建工作要点。严格落实党委理论学习中心组学习制度。依据年度学习计划，2018 年共组织五次党委理论中心组集体学习，两次党委全委会集体学习。

认真落实党中央国务院关于食品药品监管的批示指示精神，通过常委会、党委扩大会、理论中心组学习会以及党务干部培训等形式，广大党员干部深入学习《习近平、李克强等中央领导同志关于长春长生疫苗案的重要指示精神》和习总书记十八大以来关于食品药品监管的重要指示精神。1、2 月份，连续四周组织科室副主任以上干部参加十九大精神的集中测试，并及时向各支部通报考试成绩。3 月份，组织支部书记、副处级以上干部 33 人，参加第二期总局直属单位学习贯彻党的十九大精神集中轮训班，深化对党的十九大精神的学习理解。8 月份，分两期组织院中层干部、中青年干部和业务骨干 130 人，赴山东临沂开展沂蒙精神主题教育培训。10 月底，举办党支部书记及党务干部培训班，组织院两委委员、各党总支支部书记及委员 100 余人参加了培训。全年各支部开展了“不忘初心，重温入党志愿书”等主题党日及日常学习活动，认真学习了《向郑德荣等 7 名“全国优秀共产党员”学习》、《关于进一步激励广大干部新时代新担当新作为的意见》等文件精神。为党员干部发放了《十三届人大一次会议〈政府工作报告〉学习问答》《习近平新时代中国特色社会主义思想三十讲》等辅导读本，为院两委委员、各支部书记、支委购买发放《怎样做好新时代支部工作》《党务工作者实用手册》《怎样开好三会一课》等 14 本学习书籍。

按照国家局制定的推荐书目，开展“荐好书·读好书”活动，引导党员选择不同种类的图书，为全院 689 名党员购买了 1000 余本图书，调动了党员“爱读书”的积极性、“读好书”的自觉性和“荐好书”的主动性。

按照党中央和原总局关于严明纪律切实保证党和国家机构改革顺利进行的有关要求，时刻关注党员群众的思想动态，修订《中国食品药品检定研究院职工思想动态信息管理办法》，成立职工思想动态管理工作领导小组及其办公室。2018 年共编发《思想动态内参》2 期（第 20、21 期），改版《职工思想动态》。

统战工作

根据国家机关工委《关于推荐中央和国家机关出席第十次全国归侨侨眷代表大会代表候选人、特邀代表初步人选的通知》要求及国家局提议，推荐范行良为出席第十次全国归侨侨眷代表大会代表候选人人选。根据中央国家机关归侨联合会中国侨联办公厅《关于举办第七届侨联创新创业成果交流系列活动的通知》精神，推荐并协助范行良申报了有关材料，按要求上报至国家局。

2018 年政治审核加入民主党派职工 4 人次。

工会工作

5 月 17 日，召开了中检院工会第二次代表大会，选举产生工会委员会委员 15 人，经费审查委员会委员 3 人；选举姚雪良任工会主席、陈为任副主席。

7 月份，中检院制定印发了《中检院工会会员福利标准和支出办法（试行）》，为会员发放电影卡和生日蛋糕卡，重大节日为全体职工发放节日慰问品，落实“要尊重我院少数民族职工饮食习惯”指示要求，单独为回族职工采购清真食品。积极开展慰问生活困难、患大病住院或直系亲属去世的职工等服务职工送温暖工作，组织我院劳模参加全国总工会劳模疗休养活动。召开职工代表会议对院内充电桩建设、餐补标准变动等工作广泛征求意见。年底，与北京卫人人力资源开发有限公司协商并报院党委领导批准，启动接纳吸收在我院工作的派遣员工加入工会组织。

春节前，中检院举办了“走进新时代”迎新春联欢会。2 月初，开展应急救护知识与技能培训。7 月中旬，举办境外就医医疗服务讲座。7 月至 9 月，分阶段开展了 2018 年度球类运动会。9 月底，举办了“放歌新时代 扬帆再起航”纪念改革开放 40 周年合唱比赛。9、10 月份，组织职工参加了生物医药基地园区体育活动，分别在“中国大兴药谷”首届职工运动会上获得了团体第十名和优秀组织单位奖，在“安康杯”登山比赛中获得了团体第三名的成绩。11 月，举办了全国食品药品检验检测与发展美术书法展评活动。

团委及青年工作

5 月 17 日，中检院召开中国食品药品检定研究院第二次团青代表大会，选举产生共青团中国食品药品检定研究院第二届委员会（青年工作委员会）。召开院团青工作委员会第一次全体会议，选举产生院团委书记、团委副书记。团委书记赵晨，团委副书记付佳丽、刘丹丹。10 月份，选派 4 名团员青年代表同市场总局、知识产权局、国家局青年团员一起，赴安徽临泉县开展“根在基层”青年干部调研实践活动。

院团委书记赵晨当选中央和国家机关团代会代表，参加中央和国家机关团代表会议。

纪检监察

第一次纪委扩大会

2018 年 2 月 1 日，党委副书记、纪委书记姚雪良同志主持召开中检院 2018 年第 1 次纪委会议。院纪委委员、各总支支部纪检委员共 24 人参加。

与会同志集体学习了中国共产党第十九届中央纪律检查委员会第二次全体会议精神，传达学习了全国食品药品监管暨党风廉政工作会议精神。

会议通报了 2017 年院党纪处分情况。姚雪良同志分析原因，剖析教训，提出了具体要求。一是要增强政治意识，从政治全局上看问题，强化四个意识，增强贯彻执行八项规定的自觉性、坚定性；二是要增强法纪意识，存畏惧、知底线、守规矩，用制度规定规范行为；三是要强化统筹意识，正确处理好业务发展与廉政风险防范的关系，切实把党风廉政贯穿业务工作的始终，确保业务工作健康有序快速发展。

姚雪良同志对 2018 年纪检监察工作进行了部署，第一，要加强监督检查，尤其是要加强对政治纪律、政治规矩执行情况的监督检查，坚决贯彻中央决定部署，确保政令畅通。第二，要认真落实中央八项规定和实施细则精神，紧盯四风新动向，着力纠正四风新问题，尤其要纠正不敢担当、不作为、效率低下、推诿扯皮等问题。第三，要加强廉政教育，重点进行案例教育、纪律教育，开展经常性谈话提醒教育，增强党员干部廉洁自律的内在动力。第四，要完善制度机制，认真抓好和落实招审委、专家库和企业黑名单等工作。

第五，要深入开展审核审计监督，认真组织纪委委员、支部纪检委员开展集中检查工作。第六，要加强信访线索核查，严格纪律审查，坚决查处违规违纪问题。第七，完善责任考核，重点研究，切实加强责任考核的针对性和有效性。第八，要加强纪委自身建设，切实发挥好职能作用。

第九次纪委扩大会

2018 年 12 月 28 日，党委副书记、纪委书记姚雪良同志主持召开中检院 2018 年第 9 次纪委（扩大）会议。院纪委委员、各总支支部纪检委员共 17 人参加。

会议传达学习了中央纪委国家监委派驻机构改革精神的工作建议等文件精神，会议听取了院纪委 2018 年工作情况的汇报。

姚雪良同志对 2019 年纪检监察工作进行了部署，一是加强政治纪律，强化政治监督，确保中央决策部署落到实处；二是持续正风肃纪，开展作风专项整治工作，贯彻落实中央八项规定精神；三是加强廉政教育。坚持政治理论学习，增强理想信念。加强纪律教育，开展纪律培训。进行案例教育，定期印发廉政教育学习资料；四是严格工作提醒。建立廉政档案，严格个人重大事项报告，组织生活会个人重大事项报告制度；建立廉政谈话制度和检查报告制度，执行检查任务前要进行提醒谈话，建立礼品礼金登记制度；五是加强监督检查。认真落实廉政风险防控制度，加强日常工作的监督检查；六是严格线索核查，坚决查处违纪行为；七是加强组织协调。签订党风廉政建设责任书和廉政承诺书；八是聚焦第一责任人。着力提高纪委委员监督效率，完善分片挂钩制度；定期分析廉政情况；加强纪检委员业务培训。

干部工作

领导干部任免

因工作调动，解聘李保文同志实验动物资源研究所副所长职务（中检人〔2018〕2 号）。中国食品药品检定研究院党委常委会 2018 年 3 月 26 日研究决定，免去杨化新同志化学药品检定所所长职务，免去林兰同志化学药品检定所副所长职务（中检党任〔2018〕1 号）。

根据工作需要，经 2018 年 8 月 21 日院长办公会研究决定，聘任路勇为中国食品药品检定研究院技术负责人，解聘王佑春技术负责人的职务（中检办人〔2018〕11 号）。

因工作需要，经 2018 年 9 月 12 日党委常委会研究决定：解聘袁宝珠生物制品检定所细胞资源保藏研究中心主任职务（中检人〔2018〕16 号）。

因工作需要，经 2018 年 9 月 12 日党委常委会研究决定：解聘白东亭体外诊断试剂检定所所长职务，并按要求办理退休手续（中检人〔2018〕23 号）。

解聘胡昌勤化学药品检定所抗生素室主任职务，并按要求办理退休手续（中检人〔2018〕17 号）。

干部挂职

推荐生物制品检定所秦玺参加第 19 批博士服务团，挂职成都高新区创新创业服务中心副主任。

推荐朱嘉亮到江苏泰州医药新区挂职。

干部管理

配合中央巡视组，在中层干部范围内发放《巡视检查告知书》，根据上级要求按时上报近两年公开招聘、干部选拔、干部配偶子女移居国（境）外相关信息、领导干部配偶、子女及其配偶在食品药品等企事业单位从业情况统计、2013－2018 年干部辞职情况统计以及十八大以来受组织处理情况汇总等相关材料。按要求报送《2018 年上半年开展领导干部提醒函询诫勉工作情况总结》。

清理规范干部职工配偶、子女及其配偶从业行为

按照人事司《关于清理规范干部职工配偶、子女及其配偶从业行为的通知》（药监人函〔2018〕32号）要求，中检院党委积极行动，对全院在职干部职工配偶、子女及其配偶从业情况进行了清理规范，经过清查，中检院现有编内在职职工784人，院领导班子5人，局管干部2人，副处级以上干部51人，其中4人的配偶、3人的子女从业单位为药品或医疗器械相关企业，但这7人的岗位均与其配偶或子女的从业单位无直接业务关系。

一般干部职工726名（其中2人长期在WHO任职，3人因精神疾患长期病假，还有4人休病假），717人填写了《干部职工配偶、子女及其配偶从业情况登记表》，根据填报情况统计，其中有76人配偶和（或）子女及其配偶在食品、药品、医疗器械等相关企业任职。经分析其中48人其配偶和（或）子女及其配偶从业企业与本人岗位无利益冲突；有28人（其中1人子女、26人配偶、1人配偶及子女在相关企业工作）其岗位职责与其配偶和（或）子女从业企业可能会发生业务联系。

开展干部作风专项整治工作

为深入贯彻党的十九大和十九届二中、三中全会精神，认真抓好中央巡视反馈问题的整改落实，用全面从严治党的力度治庸治懒治无为，切实解决少数干部不担当不作为等作风问题，进一步强化广大党员干部的责任意识和担当精神，根据国家药品监督管理局部署要求，结合中检院实际，制定了《中检院关于开展干部作风问题专项整治工作实施方案》，目前已按照方案规定的时间节点完成了干部作风专项整治工作的部门自查、中层干部的民主测评及考核工作，并形成了相关干部的考察报告。

第十部分　综合保障

综合业务

落实优先检验管理程序和要求

2018年，中检院与药审中心进行了8次优先审评品种及检验信息交换；在院内进行《优先检验管理办法》培训；通过内网开展了8期优先检验品种进度的督办并以邮件方式通知业务所负责人；内部受理登记岗位启用加急处理单；新版检定系统中增加业务标记和科室主任短信提醒功能，目的是使优先审评品种的检验工作无缝衔接，环环相扣。2018年，我院共受理40个品种121批优先审评品种，签发46个品种183批，截至11月30日6个品种21批正在检验中。

参与国家局政策法规制修订

2018年，中检院积极参与《药品注册管理办法》制修订，建议规范注册检验程序与要求，优化检验、审评、核查之间工作流程，建立申请人、审评机构、核查机构、检验机构四方信息交互平台，建立国家级与省级检验机构注册检验任务分配原则。为落实临床急需境外新药审评审批公告要求，组织起草《进口化学药品标准复核检验用资料及样品的要求》和《进口生物制品标准复核检验用资料及样品的要求》并上报国家局。组织对"临床急需境外新药审评审批""调整进口化学药品进口注册检验""进口化学药品通关检验""药品注册现场检查管理规定"等政策法规的院内征求意见工作。为国家局组织的全国药品审评审批改革培训班授课2期，介绍药品检验工作现状和适应改革的变化，提出进一步落实改革举措的建议。

药品标准管理

2018年，中检院组织开展药品补充检验方法技术审评。作为原国家食品药品监督管理总局药品补充检验方法审评委员会秘书处，中检院组织药品检验机构申报药品补充检验的技术审评，并规范方法起草。截至11月30日，共受理55个方法，其中4个方法正在专家审核，40个方法正在修改，11个方法已通过专家评审上报国家局。通过运行和维护药品补充检验方法信息管理系统，已批准的240个方法全部入库，升级完善系统的短信推送功能。建立了《药品补充检验方法研制指南》，并由原国家食品药品监督管理总局于2018年1月5日正式发布。

2018年，中检院开展药品标准管理系统工作。继续做好国家局行政事项受理服务和投诉举报中心下发药品标准的取件、院内分送和系统录入工作。截至2018年11月30日，共接收药品标准7453件，电子化并录入标准管理系统4516份。优化标准管理系统，新增"进口注册标准"专栏，细化标准目录并增加打印和下载功能，增加打印下载的受控标识和原文水印。规范药品标准管理程序，制定并发布《药品检验标准管理标准操作规程（NIFDC－SOP－HZ－M－0138）》。

2018年，中检院组织开展药品标准提高工作。共有39个品种申请药品标准提高立项。

执行新修订《生物制品批签发管理办法》

为落实新修订《生物制品批签发管理办法》关于信息公开的要求，自办法实施之日起，实行每周公示批签发结论信息。2018年中检院共公示48期生物制品批签发信息公示表。建立生物制品批签发信息平台，方便申请人和公众查询。平台包括：送检须知、网上送检、批签发产品公示信息汇总（包括我院在内的全国8个批签发机构）、批签发情况查询、重大问题处理决定、批签发机构及调整、批签发品种及抽样量、表单下载和公告通知等10个信息模块。

仪器设备

设备搬迁工作

按照搬迁领导小组安排与部署，2018年中检院完成了中药所、生检所、食化所、诊断所、包材所、化药所6个业务所12个科室的仪器设备搬迁协调工作。组织搬迁公司搬迁仪器设备673台（套），完成计量140台（套）。

“十三五”仪器设备发展规划和三年配备计划

中检院组织相关部门编制“十三五”仪器设备发展规划和三年配备计划。按补短板、稳更新和前瞻性的原则，将各类仪器设备进行排序，兼顾了整体性和可行性。三年配备计划拟于2018年开始，分三年实施，初步统计仪器设备共计500余台（套），预算达6亿余元。

全周期管理

中检院2018年度计划采购仪器设备1105台（套），合同金额14884.43万元；应急采购仪器设备438台（套），合同金额1900万元；完成计划计量3258台（套）；应急计量1179台（套）；维修891台（套），金额1492.1万元，其中超过万元需要签订维修合同的191份，金额1076万元；验收2094台（套），金额16000.5万元；报废鉴定744台（套），金额1828.0万元；新增固定资产1744台（套），金额12189.3万元；报废设备659台（套），金额1579.9万元；上报处置仪器设备546台（套），金额978.8万元。供应商复评审共14家，13家通过评审；初评审3家，2家通过评审。全年共完成4次（每季度一次）实验室仪器设备运行管理检查，并配合完成实验设备管理专项监督检查和相关实验室内审工作。

规程编制

为落实质量管理和内部控制的要求，2018年，中检院组织相关部门人员，开展归口管理的规章制度的制修订工作，现已完成22个院级SOP和11个设备中心SOP的修订工作，并制定了《科研免税仪器设备管理规定》和《高压灭菌器、储气罐特种设备安全管理规定》。

人事教育

薪资管理

2018年9月份，参照北京市人力资源和社会保障局人社老发〔2018〕130号文调整了北京市最低工资标准，由每月不低于2000元，调整为每月不低于2120元，实际每月提高120元。按照2015年6月3日院办公会议通过的“关于编外人员调整工资的意见”第三条编外人员收入正常增长机制。为派遣人员（502人）每人每月增加岗位补助120元，为返聘人员（29人）增加劳务费60元。专项资金人员22人不调整。调整后月增加费用支出6.06万元。

根据“国务院办公厅转发人力资源社会保障部财政部关于调整机关事业单位工作人员基本工资标准和增加机关事业单位离休人员离休费三个实施方案的通知”（国办发〔2018〕112号），自2018年7月1日起，对788名在职工作人员的工资标准（工资包括岗位工资和薪级工资，人员包括2018年7月1日以后退休、离职和新聘人员）9名离休人员离休费进行了调整。在职人员工资月增资30余万元，离休人员离休费月增资6800元。

编外人员参照国办发〔2018〕112号文关于调整机关事业单位工作人员基本工资标准的通

知，调整了岗位工资及薪级工资标准（专项资金人员除外）。

派遣人员 495 人，按照本人工资级别，所对应的岗位工资标准进行调整，薪级工资按岗位工资的 20% 比例计算。

返聘人员 33 人，按照本人工资级别所对应的派遣人员工资级别，月增的岗位工资 + 薪级工资之和 80% 比例，增加劳务费。以上调整自 2018 年 7 月 1 日执行，派遣人员 495 人，补发金额 38 万元。补发返聘人员 33 人，补发金额 6.6 万。

专项资金 22 人，未进行调整。

根据“关于做好 2018 年中央国家机关事业单位基本养老保险费征缴工作的通知”（央险函〔2018〕2 号），中检院于 2018 年 5 月正式参保，并对准备期的基础信息进一步梳理确认，为后续基金结算及转移接续做好准备，从 2018 年 6 月起，退休人员养老金全部由养老保险管理中心发放。

机构编制

起草中检院“三定”规定草案，多次研究完善后报国家局人事司。2018 年 12 月 29 日，国家局印发《国家药监局关于印发国家药品监督管理局所属事业单位主要职责内设机构和人员编制规定的通知》（国药监人〔2018〕60 号），正式发布中检院“三定”规定。

2018 年 4 月 17 日，印发《关于调整食品检定所二级内设机构的通知》（中检人函〔2018〕175 号），将食品检定所理化检测室分设为理化检测一室和理化检测二室。

公开招聘

中检院 2018 年度开展了事业编人员公开招聘工作，经原国家食品药品监督管理总局批准，3 月 23 日正式启动，在原总局网站和中检院外网同时发布招聘公告，计划招聘岗位 16 个，计划招聘人员 19 名。

报名截止共收到有效应聘简历 908 份，经人事处及专家组筛选共确定 440 人进入笔试环节，笔试当天共有 241 人参加了笔试，按照 1∶3 的原则，确定 54 人参加面试，最终招聘 15 个岗位，合计 18 人（因 1 号诊断试剂检验岗位仅 4 人报名，因专业、学历、生源地等条件，无人符合岗位要求，不符合相关规定，故该岗位取消）。

2018 年共招聘事业编人员 18 人，其中应届毕业生 15 人，社会在职人员 3 人。

2018 年度编制外人员公开招聘工作分上、下半年两次进行。

经原国家食品药品监督管理总局批准，上半年编外招聘工作于 5 月 3 日正式启动，计划招聘 62 人，共收到简历 369 份，经过筛选、笔试、面试、体检等环节，共计拟录用 48 人，其中技术岗 36 人，工勤岗 12 人。

经原国家食品药品监督管理总局批准，下半年编外招聘工作于 11 月 9 日正式启动，计划招聘 23 人，共收到简历 166 份，经过筛选、笔试、面试、体检等环节，共计拟录用 14 人，其中技术岗 9 人，工勤岗 4 人。

技术职务评审

按照《关于组织开展 2018 年专业技术职务任职资格评审工作的通知》（药监人函〔2018〕39 号）的有关要求，依据《国家药品监督管理局直属单位专业技术职务任职资格评审办法》（药监综人〔2018〕38 号），配合原国家食品药品监督管理总局人事司开展了 2018 年度国家局直属单位专业技术职务任职资格评审工作。2018 年度申报材料开始对计算机和英语水平不作要求，并再次推行业绩成果替代论文工作，共计在参评人员中出现 26 人次合计 45 项成果代替论文，中检院共计取得 2 人次 3 项成果认定。共收到专业技术职务任职资格申报材料 135 份，审核后符合申报要求的 131 份。其中申报研究员 17 人（中检院 13 人），副研究员 42 人（中检院 30

人），助理研究员4人（中检院4人）；申报主任药师19人（中检院8人），副主任药师24人（中检院9人），主管药师2人（中检院2人）；申报主任技师6人（中检院5人），副主任技师2人（中检院2人），主管技师1人（中检院1人）。申报正高级工程师5人（中检院2人），申报高级工程师9人（中检院3人）。2018年12月24日经国家局领导批准成立了研究员、副研究员、药师系列、技师工程师系列以及审评专业组等5个评审委员会，2018年12月25～26日召开了专业技术职务任职资格评审会议。通过评审，中检院获研究员资格7人，主任药师资格6人，主任技师资格2人，正高级工程师资格2人；副研究员资格19人，副主任药师资格5人，副主任技师资格2人，高级工程师资格3人；助理研究员资格4人（其中1人为编外派遣员工）；主管药师资格2人；主管技师资格1人。中检院共计79人参加评审，53人通过。

研究生管理

2018年，中检院完成2018年研究生招生工作，共录取18名硕士研究生，2名与北京协和医学院共同招收的博士研究生。组织完成2016级18名硕士研究生开题报告，分别进入相应实验室。同时，组织完成2015级18名硕士研究生毕业答辩，并举行毕业典礼暨学位授予仪式。

通过了中国药科大学专业学位硕士研究生培养示范基地考核工作。完成与中国药科大学合作招收的7名研究生分别进入相应实验室。

中检院开展了第一批中检院研究生指导老师遴选工作，共遴选80名指导教师。

中检院开展学位授权点自我评估工作，对药学和基础医学两个一级学科进行评估，并上报北京市学位办。

中检院制定了《联合培养研究生管理办法（试行）》和制定了《研究生指导教师管理办法（试行）》两个办法。

中检院组织研究生到革命老区临沂开展爱国主义教育活动。

博士后管理

2018年，中检院博士后科研工作站独立招收博士后人员的申报工作并获得批准。

人员情况

截至2018年底，在职职工782人，编外聘用人员543人，离退休人员448人。

财务管理

年度收支情况

2018年，中检院实现收入14.2亿，比上年增加2.1亿元，其中，财政拨款4.4亿，比上年增加1.3亿元；创收收入实现8.2亿，比上年增加6400万元。实际支出11.7亿元，比上年增加9000万元。

推进内控建设

2018年，按照资产管理办法职责管理范围，中检院对资产管理报表系统中的各部门权限和管理内容进行了明确。项目库管理系统正在部署。上线出国预算审批系统，已试运行半年。多次研讨财务系统与各业务、管理系统的对接工作：与相关部门召开合同系统讨论会，商议财务系统与合同系统的对接内容；已与相关部门就标准品管理软件与财务软件、缴费平台对接展开工作，初步确定工作方案；与相关部门就固定资产管理系统对接开展研讨；与相关部门就电子发票问题开展研讨。

安全保障

百日安全隐患整治，加强日常检查监管

2018年，中检院开展百日安全隐患专项整治

行动，取得明显成效。第一，全院职工安全意识有所提高，严格履行各项规章制度，排查安全隐患，妥善处置风险点；第二，安全责任进一步落实，部门主要领导重视安全工作，明确自身职责，建立健全和督促落实安全工作责任制；第三，开展消防安全整治排查，广大职工积极参加院级消防安全培训，认真进行部门消防隐患排查；第四，实验室安全进一步加强，严格落实实验室安全管理制度，岗位分工明确；第五，高度重视危险化学品管理，相关部门对危险化学品保管使用漏洞进行完善，明确责任人；第六，部分部门创新安全管理，对部门安全形势进行全面评估，对要害部位、关键环节的隐患和问题列出清单、制定了整改方案和措施。

中检院组织了全院进行了安全责任书续签，法人（院长）、分管院领导、部门主要负责人、科室主要负责人和工作人员层层签订安全责任书，并报安全保卫处备案。加强了所有工作人员的安全责任，落实责任倒追机制，真正做到“谁主管、谁负责”，责任落实到岗、落实到人，完善了管理机制。

中检院召开了安全专题会议。召开安全工作专题会议2次，传达了总局机关以及有关安全监管部门对于安全管理工作的要求，对我院安全形势进行了分析，对近期安全工作进行了部署。

根据每日巡查情况，组织安全检查。中检院出具《安全检查情况通知单》35份，收回落实整改25份。副院长邹健带队安全检查2次。主要问题是实验室存在化学试剂未分类存放且保存间不锁门、化学试剂废液存放过多、废弃检品堆放未及时处理、医疗垃圾生活垃圾混放、杂物乱堆放等安全隐患，已通知有关部门整改。

提高安全防范等级，提供可靠保障服务

根据中检院安全管理实际，发布规范院区内实验室加班管理的通知；按北京市公安局全国两会期间超常规管控要求，发布关于2018年度全国“两会”期间超常规管控的通知；4月30日，发布《关于规范电瓶车充电和清明假期安全管理的通知》；7月17日，发布《关于天坛院区消防安全检查情况通报及加强暑期安全管理的通知》，对全院安全管理提出要求；8月24日发布《关于加强中非论坛北京峰会期间安全管理的通知》，对全院安全管理提出要求；9月29日，发布《关于加强天坛、大兴办公区安全管理的通知》；12月10日，发布《关于切实加强危险化学品安全管理及冬季防火防盗工作的通知》。

按照公安部门要求，结合中检院安全管理实际，对顺四条监控系统升级改造提出实用性意见；组织完成天坛办公区消电检工作；完成对相关部门安装安防设施评估意见，并督促实施；协调大兴新址消防设施承建方与维保方解决新址消防设施存在问题；续签了大兴新址安防消防维保服务合同。

组织实验室维保工作交接。在3月份，协调有关人员以及维保服务商代表，完成生物安全实验室和生物安全柜相关检修资料整理和移交工作。

接受北京市环保局检查组来院进行辐射安全检查，并按照检查要求协调组织院丙级非密封场所环评整改验收、工作人员防护等整改工作。

组织专业培训，提升能力

2018年5月14日，邀请国内知名生物安全专家王贵杰研究员授课，各实验室负责人、生物安全监督员及从事病原微生物操作和管理的相关人员共99人参加培训。2018年6月29日，组织开展了2018年度消防安全培训和综合楼火灾逃生应急演练，共计379人次参加。2018年11月28日，组织开展了危险化学品安全管理培训，全院共有252人参加此次培训和考试。

后勤保障

建立实验保障体系平台

实验保障体系平台是集开放性、共享性、经济性理念于一体的综合服务平台，在原有的实验设施和实验室技术保障的框架下在“中检院物资供应管理系统”内增加“滴定液”和“实验用水”模块。完善了实验器具集中洗刷管理系统，完成采购清洗设备、玻璃仪器、环保洗液和清洗器具等硬件材料。在协同中检院检测、科研、教学服务的同时，最终实现全方位、深层次、高效、节约、精准的优质检验保障服务。

建立应急保障平台

应急保障指挥平台在当前各行业有着越来越广泛的应用，针对中检院目前检测工作实际及多地点办公的特点，为保障基础运行工作以及各项应急预案能即刻启动，2018 年 6 月下旬，已将开发平台的需求及审批文件提交相关部门。11 月中旬招标工作基本完成，12 月底已开始试运行。应急保障平台在组织人员、资源调配、现场指挥、上传下达、妥善处置等方面都有着不可或缺的重要性。

完成院搬迁工作

为配合中检院整体工作规划，按照搬迁方案，采用创新引领、促进科学规划搬迁的策略，顺序启动了搬迁工作。截至 2018 年 11 月 20 日，搬迁任务共涉及 6 个业务所 19 个科室，完成仪器设备搬迁 714 台/套，普通物资搬迁 13 车次（到大兴新址），冷链搬迁 3 车次，液氮搬迁 1 车次，尾板车 35 车次（天坛旧址内）。完成合同外部分设备及物资搬迁至新址。搬迁过程中，协调推动、破解改造资金及工程进度瓶颈，坚持统一规划、统筹安排、相对集中、确保安全的原则，积极协调推进，各相关部门形成合力构建了“绿色”“开放”“共享”的合作机制，为中检院顺利搬迁提供了保障。

第十一部分 部门建设

食品化妆品检定所

内部质量控制活动

2018年，食品化妆品检定所制定一系列内部质量控制计划并有效实施，具体包括：结合检验业务工作特定组织制定并督促完成2017年质量控制活动计划，包括8人次人员比对，1次使用标准物质，2次留样再测，1次仪器比对。完成2018年质量监督任务并向质量管理处提供监督报告。接受质量管理处组织的检验报告及记录专项检查、实验室仪器设备专项检查和内审，并按要求完成整改。

外部质量控制活动

食品化妆品检定所完成2018年初制定的外部质控计划工作，参加13项外部能力验证活动，分别为：重金属（水基质）；重金属（化妆品）（镉）ACAS－PT685；配方食品中维生素；奶粉中的脂肪的检测；水产品中的氯霉素检测；薯条（pre－cooked）中的丙烯酰胺；食品中着色剂的检测（选择计划中一种）；奶瓶中双酚A的检测CNCA－18－A18；动物血清中生化指标的检测；$m^2$34e18 Beef牛肉（计数）Coliforms大肠菌群；$m^2$33d11 Beef牛肉（定性）Escherichia coli O157：H7大肠埃希菌O157：H7；$m^2$36d21 Fish鱼肉Vibrio parahaemolyticus副溶血弧菌；WHO EQAS。其中6项取得满意结果，5项为未收到样品，一项申请退出，1项为等待结果。参加5项计划外外部能力验证活动，分别为：饮用水中氟化物的检测；食品中铝的检测（红薯粉）（CNCA－18－A06）；果汁饮料中铅、镉含量测定PTC－T197；化妆品中糖皮质激素的测定（CNCA－18－A05）；沙门菌（定性）。其中4项取得满意结果，1项为等待结果。

参与化妆品多方联席会议

2018年，食品化妆品检定所共组织国家局化妆品监管司、中保委、上海市药监局和标委会相关专业专家召开化妆品标准及审评相关事项多方联席会5次，就《化妆品安全技术规范》修订内容、染眉类化妆品的使用安全问题等55项化妆品相关议题进行研讨，为化妆品注册备案工作提供了技术支持。

化妆品监督抽检工作

食品化妆品检定所负责国家化妆品监督抽检的方案制定、手册编写、培训宣贯、数据统计、不合格样品核对与上报、年度总结报告和随时解决工作进行中的技术问题等工作。2018年全国共抽检化妆品15465批次，发现不合格样品832批次，不合格样品检出率为5.4%，比2017年下降2.4个百分点。

为加强对国家化妆品监督抽检承检机构的管理，食品化妆品检定所配合国家局组织开展承检机构检查工作，通过机构自查、能力验证以及飞行检查，督促承检机构对存在的问题及时进行整改和改进。

化妆品风险监测工作

为进一步规范和加强化妆品风险监测工作，原国家食品药品监督管理总局药化监管司负责组织开展全国化妆品风险监测工作，并在食品化妆品检定所设立化妆品风险监测秘书处负责化妆品风险监测工作的组织协调和日常管理。

为发现化妆品潜在的安全风险，食品化妆品

检定所积极开展化妆品主动监测，包括微信圈化妆品监测、韩国进口化妆品监测、化妆品中铊等重金属监测等。为应对婴幼儿护肤类产品出现严重不良反应事件，食品化妆品检定所紧急开展该类产品的糖皮质激素、微生物等项目的风险监测工作。对2016～2017年网络抽检发现的不合格样品进行跟踪监测，共监测样品200批次，发现不合格样品27批。组织部分风险监测工作组成员单位开展2018年国家网络化妆品专项风险监测，共监测样品374批，发现问题样品85批，问题样品检出率为22.7%。

食品安全抽检信息公布及通报工作

2018年食品化妆品检定所组织完成了完成了全国食品安全抽检信息公布月度统计工作，对总局、32个省级局、367个市和2175个县级监管部门的335.6万批次食品安全抽检公布信息进行统计分析，形成12期月报。完成了食品安全抽检信息季度发布工作，配合总局发布4次季度食品安全监督抽检情况分析通告，涉及样品总量301万余批次。

国家食品药品风险监控筛查平台工作

2017年底，为加强食药安全风险筛查技术体系的建设，食品化妆品检定所在已有工作的基础上，建立形成了针对食品药品化妆品相关风险物质筛查平台，并联合8家兄弟单位形成了筛查平台的网络体系。截至2018年12月，完成并验证了包括高分辨质谱和低分辨质谱为主的硬件平台，形成了相关数据汇集、数据收集以及数据分析的程序和规范性文件体系，完成623种包括农药、兽药以及合成药物的电子化标准物质数据库的建立，并进行了8家单位数据验证和修正，在我院信息中心的配合下，建立了网络筛查平台，近期将完成网站的建立和数据网络化显示平台，在2019年将进行监测数据的收集和分析，并计划在此基础上，继续扩大食品药品化妆品相关风险物质电子化标准物质数据库，在系统内进行推广应用，为食品等相关监管产品的风险监测提供技术和信息支持。

中药民族药检定所

国家评价性抽验

本次共抽取牛黄清胃丸181批次样品，涉及18家生产企业。按《卫生部药品标准中药成方制剂第一册》检验，结果5批次样品性状不符合规定，合格率97%。通过探索性研究，认为该品种执行标准项目设置不全面，无含量测定项，难以解决偷工减料、以次充好的问题；包括君药在内的部分药味质量控制项目缺失，无法有效控制原药材的投料；缺少针对性的检查项目，不能有效监督原辅料有害残留引入的质量风险。历年国家药品抽验探索性研究结果显示，中药原粉制剂，尤其是大处方中药原粉制剂重金属及有害元素残留问题比较严重，部分品种的个别样品铅、砷、汞含量甚至达几百甚至上千ppm。

中药民族药检定所组织海南省药品检验所等六家药品检验机构对不同品种进行了研究。发现的重点问题包括：启脾丸、上清丸、人参归脾丸发现伪品或近原品种掺伪投料现象；清胃黄连丸检出化工染料；人参归脾丸部分样品五氯硝基苯含量超过拟定限度；启脾丸个别样品黄曲霉毒素含量超过拟定限度；清胃黄连丸、启脾丸、上清丸、人参归脾丸、牛黄清胃丸5个品种发现铅、砷、汞含量超过拟定限度甚至异常偏高的现象。

按法定标准检验五加皮，不合格率为56.4%；按探索性研究检验，不合格率为65.5%。现行标准能基本控制五加皮药材的真伪，总体评价为“基本可行”。

抽验吴茱萸样品共计183批次，退检3批，共检验180批。按现行质量标准检验合格率为98%，不合格项目主要为性状。有4批性状不合格，6批浸出物不合格（均为开花吴茱萸）。

抽验肉苁蓉171批，合格159批，不合格12批，合格率为93%，不合格率为7%，不合格项目为性状。11批签定为沙苁蓉，有1批为掺有约18%沙苁蓉。沙苁蓉的化学成分和药典品种有较大不同，严重影响用药安全性和有效性。

抽验重楼55批，合格53批，不合格2批，合格率为96.4%，不合格率为3.6%。7批样品性状符合吉林延龄草的性状特征，占总样品数的12.7%。12批样品薄层图符合云南重楼掺有伪品吉林延龄草的薄层色谱行为特征，占总样品数的21.8%。按探索性研究方法检验，不合格率为38.2%

对金银花配方颗粒、大黄配方颗粒各20批次样品农药多残留检测，结果显示大黄中基本没有农药残留检出，金银花中检出农药6种，远低于药材中残留量，样品安全性风险较小。

数字化标本馆平台建设

数字标本平台是应用数字化技术和信息化手段，将标本采集、收集和鉴定，以及基于标本的各项中药研究，以网络平台的形式进行展示，并对数据进行分析。平台的建设将为中药监督、检验、科研、科普和宣传提供强有力的支持，实现标本的专业价值和社会价值。

2016~2017年完成了平台的示范性建设，并通过了验收，主要功能包含网络展示、审核导入和加工录入三大功能模块，涉及重要功能点14项，包括汇交存储、加工审核、上传下载、分类导航、查询展示、统计分析、维护管理、多维展示、关联结果、热点图片等。软件已经经过院信息中心认可的绿盟安全漏洞测试，等待上线发布。

中药化学对照品研制、标定和期间核查工作

2018年共标化中药化学对照品142批，5批为新品种，组织全国6药检单位，对我院97个中药化学对照品进行了质量检测，对发现的问题及时进行了处理。

2018年完成102种对照药材标化，研制品种数比上年增长了12%，目前我院对照药材总品种791种，网上显示有11个品种缺货（保供率98.6%），但已经完成并提交了研制报告，因此研制科室保供率100%。特别是完成了天竺黄等长期疑难品种的研制，确保2015年版药典收载对照药材品种能够全部发放。

2018年完成藏紫草、菥蓂子、野拔子、云威灵、余甘子树皮、木棉树皮、翠云草、小麻药、青竹标等9个对照药材的实验工作，资料待整理提交。

2018年完成了黄曲霉毒素换批制备及标定；有机氯农残标准物质原料征集工作进展不利，影响了对照物质换批；完成了檀香油原料征集工作。

重点实验室申报与建设

中药民族药检定所申报了原国家食品药品监督管理总局综合性重点实验室——中药民族药质量安全重点实验室，立足在中药质量安全领域，围绕全产业链开展多学科、多领域的综合性研究，包括中药质量检定新技术、新方法研究；中药实物标准物质、替代标准物质和数字标准物质研究；中药外源性有害残留物检测与风险评估研究；基于人工智能、AR/VR和知识图谱技术的中药数字化标本馆研究；民族药质量标准技术研究；中药标准化和国际化工作以及监管应急研究等方面，为中药民族药监管提供全面系统的技术支撑。

香港地区药材标准项目

中药民族药检定所完成港标第11期品种的项目申报工作。港标招标资料整理、核对，交付。

中药民族药检定所完成黄芩饮片先导性研究生药学部分研究，并形成中英文版的起草说明和

专论。完成黄芩整体项目的汇报，并通过专家审议。

科普活动

中药民族药检定所11名职工代表中检院参加了由国家药品监督管理局指导，中国药学会和我院共同主办的全国药检系统2018年“药品安全　强国富民”北京市双秀公园科技周科普活动。中药所在本次活动中通过展板、药材标本实物、大屏幕演示、现场讲解等丰富多彩的方式向参加本次活动的民众们介绍、普及、宣传了很多中药基本知识、中药质量常见问题与监管现状、常见中药品种的真伪优劣鉴别等。

2017年中药质量与安全风险防控论坛暨中国中药协会中药质量与安全专业委员会年会

2018年1月18~20日，由中国食品药品检定研究院中药民族药检定所、湖北省药品监督检验研究院技术指导，中国中药协会主办的2017年中药质量与安全风险防控论坛暨中国中药协会中药质量与安全专业委员会年会在湖北省武汉市顺利召开。

论坛由主会场9大主题报告与中药材饮片及中成药两个分会场14项专题汇报组成。在19、20日主会场，演讲嘉宾分别对“深化审评审批制度改革对中药创新发展的机遇和挑战”“新形势下中药监管模式的转变与思考”“我国中药行业发展的现状、机遇与挑战”“《中国药典》(2020年版）编制大纲中药部分”“复方中药质量控制要点问题”“中药监管与飞检案例”及“中药材生产质量管理规范修订思路”等做了详细介绍与深度剖析。中药质量与安全专业委员会主任委员报告了2017年我国中药质量情况，秘书长对中药协会成立以来开展的工作做了总结并对2018年的主要任务及整个“十三五”期间等工作方向与重点领域做了汇报。

近年来，国家中药发展政策和监管技术法规频出，不仅为中药产业发展理清了方向，同时也为未来市场空间及创新发展提供了机遇和挑战，尤其在中药安全性、有效性两大维度面临更大挑战。正是在这个大背景下，此次论坛受到了广泛关注。因为论坛直面行业痛点，聚焦中药质量与安全，把脉风险防控重点、难点问题，让企业与专家在论坛上面对面进行技术交流，为防控行业风险，解决了很多实际问题；此外，论坛还切实注重服务与配合，专委会围绕服务产业发展需求，配合国家监管政策，通过相关政策和技术法规的深入解读，充分沟通交流，起到了桥梁作用。论坛还起到了推动引领作用，以中药全产业链的规范和质量评价为引擎，旨在推动中药行业供给侧结构性改革，引领行业由高速度发展向高质量发展过渡，引导行业规范、有序、健康发展。

中国中药协会副会长刘张林，中药质量与安全专业委员会主任委员、中检院中药所所长马双成，湖北省人民政府参事、湖北省食品药品监督管理局原副局长刘汉卿，以及国家医药主管部门领导，中药行业专家、代表等600余人参加了此次行业年度盛会。

2017年度紫草药典标准提高工作专题讨论会议

由中检院主办的2017年度紫草药典标准提高工作专题讨论会议于2018年4月20日在北京市召开。本课题由中检院中药民族药检定所作为牵头单位，召集紫草品种相关单位，新疆维吾尔自治区食品药品检验所、内蒙古自治区药品检验研究院，辽宁省药品检验检测院，云南省食品药品监督检验研究院共同讨论相关议题。国家药典委员会中药标准处负责人、项目参与单位主管领导及项目组主要成员共12人参加了本次会议。

中检院中药民族药检定所在2015年国家药品评价性抽验药材饮片专项“紫草”品种检验

中，发现不合格批次达一半以上，药材质量问题较为严重。经研究发现，主要原因为正品紫草（新疆紫草、内蒙古紫草）以野生为主，市场需求大，资源短缺；同时，发现市场上存在大量进口的非药典品紫草，而紫草并未收在进口药材标准目录中。针对上述问题紫草被列为2017年度药典标准提高品种，目的为该品种正本清源。本次会议针对标准提升的存疑问题开展讨论，各参与单位对本辖区紫草品种资源分布及市场情况，以及前研基础进行了技术交流，建议本次紫草药典标准提高工作应尊重中医理论指导，并结合现代技术手段综合评价。比如建立紫草DNA条形码测定方法辅助基原确证等。

国家药典委员会建议，基原准确是保障用药安全性与有效性的前提和基础，是保证中成药质量可靠稳定的先决条件。针对中药资源短缺的问题，应严谨标准，发展药材种植技术，用发展的眼光看待资源问题。建议以紫草为切入点，继续开展中药民族药材基原方面的研究，从源头上保障公众用药安全、有效。本次会议明确了紫草标准提升工作的指导思路和研究方向，为本项目的顺利实施奠定了基础。

甘肃中医药产业进行研讨暨风险调研

2018年7月23日上午，由中国中药协会主办，中国中药协会中药质量与安全委员会（挂靠单位：中国食品药品检定研究院中药民族药检定所）、甘肃省药学学会承办的助力甘肃中医药产业发展，中国中药协会陇原行活动之医药健康产品研发与注册研讨会在甘肃省兰州市顺利召开。来自中国中药协会、国家药品监督管理局药化注册司、中检院等单位专家学者、技术人员以及甘肃省部分药品、保健食品研发企业相关负责人等近300人参加了会议。中国中药协会会长房书亭、甘肃省食品药品监督管理局局长李存文、中检院中药民族药检定所所长马双成出席了开幕式。

李存文局长在开幕式上致辞，对中国中药协会组织专家团队亲临指导，助力甘肃中医药产业发展表示衷心感谢。对来自四面八方的与会人员表示热烈欢迎。房书亭会长表示，今后将积极组织专家团队定期来甘进行交流，及时解读国家有关产业方面的政策，交流国内外中医药科技发展方面的信息，促进本地区在了解和应用政策以及培养人才方面取得进步和发展。马双成所长指出，此次中国中药协会助力甘肃中医药产业发展陇原行活动中举办医药健康产品研发与注册研讨会，目的就是为甘肃的医药健康产品研发企业与同仁提供一个相互交流的平台，促进相关部门广泛交流与合作，并希望与大家一道，携手并进，共谋发展。

本次活动为期一周，进行了医药健康产品研发与注册研讨，并赴甘南、定西、陇南药材基地与药品生产企业现场调研等系列活动。

研讨会上，专家领导以他们长期在一线管理和技术评审方面积累的丰富经验和深厚的理论造诣，分别就“中药相关药品监管改革政策”“中药复方质控要点问题”等方面进行了专业解读，现场互动问答，气氛热烈。与会人员普遍表示本次医药健康产品研发与注册研讨会非常有意义，开拓了相关工作思路，了解到相关政策和法定程序，为今后开展医药健康产品研发与注册起到引领作用。

7月24日，专家组一行一早从兰州市出发到甘南州合作市，沿途调研位于合作市生态产业园区的甘南百草生物科技开发有限公司。在百草公司参观座谈了解到该公司目前在国内市场发展情况与所处的困境。以及该公司采取的“公司+合作社+种植基地+农牧户”运作模式，带领当地农牧民实地学习、实地探索、实地种植来帮助他们脱贫致富。同日下午，专家组一行继续调研卡加曼寺藏医院、奇正藏药甘南佛阁藏药有限公司，参观藏文化展厅，调研原料药仓库与生产车间，考察藏药这种重要民族药的产品和标准执行情况。

7月25日，从甘南州合作市出发到定西市岷县的途中，调研了7月24日走访过的甘南百草生物科技开发有限公司唐古特大黄育苗种植基地，陇西保合堂的当归、黄芪、党参等种植基地。同日下午，专家组一行还调研了岷县顺兴和中药材有限责任公司，了解该公司的经营模式，所生产经营的中药种类等情况。

7月26日，从定西市岷县出发到陇南市西和县，调研半夏基地。该种植基地也采取合作社形式，共约三千亩，约占全国半夏药材产量半成以上。但因气候问题，今年产量锐减。目前的采收和烘干还是人工操作，效率较低。半夏家种后异形增多的问题依旧困扰种植户。调研专家给予了技术与政策方面的指导。

7月27日，从陇南市康县阳坝镇出发到陇南市康县调研康县独一味生物制药有限公司。该公司经营范围有片剂、糖浆剂、颗粒剂、凝胶膏剂等，中藏药材种植、研究、高原生物开发、收购等。现该公司以“公司+基地+农牧户”的方式在甘肃玛曲县境内尼玛、阿万仓等乡建立独一味药材现代化种植基地，但独一味药材人工种植还没有取得大面积成功，目前原料来源主要还是野生品种。专家们在与企业的座谈会中对中药材原料质量标准和产品提出相关建议。

7月28日，助力甘肃中医药产业发展中国中药协会陇原行活动圆满结束。

化学药品检定所

落实化学药品注册检验优先检验措施

化学药品检定所积极配合药品审批审评机制的改革，积极推动检验机制的创新，改革理顺工作程序，不断提升检验质量保障水平与工作效率，保证检验的序时进度。为保证临床亟需药品的审评审批，对优先审评品种名单进行全面梳理，对涉及的品种制定优先检验措施，并在规定的时限内完成注册检验工作；一是落实项目负责人，对进口药品注册检验任务全面梳理，落实承担单位的责任人，对优先检验的品种专人进行督查督办。二是对进口药品注册检验统一规范复核的技术要求和时限，与综合业务处建立沟通机制，理顺工作程序。三是继续对新增口岸药品检验机构进行培训和指导，扩大承担机构的数量，提供承检机构工作质量。

2018年化学药品检定所共受理化药药品进口注册检验246件，完成注册检验并将结果发送审评中心422件，完成国内新药注册77件。其中涉及优先审评的品种30件。超额完成预期目标，序时进度趋于优化。促进了索林布韦维帕他韦片、马来酸吡咯替尼片、呋喹替尼胶囊等一批临床急需药品的优先获准上市。

准备WHO－PQ认证工作

化学药品检定所第一时间召开科室主任会议，部署落实相关工作，并成立了化药所PQ工作小组，积极加强协调沟通，得到院内质管、人教、仪器设备、信息、后勤等部门的支持，一共召开了25次PQ准备工作小组会，8次跨部门协调会，6次集中培训。部署落实相关工作，相关准备工作按计划有序推进。化学药品检定所对检查情况中的问题逐条进行了梳理，与相关部门沟通，细化问题落实措施，规定完成时限。“软件”和“硬件”有了进一步的升级、改造和提高，为本次顺利完成PQ复评审工作打下了坚实的基础。化学药品检定所积极落实后续的整改工作对本次检查中两位专家提出的问题进行了认真讨论和详细分析，制定相应的纠正和预防措施（CAPA）实施方案，并在专家规定的时间内进行提交。

推进建立仿制药一致性评价工作的技术平台

化学药品检定所针对可能开展的一致性评价任务，提前开展相关研究工作。申请国家重大专项课题：通过计算模拟技术用于药物制剂有效性评价。目前已探索开展阿莫西林、克林霉素棕榈酸酯、琥乙红霉素、头孢克肟等7个品种3种剂型的质量与疗效的非临床评价方法研究。开展头孢菌素类抗生素和喹诺酮类抗生素活性成分及有关物质的毒性（神经毒性、心脏毒性、胚胎毒性）评价及结构－毒性（神经毒性、心脏毒性、胚胎毒性）药品－基因－通路相互作用模型研究。

化学药品检定所对承担任务品种积极准备，2018年2月收到药审中心关于头孢克肟颗粒一致性评价质量复核任务后，相关实验室立即启动质量复核相关准备工作，包括仪器设备校准，实验方案制定以及与药审中心仿制药评价办公室就技术要求、时限等问题进行积极沟通。

生物制品检定所

生物制品批签发

2018年，生物制品检定所签发的疫苗有51个品种，共计4381批，其中4357批（约计6.37亿人份）符合规定，24批（约计57.52万人份）不符合规定；签发的血液制品有12个品种、共4597批，其中4595批（约计7469.06万瓶）符合规定，2批（约计3.02万瓶）不符合规定；签发的血筛试剂有9个品种，共计886批，其中885批（约计9.17亿人份）符合规定，1批（约计23.41万人份）不符合规定。为保证新修订的《生物制品批签发管理办法》（原国家食品药品监督管理总局令第39号）于2018年2月1日起顺利实施，中检院与国家药品监督管理局注册司联合举办《生物制品批签发管理办法》宣贯培训班；组织制修订了“生物制品批签发申请表”等9个文件并予以公布；规范和统一了各批签发机构对生物制品批签发的抽样数量。

长春长生疫苗案件发生以来，面对新形势和新情况，及时总结经验教训，梳理问题漏洞，结合现有的规范，特别是发生重大事件后汲取教训、深刻反思，研究完善我院的内部规章制度和程序，并提出相关解决和实施方案；同时，针对梳理的不同问题，从检验检测、资料审核、现场核实、企业沟通、偏差管理和风险管理等多个方面，落实各项完善措施，提高发现问题能力，促进企业提升质量管理，确保疫苗质量。

搭建创新生物药前沿学术交流平台

生物制品检定所针对创新性生物制品，加强检验方法和标准研究，规范和引领创新产品研究。组织召开了“CAR－T细胞治疗产品质量控制技术及非临床评价技术”学术论坛（2018年4月9日）、抗体药物质量控制与评价学术论坛（2018年6月6日）、重组药物相关蛋白质量标准提高技术学术论坛（2018年11月28日），有助于提供监管决策支持，促进医药创新，推动创新生物药品加快上市。

加快急需生物医药产品上市

生物制品检定所强化生物制品注册检验工作和时限管理，促进创新生物药加快上市。结合优先检验工作程序，生物制品检定所落实社会急需生物制品，特别是民众比较关注或者社会比较急需的肿瘤治疗单抗类产品、人乳头瘤病毒疫苗（HPV）疫苗、百白破联合疫苗、流感疫苗等产品的优先检验或加快检验工作，加快急需生物医药产品上市，尽可能保障了肿瘤治疗药品和各类疫苗产品的加快供应。

WHO合作中心工作及国际合作交流

2018年，生物制品检定所持续协助WHO完成修订质量标准和技术文件，参加国际标准品建立和协作研究及新技术、新方法的研究和开发，完成2018 WHO CC年度工作总结报告。承办世界卫生组织（WHO）保证戊型肝炎疫苗质量、安全性及有效性规程咨询会（4月18～19日）以及第四届WHO疫苗标准化合作中心网络会议（9月13～14日），对泰国卫生部生物制品所的4

名检验技术人员进行为期两周的生物技术产品检验技术培训（4 月 8 ~ 23 日），以上工作加强与推动了我国与“一带一路”国家合作与交流，促进了国际生物制品质量与标准的提高。其中，生物制品检定所专家作为重要起草成员的《世界卫生组织（WHO）保证戊型肝炎疫苗质量、安全性及有效性规程》于 2018 年 11 月初通过了第 69 届 WHO 生物制品标准化专家委员会（ECBS）审议批准，并正式颁布，该工作充分发挥了我国对戊肝疫苗标准的话语权，同时为我国自主研发的也是世界上首个获批上市的戊肝疫苗走向国际市场、服务全球健康奠定良好基础。

医疗器械检定所

实验室认可

2018 年度，医疗器械检定所顺利通过实验室认可暨资质认定（CMA 和 CNAS 二合一复评审工作）。无源产品 CMA 承检能力 382 项，CNAS 承检能力 135 项。无源器械检验能力新扩项 6 项，包括心血管植入物心脏封堵器、整形手术用交联透明质酸钠凝胶、角膜塑形用硬性透气接触镜等。有源产品 CMA 承检能力 573 项，CNAS 承检能力 409 项，无新增检验能力。

标准化管理工作

2018 年，医疗器械检定所申请成为全国医用增材制造标准化技术归口单位和全国人工智能医疗器械标准化技术归口单位，截至 2018 年底，医疗器械检定所管理的标准化技术领域达到 5 个，承担 5 个技术领域的标准化秘书处工作，分别是：组织工程、纳米医疗器械、医用增材制造（归口管理）、人类体外辅助生殖（归口管理）和人工智能医疗器械（归口管理）。2018 年度各领域工作推进情况如下。

2018 年，医疗器械检定所跟踪并完成组织工程领域 2016 年及 2017 年报批标准的审核意见回复和补充资料提交。组织 3 项标准的预研，并拟筛选相对成熟的 2 项提交 2019 年预立项计划。医疗器械检定所完成技委会换届改选资料报送工作。申请国际标准立项 1 项（组织工程医疗产品磁共振延迟增强软骨成像和横向弛豫图活体评估膝关节再生软骨）。

2018 年，医疗器械检定所已完成技委会组建方案的报送、审核意见回复及资料补充。正在组织纳米医疗器械生物学评价标准立项提案征集。开展含银敷料中银（纳米银及化合态银）的表征和体外释放实验方法研究，并为相关产品注册发补提供技术服务。2018 年度利用中检院学术论坛的平台，形成了《含银敷料中银的表征和体外释放实验技术共识》，并在《中国药事》杂志发表。

2018 年，医疗器械检定所积极开展医用增材制造医疗器械标准化技术归口单位的各项筹建工作，并根据 2018 年医疗器械行业标准制修订计划，组织行标《用于增材制造的医用 Ti－6Al－4V 粉末》的制订。组织召开研讨会，完成草案、验证方案和意见征集，形成标准送审稿及编制说明，已按程序完成报批。

2018 年，医疗器械检定所归口制定该领域标准两项，分别是《人类辅助生殖技术用医疗器械 细胞相容性评价方法 囊胚细胞染色和计数方法》和《人类辅助生殖技术用医疗器械 培养用液中氨基酸检测方法》。医疗器械检定所组织开展上述两项标准的起草，并召开研讨会。目前，上述两项标准均通过了技术审查，已按程序报批。另外，医疗器械检定所还组织了 2019 年立项提案，《人类辅助生殖技术用医疗器械 人工授精导管》在 2019 年医疗器械行业标准制修订项目立项工作会上答辩通过。

2018 年，医疗器械检定所正在积极开展全国人工智能医疗器械标准化技术归口单位的各项筹建工作，正在征集专家组成员，即将成立专家组。同时，经电气和电子工程师协会标准委员会（IEEE）批准，中检院成功申请担任我院担任人工智能医疗器械工作组的召集单位。另外，器械所在大量前期工作基础上提出的 2 项国际标准立项申请获得批复。

2018 年，医疗器械检定所作为第一起草单位主持制定《增材制造医疗产品 3D 打印钛合金植入物金属离子析出评价方法》（归口单位：TC110）和《医疗器械生物学评价 医疗器械潜在神经毒性评价试验选择》（归口单位：SAC/TC248）。现已分别召集起草小组进行了标准草案及编制说明的修改完善，并制定验证方案报送相关技委会。

标准物质研制工作

2018 年，医疗器械检定所通过 CNAS 药品标准物质生产质量管理体系评审，并组织研制国家标准品 10 项，较 2017 年增长一倍。已获批销售标准品 1 项：Gal 抗原检测生物材料参考品（文号：38001，批号：201701）。已完成研制标准品 2 项：2－氯乙醇对照品和“螺钉检测用模拟骨”标准品，准备开始进行标准品协作标定。换批研制标准品 1 项：环氧乙烷标准品，已完成水质基质标准品制备，正在进行稳定性考察，定值方案已完成，待稳定性考察完成后即将启动协作标定工作。采用乙醇基质的环氧乙烷标准品已完成浓度优化工作。在研标准品 6 项：鼠胚试验标准缓冲培养基、鼠胚试验标准石蜡油、鼠胚试验囊胚培养基、I 型胶原蛋白、BMP－2 和 EpiKutis 3D 皮肤模型。

实验室间比对和能力验证

2018 年，医疗器械检定所完成医疗器械能力验证和比对试验的策划实施工作两项，分别是 NIFDC－PT－143 接地阻抗测定项目和医疗器械检验机构比对试验不溶性微粒测定项目。接地阻抗测定项目列入国家局能力验证计划和国家局医疗器械比对试验项目，不溶性微粒项目列入国家局医疗器械比对试验项目，共发现各类问题 7 项，进行整改 5 家。首次完成新项目“不溶性微粒测定”，在实施计划中进行顺序计划和平行发样计划，在统计技术和结果评价等技术要素方面解决关键技术难题。

申报国家局综合重点实验室

医疗器械检定所在国家局牵头开展的医疗器械监管重点实验室建设工作中，开展综合性监管重点实验室申报工作，定位在为国家局器械监管提供技术支撑。一是对高风险、高端和创新医疗器械的监管提供可靠的技术支持；二是对医疗器械突发事件的处理提供第一手的实验室检测数据；三是对已上市产品的潜在风险进行评估，为国家局监管提供技术信息。目前申报材料准备工作已完成，学术委员会组成人员已确定。

编写“三品一械”检验技术丛书

根据中检院 2018 年重点工作计划医疗器械检定所联合医疗器械标准管理研究所组织起草“三品一械检验技术丛书－医疗器械分册”，分册共三本，分别是《医用电气设备通用安全检验技术操作规范》《医疗器械电磁兼容检验技术操作规范》和《医疗器械常用化学和生物检验技术操作规范》。医疗器械检定所先后召开编写会和审稿会，2018 年已经完成丛书的编写和审核，年底完成终稿工作。这三本丛书涵盖了医疗器械普遍应用的基础检验技术，对于统一检验尺度，提高检验能力具有良好的作用。

编制全国医疗器械检验检测能力建设项目

受原国家食品药品监督管理总局规财司委托，医疗器械检定所负责组织编制《全国医疗器械检验检测能力建设项目建议书》。先后组织召开项目编写启动会，印发通知组织编写，对 30 个省份上报的项目建议书进行逐份梳理和总结，形成《医疗器械检验检测能力建设项目建议书梳理及设想》和《医疗器械检验检测能力建设项目建议书主要需求汇总》上报国家局。

国家局收到报告后做出进一步指示，医疗器械检定所根据指示精神，印发通知对全国各省级项目建议书提出具体修改意见，并完成专家组遴选组建。随后，进一步收集汇总各省二上项目建议书，开展各省项目可研情况调研，汇总相关信息，并撰写《全国医疗器械检验检测能力建设项目论证材料》报送国家局。

编写医疗器械检验工作规范

受国家局科标司检验机构指导处委托，医疗器器械检定所与山东省医疗器械产品质量检验中心联合组织《医疗器械检验检测机构检验工作规范》的编写工作，项目由山东省医疗器械产品质量检验中心牵头，医疗器器械检定所负责指导、协调和部分具体编写和意见征集回复工作。目前该项目已完成了全部申请，研讨和初稿的编写工作。原国家食品药品监督管理总局科标司、国家局综合司先后发文对《规范》征求意见并将择期发布。

体外诊断试剂检定所

血筛试剂质量控制要点及质量标准制修订研讨会

为了配合《中国药典（2020 版）》的制修订以及新版《生物制品批签发管理办法》（原国家食品药品监督管理总局令第 39 号）的实施，进一步规范我国血源筛查诊断试剂的生产和质量控制，提高我国血源筛查诊断试剂的质量，于 2018 年 6 月 21 日在山东省烟台市组织召开血筛试剂质量控制要点及质量标准制修订研讨会。参加本次会议有中检院、药典委员会、药品审评中心、采供血机构的专家，血源筛查诊断试剂生产单位和血液制品生产单位的代表。

会上分别介绍了传染病诊断试剂国家参考品的研制要求，HIV 抗原抗体诊断试剂盒（酶联免疫法），HCV 抗体诊断试剂盒（酶联免疫法），HBV/HCV/HIV 核酸检测试剂盒（荧光 PCR 法）等药典（2020 版）标准制定，丙型肝炎病毒抗体诊断试剂盒（酶联免疫法）等药典（2015 版）修订，以及血源筛查试剂批签发的流程及注意事项，HIV 抗体诊断试剂、梅毒抗体诊断试剂等批签发中发现的问题，最后讨论了核酸血筛试剂批签发检验记录摘要的制定。

肿瘤基因突变负荷等相关伴随诊断试剂质量控制技术交流研讨会

近年来，随着个体化医学的发展和“精准医学”研究的实施，相关的基因检测方法正在全国各级临床实验室逐步开展，为更好规范肿瘤基因突变负荷等相关伴随诊断产品的生产、研发及质控，特别是新技术新方法在肿瘤基因突变伴随诊断方面的产品开发和应用，进一步加强基因检测试剂的质量控制和规范化，2018 年 1 月 5 日在北京市召开肿瘤基因突变负荷等相关伴随诊断试剂质量控制技术交流研讨会

会上，相关伴随诊断产品开发、研究技术人员、靶向药品生产企业的研究技术人员、体外诊断试剂检定所工作人员和相关专家对肿瘤基因突变负荷相关伴随诊断试剂质量控制技术和微卫星不稳定性检测技术及质量控制开展了学术探讨。与会人员一致认为应从样本采集和制备规范化、实物标准品，以及标准数据库等方面加强合作，药品研发企业、诊断试剂研发企业及审评审批、临床应用等多部门共同参与，探讨相关产品研发、审评审批及应用方面的规范化指南制定。

“三品一械”检验技术丛书体外诊断试剂分册编写及修订

“三品一械”检验技术丛书的编纂是中检院 2018 年的重点工作之一，该系列丛书将成为检验检测技术的指导书籍和技术人员的实用教材。《体外诊断试剂检验技术》分册是诊断试剂检验检测领域的第一本技术操作指导用书，此书的编

写既是对之前的诊断试剂检验检测工作的总结和凝练，也是对今后工作的指导和启迪；既有检验技术操作，还包括了国际国内前沿的指导原则、技术标准等。

包装材料与药用辅料检定所

检验及对照品工作

2018年，包装材料与药用辅料检定所登记检品399批次，出具报告335批次。全年完成4批复验工作。截至2018年12月底，共签订技术服务合同61个，发放合同报告23份，已完成年度创收额度2500万元。

2018年，包装材料与药用辅料检定所研制21个标准物质品种（药用辅料标准物质18个，包材标准物质3个），换批研制9个药用辅料标准物质品种，同时完成31个国家标准物质期间核查工作和3个标准物质品种报告退修改工作。截至2018年12月31日，标准物质销售共计50284支（包材标准物质1505支，辅料标准物质48779支），销售额共计943万元（税前）。

2018年，包装材料与药用辅料检定所完成两种标准金属穿刺针、一种标准塑料穿刺器、高阻隔水蒸气透过量标准膜和部分塑料添加剂的对照物质研制工作。洁净环境检测用辅助材料对照品（对照预制平板培养基）也已进入研制阶段。

进口辅料注册检验工作

2018年，包装材料与药用辅料检定所共完成10个品种45批进口辅料注册检验工作，收到并审核省所注册检验报告书及标准共涉及9个品种；审核提交进口注册标准共19份。

全国药用辅料和药包材能力验证工作

2018年，包装材料与药用辅料检定所组织的“药用辅料羟苯苄酯含量测定”被列入国家局级能力验证项目，166家实验室参与该项目能力验证并按要求提交了数据结果，150个单位检测结果满意，5个单位的检测结果可疑，11个单位结果不满意，总体满意率90.36%。包材辅料所2018年组织的“塑料薄膜水蒸气透过量的测定”是院级能力验证项目，46家实验室参与此项目的能力验证并按要求提交了数据结果，35个单位检测结果满意，2个单位检测结果可疑，9个单位结果不满意。

药用辅料和药包材检验能力扩项

2018年9月，包装材料与药用辅料检定所顺利通过了160项洁净环境检测能力参数的CNAS实验室扩项和CMA资质认定现场评审，并在规定日期内完成了专家提出的不符合项整改，具备了对药品、药包材、药用辅料、无菌医疗器具、生物安全实验室、实验动物环境及设施、医院洁净手术部、食品、化妆品、电子工业等各类洁净厂房和Ⅱ级生物安全柜、洁净工作台等各类净化设备开展环境监测及验证能力。

药用辅料重点实验申报准备工作

2018年，包装材料与药用辅料检定所完成实验室整体搬迁后，现已完成国家重点实验室的规划布局工作，在递交《药用辅料质量监管国家重点实验室》申报书基础上，将按照国家局统一规划和安排，积极准备迎接对重点实验室的答辩和现场审查。

建立药用吸入气雾剂用HFA－134a质量标准

2018年3月16日，包装材料与药用辅料检定所在北京市组织召开了《吸入气雾剂用HFC－134a质量标准的建立》研讨会暨项目启动会。完成了标准的方法和限度比对、拟定主要杂质毒理学实验方案，并签署委托合同。已完成国内外3个厂家18批样品的全项检验和毒理学实验方案的起草，起草了项目中期研究报告。

编写“三品一械”检验技术丛书（包材辅料分册）

包装材料与药用辅料检定所承担了《“三品一械”检验技术丛书》（包材辅料分册）的编写工作，于2018年5月在北京市召开了“三品一械”检验技术丛书（包材辅料分册）编写工作启动会，来自高等院校、科研院所、检验检测单位、辅料行业协会的专家近四十人参会。按照会上专家讨论确定的包材辅料分册编写内容和体例，根据编写进度安排，现已经完成了“三品一械”检验技术丛书包材辅料分册的撰写草稿。

开展药用辅料药包材及其洁净环境潜在风险的实地调研工作

为推进改革创新，服务行业，抓好行业风险防控工作，落实国务院“放、管、服”的工作要求，2018年9月26～27日包装材料与药用辅料检定所赴山东省开展了药用辅料药包材及其洁净环境的实地调研活动。通过召开调研座谈会，并对6家药包材生产企业和药品生产企业进行实地调研，了解到我国小分子药用辅料质量普遍较好，特别是注射剂所使用的小分子辅料基本都是国产辅料。但仿制药一致性评价涉及的固体制剂用国产大分子辅料的质量与国外产品尚存差距，导致企业为顺利通过一致性评价大都选择国外辅料。为降低国产仿制药的成本，防止仿制药一致性评价变成一次性评价，及时开展国内外辅料质量一致性研究势在必行。而现行的招标政策及药品中标价格已成为药包材质量提升及新产品更新换代的瓶颈问题。此次调研为制修订药用辅料和药包材国家标准提供了数据支持，也为国家局下一步更好地制定辅料包材监管政策和风险控制措施提供了科学依据。

上报国家局《关于盐酸溴己新注射剂安全使用建议的报告》

包装材料与药用辅料检定所承担了原国家食品药品监督管理总局药品评价中心（国家药品不良反应监测中心）委托的“溴己新注射剂与药物相容性试验”科研项目，重点研究了临床使用过程中出现药液浑浊和溴己新主药含量降低的原因，结合中检院化药所国家评价性抽验结果，中检院于2018年4月向国家局上报《关于盐酸溴己新注射剂安全使用建议的报告》，引起国家局高度重视，在召集中检院、药审中心、评价中心召开专题会议讨论研究，评估药品风险后，于2018年11月12日在国家局外网和“中国药闻”APP中发布了《关于修订盐酸溴己新注射剂说明书的公告》（2018年第89号），在注意事项中增加了相关警示内容，充分发挥了技术为监管服务的重要作用。

实验动物资源研究所

模式动物研究技术平台建设

2018年，实验动物资源研究所共完成9个遗传修饰动物模型的制作，新引进两种模型动物资源（Lyz－cre骨髓表达cre小鼠，Alb－creERT2诱导性肝表达小鼠模型，肝特异表达），新建立1种化学药物诱导的肝纤维化模型，开展ICAM5，Tim1，Tim4，Kdr 4个模型的验证，C57－ras动物模型与日本rasH2模型比较研究，从载体设计、到载体构建、显微注射、模型筛选等全程的完成，锤炼了模型动物构建能力。截至2018年底，发出模型动物757只。

实验动物管理和动物福利管理

为进一步加强实验动物工作的管理力度和管理水平，提高实验动物工作对食品、化妆品、药品和医疗器械检验检测工作的技术支撑能力和服务保障水平，于2018年7月5日成立“中国食品药品检定研究院第二届实验动物管理委员会和实验动物福利伦理审查委员会”，并讨论通过了《实验动物福利伦理审查程序》《实验动物福利伦理审查委员会章程》《实验动物福利伦理审查原则》《实验动物管理委员会章程》四个相关文件。

按照《实验动物福利伦理审查程序》的规定对动物实验进行审查，完成了167项一类项目的年审，19项二类项目的福利伦理审查。

国家中心的工作

2018年，国家实验动物质量（微生物、遗传）检测中心向国内21个省市35个单位检测实验室提供实验动物质量诊断试剂盒573个。其中小鼠414，大鼠104，豚鼠28，地鼠12，兔10，猴5。对来自吉林大学、沈阳三生、兰州兽研所的5名进修人员进行了为期一个月的实验动物检测技术学习进修。

2018年，国家啮齿类实验动物种子中心为10个省市23个单位提供实验动物种子1197份；向生产群供应（KM、ICR、DDY、B6、SD、BALB/c－Nu）10988只种子。新增冻精705支脉管，总数达到7700根脉管；新增冷冻胚胎3155枚，总数达到28000枚。目前共保存4个种类（家兔、豚鼠、大鼠、小鼠），229个品系的实验动物，其中包括大鼠7个品系，小鼠220个品系，豚鼠1个品系，家兔1个品系。同时向各科研院所提供资源冻存、动物快繁、代养、资源挽救、种群生物净化等等服务。为5个单位提供冻存配子的复苏和体外受精（IVF）工作。

2018年7月20～21日，“2018年度国家实验动物种子中心发展研讨会”在江苏省南京市召开。各中心从资源开发保存、基础设施建设、人员队伍状况，以及技术服务等方面做了年度工作汇报。

组建国家啮齿类实验动物资源库

2018年，实验动物资源研究所完成组建国家啮齿类实验动物资源库的工作，经积极努力和专家遴选，成功进入国家科技基础条件平台。进入平台后，中检院实验动物发展将进入一个新时代，实验动物资源建设和管理更加规范高效，对增强自主创新能力，增加行业竞争力有较大的推动作用。

实验动物供应服务

2018年，实验动物资源研究所共销售动物数量25万只，对外销售14万只，内部供应11万只。保证了科研检定和应急检验对动物的需要。与2017年同期相比持平。从动物供应品种和数量上看，基本满足了中检院食品药品检定工作的需求。

实验动物质量检测

2018年，实验动物资源研究所对国内42个单位送检的2287只/份动物及动物血清进行检测，主要检出细小病毒等阳性及体内寄生虫阳性。

对中检院生产和实验用的小鼠、大鼠、豚鼠和家兔1109只进行了质量检测，个别种群检出细小病毒、嗜肺、金葡菌、绿脓等阳性。

全国实验动物质量评价

2018年，实验动物资源研究所为探寻全国实验动物质量情况，进一步加强实验动物质量管理，保证实验动物和动物实验的质量，从全国29个省级行政区、163家中，筛选出5个地区共20家单位，590只实验动物进行质量检测评价。通过评价研究，初步摸清了全国实验动物质量情况，为下一步工作打好基础。

动物源性生物制品检测

2018年，实验动物资源研究所完成45个单位273批次单抗、重组技术产品、生化药以及医疗器械产品的病毒灭活/去除工艺验证工作。完成6个单位19批次流感病毒毒种的禽源性病毒检测，完成1个单位溶瘤病毒的外源病毒检测。

实验动物环境检测

2018年，实验动物资源研究所开展院内专项环境检测，完成院内189台生物安全柜，57台超净台的检测；为院外10家单位出具26份报告。

实验动物种源保存技术培训班

2018年4月19～20日，受北京市实验动物管理办公室委托，中检院实验动物资源研究所成功举办实验动物种源保存技术培训班，来自9个省市28个单位，共计50余人参加培训。培训内容涉及：啮齿类实验动物活体及冷冻保种技术研究，兔、实验用Beagle犬、实验用猪、实验禽类、实验用鱼、大型动物保种技术研究等方面，培训结束后获得了北京实验动物行业协会颁发的培训证书。

实验动物能力验证学术研讨会

2018年6月8日，由中检院主办的“实验动物能力验证学术研讨会”在北京市召开。来自全国16省市56名代表参与交流。会议对实验动物领域全国范围的能力验证工作进行了全面总结，交流了检测技术，分享了工作经验，为实验动物质量检测体系协调发展及完善夯实基础。

中国食品药品检定研究院第二届实验动物管理委员会和实验动物福利伦理审查委员会成立大会

2018年7月5日，中检院召开第二届实验动物管理委员会和实验动物福利伦理审查委员会成立大会。大会为14名管理委员会成员及9名福利伦理审查委员会成员颁发聘书，并讨论通过了相关管理文件，进一步推动实验动物工作向更高标准迈进。

实验动物从业人员上岗培训

2018年，中检院共有75人参加了实验动物从业人员上岗培训，35人参加换证考试。培训内容涉及实验动物学基本概念、学科研究范围及应用领域、学科发展趋势、质量控制、生物安全等方面，并根据以往培训的反馈意见增加了实验动物福利、伦理和从业人员职业道德等方面的内容，对从业人员能力提高有较大帮助。培训结束时，学员参加了北京实验动物行业协会组织的考试，成绩合格，获得“全国实验动物从业人员岗位证书”。

提高动物实验服务能力

2018年动物实验期饲养量共计109236只，其中小鼠93522只，大鼠7345只，地鼠87只，豚鼠4401只，家兔3881只。与2017年同期饲养动物数量增加26840只（增加比例32.6%）。

北京地区实验动物质量抽检

2018年完成两次北京地区实验动物抽检，共完成34家生产单位1294只实验动物质量的监督检测，包括清洁级及SPF级大、小鼠，清洁级和普通级豚鼠、兔、清洁级地鼠、犬、猴和小型猪等17个品种品系。其中，一个单位SPF小鼠检出细小病毒阳性，一个单位SPF小鼠嗜肺杆菌阳性，一个单位SPF大鼠检出绿脓杆菌阳性，不符合SPF微生物等级标准。免疫滴度不合格有10个单位。近交系小鼠遗传质量符合标准要求。

安全评价研究所

举办2018年（第八届）药物毒理学年会

由中国药学会药物安全评价研究专业委员会等九个专业委员会联合主办，由安全评价研究所和江苏鼎泰药物研究股份有限公司共同承办的2018年（第八届）药物毒理学年会，于2018年5月11～15日在江苏省南京市顺利召开。来自全国各大专院校、研究院所、安全评价机构的900余名代表参加了本届大会。

本次年会以“创新技术、评估风险、保障安全”为主旨，邀请中国药科大学王广基院士、中检院李波院长、Merck公司副总裁Kerry Blanchard博士、Genentech公司毒理及产品质量部负责人Jorg Blumel博士、药品审评中心药理毒理部首席专家徐增军博士等国内外专家学者就药物毒理学最新进展作大会报告；会议还设立了6个分会场，分别就创新技术产品、小分子药物毒理、中药与天然药物、安全药理、药物审批技术及政策法规等主题进行交流研讨。本次大会针对药物非临床安全性评价的新产品、新技术、国际最新研究进展等进行了汇报和交流，包括最新的细胞治疗产品、肿瘤免疫药物、新型单抗、溶瘤病毒、纳米药物、吸入制剂等新品种和新剂型的评价策略和技术，幼龄动物评价技术、特殊途径给药评价技术、靶器官毒性评价技术、中药特点的安全性评价技术、安全药理评价技术、药物审评技术等。本次大会为了鼓励青年毒理学研究人员，共评出14篇优秀青年论文，其中我院3名同事获得本次大会优秀论文奖。

为了表彰老一辈毒理学工作者为我国药物毒理学事业的发展做出的杰出贡献，经九个专委会共同评选，大会授予中国人民解放军第二军医大学袁伯俊教授和军事医学科学院廖明阳教授终身成就奖；授予包括院邢瑞昌、王秀文等在内的8名同志突出贡献奖，并为他们举行了隆重的颁奖仪式。参照国际惯例，将一年一度的专题负责人SD高级培训班放在药物毒理学年会前进行，培训内容涉及开展药物临床前安全性评价研究双报项目的关注点及案例分析，毒性试验中预试验的关注点及案例分析。参会代表针对药物安全性评价研究中具体的问题进行了充分的讨论和交流。

本次大会是一个承前启后的学术盛会，为中国药物毒理学研究者搭建了一个高水平的学术交流平台，为推进我国药物毒理学后备人才的成长发挥了积极的作用。

安全评价研究所第五次通过CAP认可

2018年9月21日，安全评价研究所临床检验与病理室接受了美国病理学家学会（College of American Pathologists，CAP）派遣的认可检查官Xu Min博士的现场检查，顺利通过CAP认可。这是安评所自2010年以来，第五次顺利通过CAP认可。

CAP是美国病理学家学会的简称，是国际上最具权威的临床检测实验室认可机构之一。其认可标准是世界各国公认的临床实验室认可的金标准。通过CAP认可意味着实验室检测水平达到世界水准，其检测数据获得美国临床检验官方机构认可。

现场认可内容主要涉及程序性文件，质量控制，质量保证，质量持续改进，方法和仪器验证，能力验证（PT），仪器维护保养，维护保养持续监测，仪器校准，仪器校准验证，自动加样器的携带污染评估以及水质检测，生物及化学品安全，实验室安全，人员资质，人员培训及能力考核等。在检查结束后，检查官对临床检测实验室的质量控制和质量管理给予充分肯定，在两千余个检查清单中仅提出1个建议改正项。

此次顺利通过CAP认可，证实了安评所为自主创新药物研发和医药研发外包服务提供的检验平台的检验水平进一步得到提升，为医药企业获得国际市场准入提供坚实的保证，也为安评所组织开展全国GLP检验机构能力验证提供了技术支撑。

医疗器械标准管理研究所

医疗器械标准审核报批工作

2018年，配合发布医疗器械国家标准11项，行业标准104项，行业标准修改单4项。截至2018年12月31日我国医疗器械标准共计1618项，基本覆盖了医用电气设备、手术器械、外科植入物等医疗器械产品各技术领域，医疗器械高风险产品标准覆盖率达85%，国际标准转化率已达90%以上，强制性标准占比从2010年的48%下降到2018年的27.3%。

医疗器械标准立项管理工作

2018年2月6日至7日，10月31日至11月1日，医疗器械标准管理研究所分别在海口和武汉组织召开了“2018年医疗器械行业标准制修订项目立项工作会议”及“2019年医疗器械行业标准制修订项目立项工作会”，对2018、2019年医疗器械行业标准申报项目进行了深入讨论，会议基本明确了2018、2019年医疗器械行业标准拟立项项目初步结论。配合国家药品监督管理局完成2018年99项医疗器械行业标准立项计划下达，按程序审核上报2019年94项医疗器械行业标准立项建议，为科学、规范做好医疗器械行业标准立项工作奠定基础。

医疗器械标准实施评价工作

为进一步加强医疗器械标准实施情况评价，医疗器械标准管理研究所向国家药品监督管理局各相关司局、直属单位，各省级监管部门、技委会、医疗器械检测机构、行业协会等110余家单位和部门分别发函，充分调研医疗器械强标实施情况和可能遇到的问题。征集相关意见及建议200余条，及时跟踪落实、深入研究，为后续全面开展医疗器械标准实施评价工作奠定基础。

医疗器械标准宣贯培训的统筹管理

为进一步贯彻实施《医疗器械标准管理办法》及《医疗器械标准制修订工作管理规范》，2018年4月组织各技委会和技术归口单位制定了2018年度医疗器械宣贯培训计划并对外公开，指导相关部门更好地参与标准宣贯培训；2018年5月17～18日，12月12～13日，分别组织开展了面向医疗器械监管部门和技委会等相关方的《医疗器械标准管理办法及制修订工作管理规范培训》、面向技委会和技术归口单位的《2018年医疗器械标准综合知识培训班》，统一认识，使各相关方理清各自的职责，齐抓共管，促进标准法规文件贯彻实施，推动医疗器械标准化人才队伍建设，提升医疗器械标准质量和管理水平。

医疗器械创新领域标准组织筹建

为认真贯彻落实国家加快发展战略性新兴产业的决定，积极探索和推动在国家发展战略部署和监管亟需的领域，特别是战略性新兴技术领域和医疗器械优势学科领域，筹建新的技委会或技术归口单位。2018年，国家标准化管理委员会批准同意筹建全国外科植入物和矫形器械标准化技术委员会有源植入物分技术委员会和全国医疗器械生物学评价标准化技术委员会纳米医疗器械生物学评价分技术委员会2个新技委会，目前已完成组建待国家标准化管理委员会批准中；医用电声设备、医用增材制造技术、人工智能医疗器械等3个医疗器械标准化技术归口单位，已获国家药品监督管理局批准正在组建中。医疗器械标准工作领域不断拓展，医疗器械标准组织架构不断完善，充分发挥新形势下医疗器械标准的引领作用和技术支撑作用。

医疗器械标准体系经费管理

为落实财政部和原国家食品药品监督管理总局关于中央补助地方医疗器械标准体系建设项目经费调整到中央部门预算的要求，编制了原中央转移地方支付医疗器械标准体系建设项目调整到中央部门预算的项目评审材料，并配合财政部项目评审中心完成了评审工作，保证了医疗器械行业标准制修订的经费支持。同时，组织召开《2018年医疗器械行业标准立项经费预算审定会》《2019年医疗器械行业标准制修订项目预算专家评估会》2次专题会议，按照突出重点、分类支持的原则审定了2018年和2019年医疗器械行业标准项目经费预算，确保经费支出的科学性、合理性。

医疗器械分类目录培训工作

为全面宣传贯彻执行新《医疗器械分类目录》（以下简称《分类目录》），加深相关人员对新《分类目录》的了解和认识，医疗器械标准管理研究所按照原国家食品药品监督管理总局工作部署，于2018年3月、4月、5月、6月，分别在北京、武汉、哈尔滨组织开展了第二阶段新《分类目录》实施政策解读及综合知识培训班，共计4次。对全国31个省市自治区及其所辖366个地市级医疗器械监管部门进行全覆盖式培训，来自444家单位的604人次参加培训，实现了全国地市级以上医疗器械监管部门全覆盖和22个子目录全部内容双覆盖的免费培训目标。同时，医疗器械标准管理研究所应邀派员20人次配合省市局、国家局研修学院等对新目录进行培训授课，积极支持各相关单位开展新《分类目录》培训工作。通过培训全面宣贯新《分类目录》的核心内容，使参训人员全面了解医疗器械分类改革进展情况和政策调整情况。

推进分类技术委员会专业组运行

2018年新《分类目录》实施后，依据《国家食品药品监督管理总局医疗器械分类技术委员会工作规则》，分别组织召开医疗器械分类技术委员会各专业组年度会议，研究新《分类目录》中产品管理类别调整等相关问题，提出“涉及产品类别调整等重大事项”的范围及处置原则，为科学分类提供技术支撑。根据国家药品监督管理局医疗器械注册管理司的工作安排，起草报送了《医疗器械分类技术委员会管理规定（草案）》，建议参照《国家食品药品监督管理总局医疗器械分类技术委员会工作规则》和《医疗器械分类技术委员会管理规定（草案）》适时对委员进行调整，更好地发挥医疗器械分类技术委员会在分类工作中的重要作用，提高分类决策管理水平和效率。

医疗器械命名技术研究工作

按照《“十三五”国家药品安全规划》任务目标，启动命名术语指南预研工作，并根据财务要求，完成各领域命名术语指南研究项目的公开招标。制定了命名术语指南通则，与成像器械、有源植入器械和口腔科器械命名术语指南的征求意见稿一并报送国家药品监督管理局医疗器械注册管理司，并根据意见反馈情况，进一步修改完善形成公开征求意见稿，在医疗器械标准管理研究所网站公开征求意见。按预研工作基础和招标项目安排，组织制定第二批骨科手术器械等11个命名术语指南草案，启动第三批有源手术器械等8个命名术语指南的研究。

医疗器械编码技术研究工作

医疗器械标准管理研究所组织起草了《医疗器械唯一标识通用要求》《医疗器械唯一标识基础术语》2份医疗器械行业标准。其中，《医疗器械唯一标识基本要求》于2018年12月20日批准发布。根据《医疗器械标准制修订工作管理规范》要求，组建了医疗器械唯一标识标准技术专家组并对外公示。协助国家药品监督管理局修改完善形成《医疗器械唯一标识系统规则》（征求意见稿），汇总各方意见，并针对部分内容提出相应处理建议。积极参与IMDRF UDI工作组和AHWP UDI工作组工作，组织翻译并校对了IMDRF UDI应用指南征求意见稿，配合国家药品监督管理局医疗器械注册管理司起草AHWP UDI调查问卷。

医疗器械标准三年宏观规划工作

根据原国家食品药品监督管理总局工作部署，医疗器械标准管理研究所组织编制并上报了《医疗器械标准规划（2018－2020年）》草案，原国家食品药品监督管理总局于2018年1月29日印发，明确了我国医疗器械标准体系3年建设思路，为近3年医疗器械标准制修订做出了顶层设计，强化医疗器械标准体系的宏观指导，充分发挥标准管理的基础保障作用。

积极推动国际标准化交流与合作

2018年医疗器械标准管理研究所一方面深度参与并推动国际医疗器械监管者论坛（International Medical Device Regulators Forum，IMDRF）国际医疗器械标准管理研究工作。2018年3月，在IMDRF第13次管理委员会会议上代表中国提出的“更新IMDRF成员认可国际标准清单”新工作项目获得一致赞成通过，并由械标所主要负责人担任IMDRF国际标准研究工作组联席主席。深度参与IMDRF指南《优化医疗器械监管所用的标准》编写工作，并主笔起草了第4.3章“适用监管需求标准的基本属性”和第5.2章“标准制定程序的最佳实践”的相关内容，该指南于2018年11月发布。组织翻译并校对了IMDRF UDI应用指南征求意见稿，结合我国法规的制定情况，针对相关术语定义、生产标识组成以及各方职责等提出了修改建议并被采纳。另一方面，与电气电子工程师学会（IEEE）建立实质性合作关系。2018年3月5日，与IEEE在京签署了谅解备忘录，向IEEE标准协会申报的《医用机器人分类、术语、定义》标准提案获批立项，成为中国主导的首个IEEE医疗器械标准项目。并牵头成立IEEE标准协会医用机器人工作组，天津大学、上海交通大学等机构作为工作组成员。该项目启动会已于2018年4月20日在中检院召开，该项目正在按计划推进。

第十二部分　大事记

中国食品药品检定研究院2018年大事记

1月5日

院学术委员会组织召开院级科技评优活动。评出院级一等奖1人、二等奖5人、三等奖10人。

1月16日

中检院党委召开2018年第一次党委全会，学习传达《习近平总书记在中宣部呈报的〈弘扬脱贫攻坚精神推动农村物质文明和精神文明协调发展—寻乌扶贫调研报告〉上的重要批示》、中央纪委驻国家卫计委纪检组《关于对总局学习贯彻党的十九大精神抽查情况的通报》、总局党组《关于进一步加强和维护党中央集中统一领导和贯彻落实中央八项规定精神的实施意见》等文件精神。院党委书记、院长李波主持会议并讲话，院党委委员、纪委委员共20人参加会议。

1月22日

接受CNAS评审组对的实验室认可、检验检测机构资质认定二合一复评审。评审组对天坛和大兴两个实验区申请的药品、生物制品、实验动物、药品包装材料、诊断试剂、无源医疗器械、有源医疗器械、食品、保健食品、食品接触材料、化妆品、生活饮用水、洁净区（室）等13个检测领域的技术能力进行确认。中检院天坛1580个能力参数/项目，大兴737个能力参数/项目通过认可。为期2天。

1月23日

生物制品批签发管理办法宣贯培训班在京举行。来自29个省级食品药品监督管理机构、7个省级生物制品批签发检验机构以及134个生物制品生产企业的近300人参加此次宣贯培训。

因工作调动，解聘李保文同志实验动物资源研究所副所长职务。（中检人〔2018〕2号）

1月24日

依据《信息安全等级保护管理办法》的有关规定，中检院办公系统、中检院业务信息化平台系统获北京市公安局2级备案证书。（证书编号分别为：11019445023 - 00003、11019445023 - 00004）

1月25日

经院长办公会审议通过4个制度：《中检院国有资产管理办法》《中检院收支管理办法》《中检院票据管理办法》《中检院预算管理办法》。

1月29日

李晶一行4人团组随国家食品药品监督管理总局食品药品审核查验中心团组赴比利时、爱尔兰对Genzyme Europe B. V. 的注射用阿糖苷酶进行境外生产现场检查。为期12天。

2月1日

新修订的《生物制品批签发管理办法》开始实施。（总局令第39号）

2月5日

《医疗器械标准制修订工作管理规范》宣贯会暨技委会考核评估工作方案研讨会在海南省海口市举办。国家食品药品监管总局器械注册司、科技标准司有关领导，来自24个全国医疗器械标准化（分）技术委员会秘书长和技委会秘书处承担单位或标准技术归口单位的领导和相关人员50余人参加。为期2天。

2月6日

2018年医疗器械行业标准制修订立项工作会在海南省海口市召开。国家食品药品监管总局科技标准司司长于军，器械注册司副司长高国彪和中检院（标管中心）副院长、副主任张志军参加会议并做重要讲话，会议由中检院械标所主要负责人主持。国家食品药品监管总局器械注册司和科标司有关领导、标准化专家、24 个全国医疗器械标准化（分）技术委员会秘书长和技委会秘书处承担单位或标准技术归口单位领导及相关人员共 80 余人参加会议。为期 3 天。

2 月 7 日

2018 年全国食品药品医疗器械检验工作电视电话会议在北京市召开。国家食品药品监督管理总局副局长孙咸泽出席会议并讲话。中检院党委书记、院长李波作工作报告。各省（区、市）局分管食品药品医疗器械检验检测工作的局领导，各省食品、药品、医疗器械、药用包材、辅料检验所（院、中心），以及各省所辖地市食品、药品检验所的会议代表在 30 余个分会场共同参加本次会议。

2 月 25 日

中检院 2017 年度总结大会在北京市召开。中检院党委书记、院长李波作工作报告。中检院领导及干部职工近 500 人参加了会议。

3 月 5 日

中检院和电气电子工程师学会（IEEE）在京签署谅解备忘录。

3 月 6 日

全国博士后管委会办公室同意中检院博士后科研工作站独立招收博士后研究人员（博管办〔2018〕24 号）。

3 月 22 日

加拿大皇家学会院士罗恩·巴比克（Dr. Lorne Babiuk）博士应邀来访，期间作题为“Novel approaches to vaccine development（疫苗研发新方法）”的学术报告，中检院生检所、化药所及实验动物资源所的专业人员及在读研究生 60 余人参会。

3 月 26 日

中检院党委常委会研究决定，免去杨化新同志化学药品检定所所长职务，免去林兰同志化学药品检定所副所长职务。（中检党任〔2018〕1 号）

3 月 27 日

组织成立中检院政府采购领导小组（院领导担任小组领导），成员组成包括各相关部门负责人，下设政府采购办公室，挂靠在后勤服务中心管理。

新《医疗器械分类目录》实施政策解读及综合知识第五期培训班在北京举办。福建、广东、广西、贵州、海南、四川、西藏、云南 8 省（自治区）及其所属地级市医疗器械注册、监管、审评等相关人员 130 余人参加了培训。为期 3 天。

3 月 29 日

2018 年全国医疗器械检验机构比对试验工作会议在江苏省南京市召开，江苏省医疗器械检验所负责人，中检院医疗器械检定所相关人员，全国各医疗器械检验机构负责人和医疗器械比对试验专家 70 余人参加会议。

3 月 30 日

中检院召开 2018 年党建和廉政工作会，对 2017 年院党建和廉政工作进行总结，部署 2018 年党建和廉政建设工作任务。院党委委员、纪委委员、各支部委员、院副处级以上党员干部、群团组织及民主党派负责人等 120 人参加会议。

4 月 9 日

CAR－T 细胞治疗产品质量控制技术及非临床评价技术学术论坛在北京市召开。

4 月 18 日

中检院承办的世界卫生组织（WHO）“保证戊型肝炎疫苗质量、安全性及有效性规程咨询会”在北京市召开。WHO 总部雷殿良博士、WHO 西太区负责人 Jinho Shin 博士和驻华办唐轶博士，规程起草专家组成员，以及来自中国、英国、美国、德国、越南、乍得、印度、泰国、巴基斯坦、尼泊尔、印度尼西亚等十余个国家的药品监管机构、国家质控实验室、学术研究机构和戊肝疫苗企业代表共 29 人出席本次会议。为期 2 天。

4月19日

北京市实验动物管理办公室主办，中检院承办的实验动物保种技术培训班在北京市举办。为期2天。

4月24日

印度太阳药业有限公司监管事务副总裁孙志刚博士、华海药业副总裁李敏教授、南通联亚药业有限公司产品研发副总裁陈义生博士、美国默沙东药厂质量控制中心副首席科学家方雪光教授、美国法明乐实验室创办人、总裁和首席科学家汤丽娟教授应邀来访。院长李波、副院长张志军出席并参与研讨，化药所、包材所、仿制药中心等部门的职工80余人参加交流。

4月26日

新《医疗器械分类目录》实施政策解读及综合知识第六期培训班在北京市举办。国家药品监督管理局医疗器械注册管理司李军处长出席。安徽、北京、甘肃、河南、山西、陕西、青海、新疆8省（自治区）及其所属地级市医疗器械注册、监管、审评等相关人员140余人参加本次培训。为期3天。

5月8日

第一届医疗器械产品（有源类）检验技术培训班在新疆维吾尔自治区乌鲁木齐市举办。全国各医疗器械检验机构和生产企业的100多名学员参加培训。

5月10日

医疗器械命名技术工作研讨会在北京市召开。国家药品监督管理局医疗器械注册管理司李军处长出席会议，医疗器械审评审批有关专家、命名专家、中检院，以及北京、北大口腔、天津、沈阳、上海、杭州、济南、湖北、广州医疗器械检验机构各领域命名工作联系人及械标所相关人员，共38人参加会议。为期3天。

5月15日

中检院与英国政府化学家实验室（LGC）标准物质高管深层沟通双边合作框架交流会在北京市召开。

5月17日

《医疗器械标准管理办法》及《医疗器械标准制修订工作管理规范》培训会在北京市召开。国家药品监督管理局医疗器械注册管理司李军处长、医疗器械监督管理司朱宁处长、原国家食品药品监督管理总局科技标准司严志调研员出席会议并发言，械标所主要负责人主持本次培训会。28个省食品药品监督管理局有关人员、24个医疗器械标准化技术委员会及秘书处承担单位有关领导及标准相关人员共70余人参加。为期3天。

中检院召开院工会第二次代表大会，院党委常委、工会两委委员、会员代表共82人出席大会。院党委副书记、纪委书记姚雪良主持会议。大会选举产生工会委员会委员15人，经费审查委员会委员3人；选举姚雪良任工会主席、陈为任副主席。

召开中检院第二次团青代表大会，选举产生共青团中国食品药品检定研究院第二届委员会（青年工作委员会）。召开院团青工作委员会第一次全体会议，选举产生院团委书记、团委副书记。团委书记赵晨，团委副书记付佳丽、刘丹丹。

5月21日

与中国药学会联合举办国家药品监督管理局2018年药品安全强国富民科技周开放日活动。国家药品监督管理局巡视员毛振宾，中关村科技园区大兴生物医药产业基地管理委员会工委书记、主任田德祥，中检院党委书记、院长李波，中国药学会副理事长兼秘书长丁丽霞出席本次活动。国家药品监督管理局、大兴生物医药基地管委会、中检院、中国药学会等单位相关部门负责人及工作人员，中关村科技园区医药企业代表，北大药学院学生代表，人民网等数十家新闻媒体记者约120余人参加此次活动。

5月22日

丹麦药监局对中检院进行访问，参观抗肿瘤

与放射性药品室，并进行学术交流。为期3天。

5月30日

新《医疗器械分类目录》实施政策解读及综合知识第七期培训班在湖北省武汉市举办。国家药品监督管理局医疗器械注册管理司李军处长出席并讲话，湖北省食品药品监督管理局副巡视员阮庆祥到会致辞，本次培训班由中检院械标所主要负责人主持。重庆、湖北、湖南、江苏、江西、上海、浙江等7省（直辖市）共计140余人参加培训。为期3天。

5月

根据"关于做好2018年中央国家机关事业单位基本养老保险费征缴工作的通知"（央险函〔2018〕2号），中检院于2018年5月正式参保，从2018年6月起，退休人员养老金全部由养老保险管理中心发放。

6月6日

抗体药物质量控制与评价学术论坛在北京市召开。

6月8日

2018年实验动物质量检测能力验证研讨会在北京市举办。来自全国16省市25家单位的56名代表参会。

6月12日

新《医疗器械分类目录》实施政策解读及综合知识第八期培训班在黑龙江省哈尔滨市举办。国家药品监督管理局医疗器械注册管理司黄伦亮同志到会讲话并授课，黑龙江省食品药品监督管理局吴文莉处长致辞，中检院械标所主要负责人主持本次培训。河北、黑龙江、吉林、辽宁、内蒙古、宁夏、山东、天津等8省（自治区、直辖市）及所辖地级市医疗器械监管部门共170余人参加培训。为期3天。

6月25日

中国药科大学专业学位硕士研究生培养示范基地通过考核。

6月26日

普伐他汀钠药物共晶及其制备方法和用途获发明专利（专利号：CN 105175263 B）。发明人：张娜、何兰。

6月27日

部分医疗器械命名指南技术研讨会在北京市召开。中检院医疗器械所等10个单位的命名技术研究骨干和械标所相关人员，部分临床专家及企业代表，共计30余人参加会议。为期3天。

6月28日

药用辅料药包材标准检验检测以及与制剂共同审评的政策法规解读培训班在北京市举办，来自食品药品检验检测机构，企业、高校及科研单位相关检验检测技术和管理人员等近500名学员参加。为期2天。

7月4日

医疗器械临床前动物实验研究相关法规标准培训班在江苏省苏州市举办。来自全国71家相关单位的109名技术人员参加培训。

宾夕法尼亚大学Jan Joseph Melenhorst博士应邀进行学术交流，并作题为"From Bench to bedside: recent advances and future challenges on precision manufacturing in CART industrialization（从实验室到生产线：CART产业化中精准生产流程的机遇与挑战）"的报告。交流会由副院长王佑春主持，副院长王军志、国家药品监督管理局相关负责人、生检所工作人员以及CAR－T产品研发人员50多人参加。

7月5日

化学药品室开展缬沙坦原料及制剂、缬沙坦外其他沙坦类原料药中基因毒性杂质*N*－亚硝基二甲胺和*N*－亚硝基乙胺的检测分析研究。并将建立的方法和样品检测结果，报药典会和国家局。为期7个月。

7月6日

组织接受CNAS能力验证提供者体系复评审，三个地点共31个样品、77个参数通过认可。

为期 3 天。

7 月 20 日

中检院举行 2018 届研究生毕业典礼暨学位授予仪式。学位评定委员会主席院长李波出席典礼并讲话，学位评定委员会委员、毕业生导师、在院研究生、毕业生所在部门相关人员以及毕业生亲友等参加毕业典礼。

7 月 23 日

药包材与药物相溶性相关技术论坛在京举办。

8 月 10 日

公布第一批中检院研究生指导老师名单（中检办培训〔2018〕10 号）。

8 月 15 日

基本药物质量信息平台（以下称基药平台）技术交流暨二期项目验收会在西藏自治区林芝市召开。副院长路勇、原国家食品药品监督管理总局信息中心陈锋副主任、各药检机构等有关同志和专家等共计 100 余人参加会议。为期 2 天。

8 月 18 日

首届 2018 年中国药学会药物分析专业委员会学术年会，“《药物分析杂志》普析通用杯第八届优秀论文评选交流会”与“第八届全国药物分析大会”合并于陕西省西安市举办。大会由中国药学会药物分析专业委员会主办，《药物分析杂志》编辑部、中国药学会编辑出版部、西安交通大学、陕西省药学会药物分析专业委员会承办，北京普析通用仪器有限责任公司、安捷伦科技（中国）有限公司、上海诗丹德标准技术服务有限公司、陕西步长制药有限公司赞助商协办。来自全国各地高等院校、科研院所、药品检验机构和相关企事业单位 1000 余位代表参加本次会议。为期 4 天。

8 月 21 日

根据工作需要，经 2018 年 8 月 21 日院长办公会研究决定，聘任路勇为中国食品药品检定研究院技术负责人，解聘王佑春技术负责人的职务。（中检办人〔2018〕11 号）

8 月 24 日

2018 年中国药学会药事管理专业委员会年会暨学术研讨会在山东省济南市召开，大会由中国药学会药事管理专业委员会主办，山东省药学会及山东大学齐鲁医学院承办，《中国药事》编辑部、济南药学会、齐鲁制药集团、国药控股山东有限公司及中国健康传媒集团协办。80 多家单位近 400 名代表参会。为期 2 天。

8 月 27 日

WHO 专家组对中检院化学药品检验质量体系进行的现场检查（WHO－PQ），并通过复评审。为期 4 天。

8 月

首次撰写中检院国有资产情况报告。

9 月 3 日

中丹食品检验技术研讨会在北京市举办。副院长路勇和食化所负责人主持会议，来自 30 余家原总局本级食品安全抽检监测承检机构的百余名技术代表参加此次会议。为期 2 天。

9 月 7 日

中检院首届球类项目运动会结束。130 余人报名参赛，共设羽毛球双打、乒乓球单打和网球单打 3 项赛事。为期 1 个月。

9 月 12 日

中检院作为支持单位的疫苗研发及质量控制进展国际研讨会在北京市举办。

因工作需要，经 2018 年 9 月 12 日党委常委会研究决定：解聘白东亭体外诊断试剂检定所所长职务，并按要求办理退休手续。（中检人〔2018〕23 号）

解聘胡昌勤化学药品检定所抗生素室主任职务，并按要求办理退休手续。（中检人〔2018〕17 号）

9 月 13 日

中检院承办的第四届 WHO 疫苗标准化合作中心网络会议在京举行。共有来自英国、日本、韩国、加拿大、中国、德国、美国7个WHO CCs以及WHO总部及西太区办公室的19位专家参会。为期2天。

包材所进行洁净环境检测项目的CNAS和CMA的扩项评审。评审组认可包材辅料申请的161个参数的检测能力。为期2天。

9月16日

激素室牵头组织，中国科学院上海生命科学研究院湖州营养与健康产业创新中心协办的“宿主细胞DNA残留荧光实时定量PCR（Q-PCR）检测技术培训班”在浙江省湖州市举办，共计120名学员参加此次培训并获得结业证书。为期4天。

9月20日

第二届化妆品替代试验国际研讨会在北京市召开。会议邀请欧盟替代方法验证中心、日本替代方法验证中心、美国个人护理品协会、日本化妆品工业联合会、美国体外科学研究院、四军大组织工程研究中心、广东省疾控中心以及化妆品行业的专家和代表，分别围绕着“替代方法相关政策”“化妆品安全性评价和风险评估”“替代检测技术的验证”三个主题进行专题报告。为期2天。

全国放射性药品质量控制技术培训班在北京市举办，来自全国放射性药品制备的医疗机构、生产企业及相关食品药品检验所（院）等210余名学员参加培训。为期2天。

9月27日

院学术委员会秘书处组织召开2018年度中检院中青年发展研究基金课题申报答辩评审会，24位课题申请人进行现场答辩。通过申请人报告、专家提问、打分，给予10项课题以立项支持。

9月28日

因工作需要，经2018年9月12日党委常委会研究决定：解聘袁宝珠生物制品检定所细胞资源保藏研究中心主任职务。（中检人〔2018〕16号）

9月

参照北京市人力资源和社会保障局人社老发〔2018〕130号文调整了北京市最低工资标准，由每月不低于2000元，调整为每月不低于2120元，实际每月提高120元。按照2015年6月3日院办公会议通过的“关于编外人员调整工资的意见”第三条编外人员收入正常增长机制。为派遣人员（502人）每人每月增加岗位补助120元，为返聘人员（29人）增加劳务费60元。专项资金人员22人不调整。调整后月增加费用支出6.06万元。

药审中心调查处理“南京优科制药有限公司申请注册的甲磺酸伊马替尼片在药品检测及生物等效性研究中涉嫌存在申请人将受试制剂掉包为参比制剂的情形”的过程中，受药审中心委托我院化药所对有因检查抽取的17个批次的样品开展全面质量考察及检验。

受国家药品监督管理局委托化药所对重庆医工院制药有限责任公司生产的2个批次培美曲塞二钠进行应急检验。

10月9日

院学术委员会举办主题为创新监管科技 巩固食药安全的科技周活动。中检院职工及来自检验机构、高校、科研机构与企业的500余人参加。为期4天。

10月10日

第十六届全国药检药理学术研讨会在河南省开封市召开。同时进行专业委员会的换届改选。本次会议共有来自38个药检所的66名药理专业人员参加。最终选举出第七届全国药检药理专业委员会委员，主任高华当选为主任委员，蔡彤为秘书长。为期3天。

10月16日

作为美国药典委员会药用辅料专家委员会委员，研究员孙会敏赴美国马里兰州洛克威尔市参加2018年度美国药典委员会专家委员会会议，并作题为“对聚山梨酯含量测定方法改进和聚山梨酯65红外鉴别的讨论”和“关于聚维酮中2－吡咯烷酮限度的讨论”主题演讲。为期5天。

美国南加州大学（USC）师生和清华大学监管科学研究院研究人员应邀来访。副院长张志军主持，院长李波致辞，院生物制品检定首席专家王军志研究员，院学术委员会委员，各所、中心、处（室）负责人和相关员工参加座谈。

10月23日

化学药品领域能力验证培训班在北京市举办，共计170余人参加本次培训。为期2天。

10月25日

理化分析方法验证实验设计和统计规范培训班在山东省青岛市举办，全国百余家检验检测机构和生产流通企业的230多名学员参加培训。为期2天。

10月31日

2019年医疗器械行业标准制修订项目立项工作会在湖北省武汉市召开。中检院（标管中心）副院长、副主任张志军，国家药品监督管理局医疗器械注册管理司处长李军出席会议并作重要讲话，会议由中检院械标所主要负责人主持。医疗器械标准化专家、全国医疗器械标准化（分）技术委员会秘书长和技委会秘书处承担单位或标准技术归口单位领导及相关人员共79人参加会议。为期3天。

11月1日

中检院召开党委全委扩大会，通报基层党支部党建和廉政工作半年交互检查工作的总体情况及当前巡视整改工作进展情况，学习《中共国家药品监督管理局党组巡视工作规划（2018－2022年)》，并就干部作风问题专项政治工作做进一步动员部署。院党委书记、院长李波主持会议，院两委委员、各支部书记参加会议。

11月7日

全国抗感染药物检验技术研讨会在四川省成都市召开。全国31个省、自治区、直辖市、计划单列市（食品）药品检验所（院）和各口岸药检所抗生素室负责人及主管领导出席会议，共计100余人。为期2天。

2018年全国系统能力验证工作会议在湖北省宜昌市召开。各省、自治区、直辖市食品、药品检验所（院），药用包材、辅料检验所，中央军委后勤保障部卫生局，各省级医疗器械检验机构分管质量工作的所负责人、质保科负责人及CNAS相关人员150人参加。为期2天。

11月13日

2018年中国药品质量安全年会暨药品质量技术培训会在江苏省无锡市召开，中检院党委书记、院长李波主持会议。来自各级药品、医疗器械、药包材与辅料检验检测机构、生产企业、科研机构近1200人参会。为期2天。

根据国家药品监督管理局相关要求及国家药品监督管理局医疗器械标准管理中心工作安排，医疗器械标准管理研究所组织召开医疗器械分类技术委员会各专业组年度会议，各专业组委员和标管中心相关人员在1个月内分批次参加会议。

11月14日

中检院作为支持单位的2018中国生物制品年会暨第十八次全国生物制品学术研讨会（CBioPC）在云南省昆明市举办，来自国内外生物医药领域的专家学者、企业家、研究机构、行业协会及企业代表共2000余人参会。为期3天。

医用机器人重点标准研讨会在江苏省南京市召开。江苏省医疗器械检验所有关领导出席会议并致辞，中检院械标所主要负责人主持会议。医用机器人标准化工作组成员以及医用机器人生产企业代表共计45人参加会议。为期3天。

11月20日

院学术委员会秘书处组织专家通过答辩评审的形式，对2016年度立项及2015年度延期的15个中检院中青年发展研究基金课题进行结题验收，15个课题均通过结题验收。为期2天。

中检院与英国政府化学家实验室（LGC）签

署标准物质研制战略合作备忘录。

11 月 21 日

2018 年国家药品抽检品种质量分析报告现场交流评议会在江西省南昌市召开。国家药品监督管理局药品监督管理司、中检院参与国家药品抽检的 4 个承检部门及 42 家国家药品抽检承检机构共计 500 余名代表参加会议。为期 3 天。

11 月 28 日

2018 年全国药品微生物检验技术精要培训班在浙江省宁波市举办。相关企业、高等院校及科研单位等从事药品微生物检验控制相关人员，药品检验检测机构从事微生物检验控制相关人员约 300 人参加此次培训。为期 3 天。

12 月 4 日

电气和电子工程师协会标准委员会（IEEE）批准中检院担任人工智能医疗器械工作组的召集单位，并由任海萍博士担任工作组主席。

12 月 7 日

所长柳全明、研究员岳秉飞入选新一届北京实验动物行业协会理事。

12 月 9 日

研究员李波、高级工程师胡康随国家市场监督管理总局组团赴奥地利参加特殊食品监管培训。为期 14 天。

12 月 10 日

2018 年有源医疗器械标准重点问题研讨会在京召开。国家标准技术审评中心审核专家郭丽平研究员应邀出席会议。各有源医疗器械技委会秘书长、有源医疗器械技 11 委会秘书处承担单位和正在组建的有源植入物分技委及医用电声、人工智能技术归口单位有关代表近 30 人参加会议。为期 3 天。

12 月 12 日

2018 年医疗器械标准化综合知识培训班在江苏省南京市举办。中检院（标管中心）副院长（副主任）张志军、江苏省药品监督管理局局长王越出席会议并讲话，中检院械标所主要负责人主持培训。江苏省医疗器械检验所、医疗器械标准化技术委员会及秘书处承担单位有关领导及标准相关人员共 78 人参加培训。为期 3 天。

12 月 13 日

医疗器械唯一标识国内外进展研讨会在北京市召开。国家药品监督管理局器械注册司、器械监管司有关领导出席会议并做重要讲话。国家药品监督管理局相关直属单位、医疗器械生产经营企业和编码机构等近 40 名代表参加次会议。为期 2 天。

12 月 17 日

中检院工会与北京卫人人力资源开发有限公司协商，接纳吸收在中检院工作的劳务派遣员工加入工会组织。

12 月 21 日

CNAS 评审组对中检院进行实验室认可暨资质认定二合一扩项评审，扩项内容主要涉及食化所申请新增的 400 余个参数。为期 2 天。

12 月 25 日

2018 年国家医疗器械抽验产品质量评估报告评议会在北京市召开。35 家医疗器械检验机构，承担检验和质量评估工作的 130 余名代表参加。为期 3 天。

12 月 28 日

中检院召开 2018 年度述职会议。党委副书记、纪委书记姚雪良主持会议，院领导、党委委员、纪委委员、29 个内设机构的科室副主任以上领导干部及职代会代表，迁建办、新址办和院属企业负责人参加了会议，并进行民主测评。

根据“国务院办公厅转发人力资源社会保障部财政部关于调整机关事业单位工作人员基本工资标准和增加机关事业单位离休人员离休费三个实施方案的通知”（国办发〔2018〕112 号），自 2018 年 7 月 1 日起，对 788 名在职工作人员的工资标准（工资包括岗位工资和薪级工资，人员包括 2018 年 7 月 1 日以后退休、离职和新聘人员）9 名离休人员离休费进行调整。在职人员工资月增资 30 余万元，离休人员离休费月增资 6800 元。编外人员参照“关于调整机关事业单位工作人员基本工资标准的通知（国办发〔2018〕112 号）”，调整岗位工资及薪级工资标准（专项资金人员除外）。

全年

标准物质分装 589 个品种共 300 万支，同比增长 13.2%；包装 600 个品种共 310 万支，同比增长 27.6%；2012 年新版基本药物目录中所需的 1022 个品种的供应率为 100%；全院 3090 个必供品种的全年保障供应率大于 96.5%，满足监管基本需要。处理用户订单 29642 个（同比增长 90%），分发供应了 196 万支；按金额计算一级直供率为 29%，同比增长 10%。

第十三部分　地方食品药品检验检测

北京市医疗器械检验所

概　况

北京市医疗器械检验所始建于1983年，前身为北京市医疗器械检验站，挂靠原北京医疗器械研究所，隶属北京市医药总公司。2000年划归原北京市药品监督管理局，定名为北京市医疗器械检测中心，2003年更名为北京市医疗器械检验所，为公益二类差额拨款独立法人事业单位，现有办公及实验室面积1.6万余平方米，各类先进的检验检测设备3300余台（套）。

北京市医疗器械检验所是中国国家认证认可监督管理委员会（CNCA）、中国合格评定国家认可委员会（CNAS）、原国家食品药品监督管理总局等部门认可授权的一所综合性医疗器械产品检验检测机构。截至目前，共获得授权检测项目近1300项。检验检测范围涵盖医用电子、医用射线、核医学、电声学、体外诊断系统、一次性医疗产品、医用防护用品、医用橡胶制品、口腔材料、生物防护设备等专业领域，检测能力涵盖医疗器械电气安全、电磁安全、生物安全、材料安全等安全性指标。

此外，北京市医疗器械检验所加强与境外机构开展检验业务技术合作，获得德国TüV PS实验室认可资格，并与美国UL、加拿大CSA等国际权威认证机构开展国际认证检测业务合作，为国内医疗器械产品走向国际市场提供便捷的检测技术服务。

检验检测

北京市医疗器械检验所作为医疗器械质量监管技术支撑机构，始终牢记自己肩负的职责与重任，严把医疗器械产品检验检测质量关，充分发挥技术支撑作用，为适应监管需求，不断加大监督抽验力度。2018年，完成监督抽验、在用医疗器械检测与评价及专项检验共计920批次。

2018年，北京市医疗器械检验所组织完成和参与国家监督抽验任务15个品种，共计165批次，其中8个品种为牵头检验品种，7个为参与检验品种；完成北京市监督抽验607批次。在用医疗器械检测工作。针对在用医疗器械检测工作，2018年，北京市医疗器械检验所按照上级要求承担了心脏除颤器、高频电刀两个品种的在用检验及调研工作，共计完成10家医疗机构、40台产品的检验工作。专项检验工作。共完成北京市无菌和植入医疗器械监督检查专项检验99批次。

2018年，北京市医疗器械检验所面向企业、医疗机构等单位开展各类技术培训近1300人次，为100余家北京企业提供首次注册检验。依托医疗器械技术创新服务平台、北京市重点实验室以及中关村开放实验室等平台资源，在产品研发、标准咨询、过程测试、设计验证及上市注册检验等方面进行技术指导，全年共重点支持44批次创新产品研发。

科　研

北京市医疗器械检验所积极争取国家及省部级科研项目，并积极申请多项专利。按照国家局关于推进甘肃重离子治疗装置检验任务的要求，投入大量人力、物力和财力，在标准、技术、整改等方面提供了强有力的技术支持。此外，作为项目牵头单位，承担了国家“十三五”重点研发数字诊疗专项首次设立的“放射治疗装备可靠性与工程化技术研究”，该项目致力于提升国内放疗装备产业的可靠性技术水平。

标准化工作

北京市医疗器械检验所作为标委会挂靠单位积极参与医疗器械标准制修订工作，挂靠我所标委会秘书处起草发布国行标累计达309项。2018年我所共完成标准制修订21项。此外，作为标委会挂靠单位代表我国积极参与国际标准化工作，增强国际标准技术服务能力，提升参与国际标准化工作水平。

党风廉政建设

2018年，北京市医疗器械检验所积极推进党风廉政建设。一是在学习上下功夫，夯实党建基础。深入推进“两学一做”学习教育常态化制度化，深入推动广大党员干部学深悟透十九大精神和习近平新时代中国特色社会主义思想。二是在载体上下功夫，丰富活动形式。举办2018年党务工会及全体职工培训；向各支部发放《党支部工作规范》等书籍，不断提高基层党支部规范化建设；向全所党员发放《习近平新时代中国特色社会主义思想三十讲》等书籍，为党员学习政治理论、提高自身素质创造有利条件；组织全体职工观看纪录片，并参观爱国主义教育基地，进一步激发全员爱国主义热情和爱岗敬业的责任感。三是在纪律上下功夫，打牢反腐倡廉思想根基。组织党政领导干部层层签订《党风廉政建设责任书》《意识形态工作责任书》，使广大党员干部更加注重品行、德行的修养，筑牢廉洁从业意识。

北京大学口腔医学院口腔医疗器械检验中心

概　况

2018年，北京大学口腔医学院口腔医疗器械检验中心（以下简称“北大中心”）深入贯彻党的十九大精神，较好地完成了国家药品监督管理局和中国食品药品检定研究院布置的各项工作任务。北大中心的检验范围为60类医疗器械产品，涉及检测项目741项。医疗器械生物学通用方法103项，医疗器械化学通用方法55项。能力范围总项目数为899项。北大中心作为全国口腔材料和器械设备标准化技术委员会SAC/TC99秘书处所在单位，承担着国家和行业标准的制修订工作，并积极参与国际标准化组织ISO的标准制修订工作。2018年，完成了3项行业标准的制修订工作和2项国家标准的起草和会审工作。不断提升的标准制修订质量为严格控制产品质量，维护公众用械安全提供保证，并为医疗器械监管部门提供强有力的技术支撑和技术保障。

检验检测

2018年，北大中心共接收送检样品1387份（境外433份，境内855份，监督抽验样品99批）。发出检测报告1933份（境外697，境内1236）。相比2017年，接收送检样品数量增长38%，发出报告数量增长79%。

医疗器械抽检工作

根据《2018年国家医疗器械抽检（国家级预算项目）产品检验方案10080正畸丝》中的要求，北大中心牵头并承检“正畸丝”的国家抽检工作，共抽取正畸丝20批次，涉及生产企业8家（3家进口代理单位），注册证11个。检验发现，85%样品符合标准规定，15%不符合标准规定的产品均为进口产品。该类产品总体质量水平尚可。

此次抽验发现的不符合标准规定项目包括：尺寸、弯曲刚度、挠度为0.1mm的屈服弯曲力、奥氏体转变结束温度（探索性研究项目）。

技术支撑体系建设

北大中心一贯重视检验质量和水平的提升，

2018 年组织内部专业培训 11 次，累计 135 人次，参加国家级外部培训 16 次，涉及 41 人次，使检验人员的技术能力和素质不断提高，提高了中心的检验质量和水平。

另外，中心参加 9 次实验室间比对，其中 7 项内部人员比对，1 项国际比对，1 项能力验证。8 项结果为满意，其他 1 项能力验证结果等待中。

SAC/TC99 标准化工作

2018 年 11 月 7 ~9 日，TC99 和 TC99/SC1 在广东省肇庆市召开了 2018 年年会及标准审定会。出席会议的有国家总局医疗器械标准管理中心、总技委及 TC99/SC1 来自医疗器械行业口腔领域的监管机构领导、临床专家、生产企业及检测机构的委员、专家和代表，共 120 余人。与会代表对审定的每一项标准进行了认真细致的讨论，对关键问题各抒己见，提出了中肯的意见和建议，审定会议气氛严肃，讨论热烈。最终，会议审定通过了由 TC99 总技委归口的 3 项行业标准和 2 项国标，6 项由分技委归口的标准。其中行业标准已于 2018 年 12 月上报国家局标管中心。

2018 年 5 月 8 ~ 10 日，TC99 在陕西省西安市召开了口腔材料医药行业标准宣贯会。出席宣贯培训的有来自生产企业、代理机构、监督、检验部门等共 48 个单位 90 余名代表。会议对 13 项标准进行了宣贯讲解。会议同时安排了对热点问题“口腔医疗器械生物检测中的问题及注意事项”的专题培训，针对口腔医疗器械生物相容性评价过程中遇到的问题进行了深入浅出的剖析。另外，针对市场上量大面广的义齿产品进行“义齿产品检测及注意事项”的专题培训。与会代表感到收获颇丰。

TC99 依靠秘书处所在单位北大口腔医学院的专业背景优势，组织专人深入开展口腔材料领域分类目录的宣贯工作。2018 年 8 月 1 日，新修订的《医疗器械分类目录》实施，应国家局标管中心的要求，目前秘书处派专人参与分类目录的全国培训工作。

2018 年 ISO/TC 106 Dentistry 标准化年会

2018 年 9 月，我技委会代表 SAC，参加了在意大利米兰举行的 ISO/TC 106 第 54 届年会，参与了 ISO/TC 106 全部 SC 的标准讨论会。中国食品药品检定研究院张志军副院长、医疗器械标准管理研究所余新华所长和国家药品监督管理局医疗器械技术审评中心的 2 位老师参加了会议，详细了解本技委会参与 ISO TC 106 的活动情况，对本技委在国际标准化活动中所取得的成果表示肯定，今后该项工作还会受到上级领导的持续关注和参与。

ISO/TC106/SC8/WG6 工作组是去年新成立的工作组，三年前由巴西代表提议对牙种植体标准立项。立项前联合北大中心积极撰写标准立项草案，并在后续的三年中每年都在 ISO/TC106/SC8 会议上做立项沟通和准备工作，推进该项目的进行。此项工作的推进不仅可以让中国在国际标准制定领域获得越来越多的话语权，同时也扩大了中国在国际标准制修订过程中的影响力。

科　研

2018 年，北大中心共有科研项目 11 项。其中：新获批的科研项目 4 项，在研项目 4 项，结题项目 4 项。

发表学术论文 12 篇，其中 SCI 论文 8 篇，第一作者或通讯作者 8 篇。会议论文 13 篇，申请国家发明专利 1 项。由中国标准出版社出版的 TC99 归口的医药行业标准 7 项。

天津市药品检验研究院

概　况

2018 年，天津市药品检验研究院（以下简称“天津药检院”）领导班子带领全院干部职工，认真学习贯彻习近平新时代中国特色社会主义思想，树牢“四个意识”，坚定“四个自信”，做到“两个维护”，以保障公众用药安全为宗旨，坚决贯彻落实上级各项决策部署，团结奋进，攻坚克难，充分发挥了对行政监管的技术支撑作用，各项工作都取得明显成效。一是加强院领导班子建设。年初，新增了2名副院长，重新明确了班子成员分工，认真落实“党政同责”“一岗双责”。二是圆满完成各项检验检测工作任务，服务监管大局，积极发挥技术支撑作用。三是贯彻天津市委市政府指示要求，开展双万双服活动，优化营商环境，促进产业发展。四是坚持创新引领，开展药品标准和新兴门类等课题研究。五是搭建全院、科室、个人三级学习平台，强化人才培养体系建设。六是坚持全面从严治党，开展大兴“四个之风”，深入推进不作为不担当专项治理三年行动，开展集中整治官僚主义、形式主义，不断提升作风建设，切实强化党对药检工作的全面领导。

检验检测

2017年10月21至2018年10月20日，收检9260批，完成11082批。其中进口收检5930批，完成7575批。

药品领域：完成国家药品抽样任务97个品种453批次样品。承检3个国评品种共252批次，合格率为100%，提交了3个品种的质量分析报告；承检专项抽验6个品种17批样品，检出不合格样品1批，合格率为94.1%。完成天津辖区药品抽验任务286批，其中2批不合格，合格率为99.3%。承担稽查办案等临时性抽验任务收检57批，全部按时完成，合格率为100%。

化妆品领域：完成2018年国家化妆品监督抽验任务450批，包括面膜等7类产品，其中烫发脱毛类检出1批不合格样品，防晒类检出7批问题样品、染发类检出14批问题样品。因出色完成国家化妆品抽验工作，天津药检院受到原国家食品药品监督管理总局表扬并在全国会议上进行了交流发言。完成2018年天津市化妆品监督抽检任务500批，其中面膜类检出1批不合格样品，防晒类检出4批问题样品，染发类检出17批问题样品。

药包材和保健食品领域：承担药包材抽验100批次，合格率100%；承检天津市保健食品3.15专项监督抽验22批，均按时完成，合格率100%。

天津市医疗器械质量监督检验中心

概　况

2018年，天津市医疗器械质量监督检验中心全面深入学习贯彻落实党的十九大精神，以习近平新时代中国特色社会主义思想为指导，认真落实天津市市场委工作部署，坚持新发展理念和高质量发展要求，紧紧围绕“服务中心、建设队伍”两大任务，不断提高我单位建设科学化的水平，为推进改革发展稳定提供强有力的技术支撑。

调整人员配置，适应改革创新，做到人尽其才。为适应我单位改革工作需要，对部分科室职能及人员岗位进行了调整，将一批工作能力强，文化素质高的青年干部充实到检验和业务一线，担任中层干部，通过培养和实践，目前已发挥了重要作用。对一些不适应本岗位工作的人员也实施了岗位调整。通过调整，各岗位工作状况得到了明显的改善，积极性得到了调动，做到了人尽其才。

提升服务水平，建立研究成果共享与转化应用的机制，促进产业发展。从受理环节开始到产品检测全流程为企业简化流程，技术问题一次性告知，缩短检验周期，为企业减轻负担，减少发补，加快上市周期。转变工作思路，在服务监管的前提下积极开展技术服务。同时利用自身优势，建立研究成果共享与转化应用的机制，充分发挥研究成果的实际作用，积极为企业提供技术服务，以提升产品质量，促进产业发展。

加强实验室数据库建设为企业提升产品质量提供技术支撑。实验室多年的试验数据库是实验室的核心竞争力，应充分利用实验室数据库为企业产品提供更加科学的评价报告，而不仅仅是测试报告。参与新产品研发的全过程，评价报告将为产品的改型提供有效的技术支持，通过数据比对将使企业更加清楚产品的性能及关键技术细节，从而通过改进设计不断提高产品质量，一系列的评价报告也将为技术审评提供有效的技术依据，加快审评审批和产品上市速度。通过数据库还可以为企业提供同品种对比免临床技术服务以及试验数据的国际互认，这将大大加快企业产品的上市速度，节省时间和成本。

成立内控领导小组，建立廉政风险防控管理长效机制。为强化对权力运行的制约和监督，着力构建不敢腐、不能腐、不想腐的廉政风险防控管理长效机制，我单位研究并制定了《专项经费管理办法》《报销管理规定》等制度。深入查找分析存在的各类廉政风险隐患，并有针对性地制订措施，开展防范，建立中心廉政风险点排查防控表，并专门成立了内部控制领导小组。

检验检测

2018 年，天津市医疗器械质量监督检验中心累计受理 2627 批日常检验任务，合同收入 2430 万元，减免企业费用 344 万元（不收费）。2018 年天津市医疗器械质量监督检验中心全年共受理微波治疗仪、髋关节假体等 13 大类产品的国家监督抽验任务共计 247 批。完成天津市医疗器械 154 批，共 196 万元的监督抽验项目投标、竞标工作；完成了 2017 年度区县局共计 178 批的医疗器械监督抽验样品的检验任务；完成了 2018 年我中心负责牵头的 9 大类国家监督抽验产品质量分析报告的编写工作；完成了 2019 年 35 个品种的国家医疗器械质量监督抽验品种遴选上报工作。

标准化工作

2018 年，天津市医疗器械质量监督检验中心进一步完善挂靠的 4 个标准化技术委员会的管理制度及工作程序，共完成医疗器械行业标准制修订项目 15 项，其中制定 9 项，修订 6 项。外科植入物标委会启动骨科分委会和心血管分委会的换届工作，并组织筹备成立运动医学标准化工作组，协助有源植入物分委会筹备上报工作，完成骨科手术器械等 4 个专业医疗器械命名术语研究工作。

2018 年，由外科植入物标委会提出的“心脏封堵器”国际标准项目已进入第二个阶段即标委会草案阶段。

2018 年，中心员工成功当选第二届 ISO/TC249/JWG6 – 电子中医器械标准化工作组召集人。

检测能力

2018 年，天津市医疗器械质量监督检验中心通过了中国合格评定国家认可委员会、中国国家认证认可监督管理委员会组织的实验室认可（CNAS）、资质认定（CMA）、国家中心授权（CAL）三合一复评审 + 扩项评审 + 变更评审。获批的承检能力共 1258 项，涵盖有源医疗器械、无源医疗器械、生物相容性、电磁兼容、制药机械等专业领域。

科研成果

2018 年，天津市医疗器械质量监督检验中心积极申报国家“十三五”重点研发计划课题，成功参与申报国家局医疗器械技术审评中心、上海九院、武汉同济大学附属医院牵头的三项课题。完成“无菌医疗器械产品过程控制——灭菌确认的方法学研究”（2016 – W26），为天津市医疗器械生产企业提供灭菌过程确认相关参数的技术指导，为规范和解决目前企业对灭菌过程确认验证的缺失或不完善，提供了验证相关参数的技术支持。完成“体外细胞毒性和内毒素在纳米材料评价中的应用研究”（2016－W27），为天津纳米材料医疗器械的生产和监管提供了技术保障，促进医疗器械新材料的发展。参与企业的“肿瘤标志物全自动化学发光免疫检测仪及配套试剂的研发与产业化”科研课题，以第二完成单位获得天津科技进步三等奖一项。

河北省药品检验研究院

概　况

2018年，河北省药品检验研究院在河北省药品监督管理局的领导下，在中国食品药品检定研究院的有力指导下，本着“公平公正立院、科学管理建院、人才创新兴院”的理念，以十九大精神和习近平新时代中国特色社会主义思想为精神指导，以做好自身能力提升和强化检验系统指导为重点，圆满完成了年度工作任务，为行政监管提供了技术支撑，为保障人民群众饮食用药安全做出贡献。

检验工作

2018年，河北省药品检验研究院完成各类检验任务6674批次，其中监督检验2271批，应急检验60批，注册检验1517批，委托检验10批，合同检验2359批、复检9批、认证及能力考核448批。

2018年，河北省药品检验研究院按时完成了772批次的国家评价性抽样任务和4个品种的专项检验任务。其中，2个品种参加了“2018年国家药品抽验品种质量分析报告现场交流评议会”。

科研能力

2018年，河北省药品检验研究院除承担了4个品种的仿制药一致性评价任务外，先后为省内外十余家大型制药企业10多个品种提供了“一致性评价”技术服务。10月份，我院又作为全国7个省级药检机构之一，承担了“国家重大专项子课题——仿制药溶出曲线参比制剂库项目”4个品种（中苯磺酸氨氯地平片、马来酸依那普利片、盐酸克林霉素胶囊、阿莫西林卡拉维酸钾片）的课题任务。

2018年，河北省药品检验院开展了多项技术研究和能力建设。年初，联合中国药科大学、河北科技大学申报了国家局“中药监管综合性重点实验室”；起草完成了含阿胶、三七、人参类等9个品种的补充检验方法上报国家局；10月份，承担了“国家重大专项子课题－仿制药溶出曲线参比制剂库项目”4个品种；12月份完成了《河北省中药材标准》正式版的印刷。2019年1月6日，河北省人民政府下发《关于2018年度河北省科学技术奖励的决定》（冀政字〔2019〕2号）文件，河北省药检院申报的“中成药质量创新关键技术研究与应用”获省级科技进步一等奖；“化学感冒药的质量研究”获省级科技进步三等奖。先后8名同志获批河北省三三三人才三层次人选；14项国内外能力验证（国际能力验证5项）均为满意结果。

能力建设

2018年，河北省药品检验研究院多次实地对新址中部分实验室家具、通风管路、水电布局等细节与设计公司、施工单位进行了交流，对内部图纸进行了反复确认，同时，根据生物安全实验室及GLP实验室的要求完成了洁净实验室的现场测量，并购置了相关仪器设备等，确保了新址的建设进度。

9月1日，河北省药品检验研究院上线完成了“实验室信息管理系统”（简称：LIMS系统）的建设。同时，按照“全省一体化”的进度要求，11月底前完成了11个地市的互通互联工作。通过LIMS的应用，将提高河北省各级药品检验机构业务管理的规范化水平，实现仪器检测数据的自动采集、检验结果的自动计算与判定、检验原始记录及报告的自动合成，大幅提升检验人员的工作效率。

2018 年，按照《河北省食品药品安全“十三五”规划》（组织全省药品检验机构完成 20 个品种的探索性课题研究）的要求。省药检院结合上年度“省评”工作，筛选出了中药品种 5 个，化药品种 6 个继续开展了 2018 年度“省评”工作，并圆满完成。

河北省药品检验研究院连续八年开展全省药品检验实验室比对工作。2018 年度共有 13 个药检机构和 247 个药品生产企业参加，与同期相比增加了 25 家，其中有 29 家结果为不满意，与去年相比，不满意结果呈下降趋势。同时，还首次并免费开展了保健食品和化妆品实验室比对工作，其中保健食品生产企业 21 家，有 2 家结果为不满意；化妆品生产企业 23 家，有 6 家结果为不满意。

8 月 28 至 30 日，河北省药品监督管理局、河北省药品检验研究院联合在石家庄市举办全省《药品标准发展与规范执行》专题培训，本次培训邀请胡昌勤、季申、张启明等资深国家药典委员会委员，给大家介绍了“中药安全性控制及对策”“药品质量标准与杂质谱分析”等检验新技术、新进展。培训班还特别邀请河北医科大学第三医院张英泽院士为大家进行“创新的十大关系”专题讲座。各市检验机构共计 150 余人参加了培训。

重要活动会议

4 月 4 日，河北省药品检验院召开全省药品检验系统年度工作会。省药品监督管理局王金龙副局长出席会议并作重要讲话，省院全体班子成员及各处室负责人、各市所（中心）负责人、主管药品检验工作副所长及业办主任，共计 60 余人参加了会议。

12 月 11 日，国家局陈时飞副局长一行 7 人莅临河北省药品检验院指导调研。省药品监督管理局许彦增局长、王金龙副局长陪同调研。陈时飞副局长一行认真听取河北省药品检验院杜增辉院长就省院的党风廉政建设工作、药检机构基本情况、近两年的重点工作及意见建议的工作汇报。并深入实验室，详细了解检验工作的开展及检验仪器设备的使用等情况，现场听取各检验处室负责人及检验人员的工作汇报。陈时飞副局长对省药检院近期完成的工作和意见建议给予充分肯定，并对今后的各项工作提出宝贵的建议。

党风廉政

2018 年，河北省药品检验研究院为进一步做好廉政风险隐患及风险防控工作，我院按照工作实际将重点领域、重要岗位进行梳理，梳理出了检验报告、检验数据、试剂采购等 15 个风险点，并制定了《河北省药品检验研究院全力运行监督管理系统》。同时开展了“高危”岗位要定期轮岗；检验人员取得上岗证时要签订承诺书等工作。

一年来，河北省药品检验研究院组织收看了“十三届全国人大一次会议开幕式”，“庆祝改革开放 40 周年大会”，《厉害了，我的国》电影。开展了庆祝建党 97 周年系列活动；邀请河北省委党校教授讲授《不忘初心，牢记使命》专题党课；组织党员到康保县罗明沟村开展送医、送药、送温暖主题党日活动等。通过这些活动使广大党员干部受到了政治思想和爱国主义教育，进一步增强了干部职工的“四个意识”。

河北省医疗器械与药品包装材料检验研究院

概　况

根据中共河北省委机构编制委员会办公室《关于河北省食品药品监督》（冀机编办〔2019〕29 号），将原省河北食品药品监督管理局所属河北省医疗器械与药品包装材料检验研究院（河北省医疗器械技术审评中心）整建制划入河北省药品监督管理局，为河北省药品监督管理局所属相当处级事业单位，分类类别仍为公益一类。

2018年，河北省医疗器械与药品包装材料检验研究院以习近平新时代中国特色社会主义思想为指导，深入学习贯彻党的十九大、十九届二中、三中全会精神，贯彻落实全省食品药品监督管理暨党风廉政建设工作会议安排部署，围绕着全年工作目标任务，落实各项工作措施，有效地推动了各项工作的开展。完成了省医疗器械监督检验、省药品包装材料监督检验、国家医疗器械监督检验、国家药品包装材料监督抽样和器械包材的注册委托检验、医疗器械技术审评工作任务。积极推动科研创新平台建设，科研工作取得新成效；实施医疗器械检验能力提升活动，改善实验室装备条件，检验检测能力进一步提升；开展"双创双服"活动提升服务效率和质量；加强检验队伍专业化建设，检验队伍专业化水平有效提高；加强党风廉政建设，转变工作作风等，为医疗器械与药品包装材料的监管，促进全省医疗期器械、药包材产业的健康发展，发挥了有效的技术支撑作用。

检验检测

完成原河北省食品药品监督管理局下达的医疗器械、药品包装材料监督抽验703批次检验任务，其中医疗器械500批次，合格469批，总合格率为93.8%，不合格31批，不合格率6.2%，总合格率比去年降低0.5个百分点；药品包装材料203批次，合格200批，不合格3批，合格率98.52%，合格率与去年相比基本持平，医疗器械、药品包装材料产品整体质量稳定。完成52批次国家医疗器械（阴道扩张器、胎儿监护仪）监督检验任务；完成河北省食品药品监督管理局委托的国家药包材19批次抽样任务；完成医疗器械、药包材注册、委托检验1648批次，同比增长39.42%，其中医疗器械812批次，药包材872批次。出具各类检验报告2148份。

技术审评

医疗器械技术审评共接受二类医疗器械产品注册申报材料525件，完成审评任务483件，其中首次注册243件、注册事项变更122件、延续注册76件。完成了国家局医疗器械技术审评中心下达的《肢体加压理疗设备注册审评指导原则》的起草任务；申报了2019年度国家二类医疗器械注册技术审评指导原则项目。开发试运行了"医疗器械技术审评系统"，为审评的信息化、规范化建设奠定了基础。

科　研

申报了"河北省医疗器械检验与安全性评价"重点实验室，并获得河北省科技厅的批准；承担了中国材料与试验团体标准委员会医疗器械用高分子材料技术委员会秘书处工作；完成国家药包材《双向拉伸聚丙烯聚酯/铝/低密度聚乙烯药品包装用复合膜、袋》标准的起草；承担了"植入医疗器械高分子材料浸提液中有害物资的测定"等10余项河北省地方系列标准的起草任务；开展了疾病标志物筛查研究，并研发了体外诊断产品，申报了三项国家发明专利；申报了河北省自然科学基金科研项目；与企业合作申报了"S100蛋白检测试剂盒"国家局行业标准；"直接接触药品的包装材料质量控制技术研究及标准化"项目获河北省技术进步三等奖。

能力建设

开展了能力提升活动，新增医疗器械66个产品和12个项目参数的检验能力，通过专家评审取得了检验能力资质认定。完成了200万元检验机构能力提升项目仪器设备的招标采购工作，购置的仪器设备15个品种，19台套；筹措资金70万元采购小型仪器设备36件。

党风廉政建设

在落实党风廉政责任制的基础上，修订完善了权力运行控制系统；针对检验业务、医疗器械技术审评、招标采购、财务等方面的18个廉政风险点，落实党风廉政建设各项规章制度；开展作风纪律整顿，分析和查找在思想观念、工作作风等方面存在的突出问题，列出了问题清单，逐一明确了整改措施及目标。开展警示教育，组织单位廉政风险点较高岗位干部职工，赴石家庄市第二看守所开展廉政警示教育；与石家庄市中级人民法院、石家庄监狱、石家庄市第二看守所等7家单位组成了“红纽带”党建联合体，发挥优势互补，联合推动公安、司法、科技、金融、公共服务监督等领域的党风廉政建设和反腐败工作；结合顾客满意度调查，向客户发放《党风廉政建设问卷调查》，征求顾客对单位党风廉政方面的意见和建议，针对顾客反馈的问题制定落实相关整改措施。

山西省食品药品检验所

概　况

2018年，山西省食品药品检验所贯彻落实国家局、山西省药品监督管理局的决策部署，紧紧抓住检验检测工作成效、能力建设、整体管理、作风建设四个关键，全所干部职工凝心聚力，各项工作稳步推进，扎实落实，为确保公众饮食用药安全提供了强有力的技术支撑。

检验工作

2018年完成各类检验并发出报告8964批次，其中各类监督抽检任务7079批，是2017年的1.77倍。一是国家药品抽检。完成163个品种973批次抽样任务，接到并完成898批次检验任务，检出4个品种57批次样品不符合规定，发现重大风险质量问题3个，均及时上报原国家食品药品监督管理总局和中检院。4个品种进入现场评议。二是国家及省食品安全监督抽检。完成8大类43个品种3284批次抽检任务，完成率100%。检出不合格及问题样品103批。三是全省药品监督抽验。完成全省中药注射液、中药饮片、质量跟踪、药包材及辅料以及广告等5个专项600批次及太原、长治监督抽检1154批次，检出不合格样品16批次。四是国家及省局保健食品监督抽验。完成省局和各市局送样501批次，检出不合格样品21批次；承检2018年国家食品和保健食品专项任务20批次，全部合格。五是国家及省局化妆品监督抽检。完成省局和各市局送样622批次，其中国抽500批，省抽122批，检出不合格及问题样品33批次。除监督抽检外，2018年接到各级食药监及公安部门案件检品送样284批，其中不合格或存在问题样品242批，占比85.2%；完成注册检验和委托检验2045批。

能力建设

一是标准制定能力持续提升。制定的少腹逐瘀丸、腰痛片2个品种非法添加、染色检查的补充检验方法获批执行；新建立的“薄荷（饮片）中留兰香类特征成分香芹酮检查”“保健食品中4种新型那非类物质检测”2个补充检验方法已上报有关部门审批；国家食品补充检验方法立项项目“豆制品中碱性嫩黄的测定”的起草工作进入资料汇总整理阶段；承担完成中检院、山东院、四川院、浙江院和陕西院等5个补充检验方法的验证工作。二是未知物鉴定手段持续深入。在保健食品或宣称具备一定功能的食品检测时，发现2种新型非法添加物质，以及检测出与宣称功能无关的药品成分；在公安提供的未知物鉴定中，综合各种分析手段和现象，实现对未知成分准确定性。三是顶层工作参与度持续增强。取得国家特殊食品评价验证机构资质，是山西省唯一一家机构；参与国家“十三五”“食品微生物检验相关参考物质体系研究及评价”、国家食品微生物监管溯源网络平台、中药数字标本平台建设和“食品安全风险筛查平台”的协作实验；参与中检院组织的《中国药品检验标准操作规范》编修工作；顺利完成中检院牵头的《中药成方制剂显微鉴别图典》、《实用中药材传统鉴别手册》中薄荷、麝香、山慈菇、山羊角等11个品种的研究起草工作；作为编写单位之一，承担了“三品一械技术系列丛书食品分册”中11个品种的编写任务。四是仿制药一致性评价工作取得进展。除做好辖区内生产企业评价工作的技术指导外，还承接了9个品种12个规格的复核工作，包括部分外省企业，2018年底复核工作全部完成。五是完成31个药材饮片地方标准技术审核、定稿工作，出版了《山西省中药材中药饮片标准》第一册。申报发明专利7项，1项成果获批发明专利。六是积极参加能力验证。连续5年参加能力验证结果满意率100%，是受到表彰5家单位之一。全年检验报告结论无误，化妆品、食品接受复检5批，全部维持原结论，复检受理其他承检机构化妆品7批次，结论无误。七是再次启动技术能力扩项工作。在已有9类1163项参数的基础上，准备扩展食品、保健食品及化妆品185项。

支撑作用

一是为药品监管部门和公安系统的案件办理提供强有力的技术支撑。在152批次保健食品及宣称具一定功能的食品的案件检验中，检出阳性样品142批次，发现新型非法添加物质和与功能无关的非目标物，如抗疲劳样品中发现双氯芬酸钠、减肥样品中发现比沙可啶等；为太原市食药局重大假劣药品案件32批和晋中市制售假劣医疗器械透明质酸钠案件样品57批次准确定性和处置发挥重要作用。二是承担了省食药局快检设备验证盲样制备，为该项目的顺利完成提供了技术保证。三是先后派出26名专家78次参加国家局、省局、计量认证中心组织的注册核查、生产企业认证、技术审评等专项检查和授课，发挥了良好的技术支撑作用。四是“山西省中药材资源共享服务平台”经过两年的建设，累积中药材实物标本、数字标本上千条，将融入省科技厅资源平台数据库。五是多次派出专家为省公安部门、农业部门以及食药监部门的监管和技术人员授课，讲解食品、药品抽样、检验及案件鉴定以及检验机构管理方面的知识。六是为本省市县两级检验机构、生产企业以及大专院校培训人员152人次。

培训交流工作

一是为适应当前食品药品检验发展趋势，特邀国家认可委员会专家就新旧认可准则的差异及新版体系文件的建立、修订、实施等进行讲解。二是积极参与中检院和各省级所组织的培训交流、实地调研64次，共计135人次。三是邀请本所技术带头人及仪器公司工程师，开展以基本技能、基本知识学习为主的“宣贯大课堂”6次，共计500余人次。四是组织两次共150余人参加的实验室安全知识讲座。五是组织了大学生开放日活动。

2018年底，山西省食品药品检验所整体搬迁正式启动，由原“太原市桃园南路12号”搬迁至“太原市龙城大街85号”。

内蒙古自治区食品检验检测中心

概　况

2016年，内蒙古自治区党委、政府以“高起点规划、高标准建设、高质量达标”为指导思想，整合自治区和呼和浩特市两级食品检验检测资源，成立了自治区食品检验检测中心，性质为公益一类事业单位。自治区食品检验检测中心、呼和浩特市食品检验所与呼和浩特市农畜产品质量安全检验检测中心分别挂牌，人事各自独立，业务统一管理。

中心位于呼和浩特市如意开发区留学生创业园区B座，建筑面积共10000平方米，拥有约6700万元设备资产。中心核定事业编制27名，目前共有职工54名。其中，博士研究生2名，硕士研究生16名，专业技术人员占比超过85%。中心内设科室办公室、业务科、质保科、检验科、科研管理科5个科室。主要职能是食品检验检测、科学研究和风险预警。

检验检测

2018年，中心开展竞争上岗和双向选择，按需优化人员结构。加强专业技术人员培训工作，共外出参加大型仪器设备技术培训82人次，内部培训251人次，提高了实验人员在仪器原理、使用操作、数据处理、维护保养等方面的技能。同时开展科研采样方法实操培训3次，夯实了科研基础，培养科研有生力量。2018年承担中央转移支付检验任务，完成检验5175批次，不合格及问题样品检出率为4.95%。此外，承担呼和浩特市食品安全监督抽检228批次，呼和浩特市农畜产品质量安全检验检测中心委托检验1368批次。配合区局开展对承检机构的考核、食品快检产品评价等相关技术支撑工作。

能力建设

中心成立以来组织制定了1部质量手册、43个程序文件、91个操作规程和规范，出台了70个关于考勤、采买、财务、安全等方面的管理制度并颁布实施。第二版体系文件正在修改中，于2019年5月份正式运行。2018年参加12项能力验证，目前收到9项反馈，结果均为满意。2019年扩项后，除保健食品中非法添加外，对其余抽检任务项目已基本具备检验能力。

科　研

以党性立心，以科研立业，促进了科研工作的创新突破和圆满完成。积极引导高校和食品企业及其他检验机构有序参与中心的技术服务和科研合作。2018年，科研团队完成了察哈尔羊肉、乌珠穆沁羊肉、西旗羊肉、苏尼特羊肉四个地方标准的制修订工作；完成了2016年度科技引领项目农药残留和重金属的检测工作；《内蒙古地理标志羊肉基因特征及数据库建立的研究》获得自治区2018年科技创新引导项目130万元财政支持；科研团队获自治区第八届“草原英才”创新创业团队称号，获资助资金30万元；在国内外学术刊物上发表专业论文5篇，参与出版专著一部。中心入选国家科技部科研统计调查单位名录。

辽宁省食品检验检测院

概　况

2018年，辽宁省食品检验检测院在省检验检测认证中心和省局党组的正确领导下，紧紧围绕国家局、省局、中心及中检院的各项决策部署，以全省食品安全监管工作重点和全省事业单位改革工作重点，坚持“稳中求进”的工作总基调，以党建工作为统领，以业务建设为中心，不断夯实基础、开拓创新，扎实开展检验业务工作，全力规范质量管理，逐步提升能力水平，切实加强党风廉政和干部队伍建设。一年来，在全院职工的共同努力下，各项工作成效显著，为全省食品安全监管提供了有力的技术支撑。

检验检测

2018年，完成食品各类检验任务4669批次，包括国抽2187批次、省抽1390批次、市抽1021批次和各类委托检验71批次，涉及粮食加工品、食用农产品等25大类食品，过氧化值、铅等近百项检验指标，累计检出不合格/问题样品174批次（不合格/问题率为3.73%），其中，国抽检出不合格/问题样品96批次（不合格/问题率为4.39%），省抽检出不合格/问题样品18批次（不合格/问题率为1.29%），市抽检出不合格57批次（不合格率为5.58%），各类委托检验检出不合格样品3批次（不合格率为4.23%）。

能力验证

现有体系文件706个（质量手册53个、程序文件36个、管理规程32个、操作规程196个、记录表格389个）。此外，为全面规范检验行为，每年制定并组织实施各类质量管理计划，强化人员监督和质量控制，组织开展年度管理评审、监督抽检质量专项检查和内审等活动，不断改进工作规程，确保体系运行高效有序。2018年，共制定32项内部质控计划和49项质量监督计划。实施14次涉及24项的检验项目能力验证和测量审核计划，目前，已反馈14项，其中11项为满意结果，3项不满意项目已启动整改。

科　研

2018年新获批《食品安全快速检测产品及设备的综合评价方法研究》等3个“辽宁省自然科学基金”指导计划项目，组织发表学术论文11篇。全院共有立项课题22项（在研课题4项），发表论文52篇。此外，获得科技成果评价1项，积极参与国家“十三五”规划内容重大专项课题子课题“散装即食食品微生物限量标准”的研究工作。主持蜂蜜和茶叶中吡咯里西啶类物质检测食品补充检验方法研究。参与了食品安全国家标准——食品中合成着色剂的测定和L－抗坏血酸含量的测定等2项标准方法的验证工作；参与了茶叶中美术绿的测定等5项食品补充检验方法的验证工作。先后参与了中国食品药品检定研究院食品中四项致病菌一项卫生指标菌、化妆品中两项致病菌共90个质控样的定值研究工作。完成沈阳市科技计划项目《基于液相色谱－串联质谱技术测定食品中多种杀菌剂残留量新方法的建立与应用研究》方法验证工作。

党风廉政建设

院党委认真贯彻落实习近平新时代中国特色社会主义思想和党的十九大精神，按照省委省政府和中心党组各项工作部署要求，以“服务中心、建设队伍”为目标，以“围绕发展抓党建，抓好党建促发展”为基本纲领，以党的政治建设为统领，以有效推进作风转变为着力点，紧贴食品检验检测工作特点，坚定不移推进全面从严治党，努力提升政治建设、思想建设、作风建设和廉政建设，扎实推进“两学一做”学习教育常态化、制度化，严格落实各项组织生活制度，深入开展规范化建设，切实做好群团建设和统战工作，较好地完成了全年各项党建任务，为我院的稳定、团结及业务发展提供了必要的政策指引和思想保障。

吉林省医疗器械检验所

概　况

吉林省医疗器械检验所于2000年正式成立。2003年9月，加挂“吉林省医药医疗器械洁净环境监测中心”牌子，2006年12月，加挂“吉林省医疗器械质量认证中心”牌子。主要职能是承担医疗器械注册检验、委托检验、国家及省级监督抽验，为吉林省药品监督管理局监管提供技术支撑。洁净环境监测中心负责洁净环境场所的环境监测工作。

吉林省医疗器械检验所实验室面积3000平方米，仪器设备702台（套）。编制34人。在岗50人中，正高级职称7人，副高级工程师10人，副研究员1人，中级职称人员8人；博士学历1人，硕士学历11人，本科学历33人。

所内设5个检验科室，分别为化学检验室、医用电气检验室、生物检验室、物理检验室、洁净环境监测室。可开展化学成分分析性能检验、体外诊断试剂等检验；生物学评价试验；有源医疗器械性能及安全试验；防护服、防护口罩、手术服、手术单性能指标检测；药品、医疗器械、药品包装材料、保健食品、化妆品、食品饮料等生产企业以及医疗机构制剂室等领域洁净环境场所的环境监测工作等。

检验检测

吉林省医疗器械检验所圆满完成了2018年检验工作任务。按时保质完成国抽2个品种（血液透析浓缩物、无菌阴道扩张器）共62批次样品的检验工作；完成省抽18个品种445批次样品的检验工作。2018年，共完成检验检测相关任务739批，其中临床诊断试剂盒产品占比较大，全所加班加点赶进度，圆满完成全年任务。

2018年，参加中检院能力验证活动，接地阻抗测定及血清中钾离子测定项目均获“满意”结果。3篇国抽质量评估报告获奖，其中，神经和肌肉刺激器质量评估报告获一等奖；医用超声雾化器、一次性使用无菌阴道扩张器质量评估报告获二等奖。顺利通过CNAS现场评审，并在质量体系有效运行方面获得较高评价。

能力建设

2018年，吉林省医疗器械检验所在吉林省药品监督管理局的领导下，着力抓好检验工作重点环节，多措并举促能力提升，以更好地服务监管大局。

吉林省医疗器械检验所重点强化实验环境的改善和检验能力提升，完成动物实验室改址建设（面积525m^2）以及恒温恒湿实验室建设（52m^2）。年内新添置各类仪器设备63台（套），扩展包括隐形眼镜在内的多个项目检验能力。派员开展电磁兼容专项学习，以破解吉林省电磁兼容项目检验难题。目前，已获CMA资质认定项目604项、CNAS认可项目461项。

2018年，吉林省医疗器械检验所紧跟吉林省药品监督管理局步伐，扎实推进“放管服”改革，开通了“网上预受理平台”，实现资料网上文审，让企业少“跑腿”。

黑龙江省食品药品检验检测所

概　况

2018年，黑龙江省食品药品检验检测所结合检验中心工作实际，充分发挥党组织的政治核心作用，坚持以药品检验工作为中心，以促进检测所改革发展为根本，着力解决制约我所发展的问题，努力推动业务能力建设、队伍建设、制度建设和文化建设的全面发展。进一步加强检验受理的管理工作。根据省委省政府、省局文件和所领导的要求，我所为落实“四零”承诺服务的相关要求，业务受理大厅前台更新了办事指示牌，一体化设置了满意度即时电子评价系统，同时提供并落实了申请检验合同范本。通过进一步完善“业务受理工作行为规范”，方便了外来人员办公的同时约束了办事人员的工作行为，提高了工作的自律性和办事效率。

检验检测

2018年，黑龙江省食品药品检验检测所截至11月28日，共受理7886批，检验完成7494批。

按业务类别分，药品检验工作共受理4553批，检验完成4161批。其中监督抽样受理3478批，检验完成3235批；注册检验受理445批，检验完成412批；合同检验受理444批，检验完成361批；进口药材检验受理30批，检验完成26批；其他类检验（认证认可及能力验证等）受理513批，检验完成484批。食品检验工作除认证认可检验（357项）外，共受理检品2046批，已全部完成检验。化妆品检验工作国抽化妆品监督抽检500批，省抽化妆品监督抽检150批。保健食品检验工作国抽保健食品监督抽检50批，省抽保健食品监督抽检50批，另完成保健食品监督办案24批，保健食品复核检验1批，日常监督抽检24批，认证认可及能力考核检验5批。医疗器械检验工作共收样326批，完成检验232批。其中省抽验收样78批，完成检验5批。医疗器械注册检验121批，完成104批。委托检验16批，完成16批。认证认可及能力考核等其他检验111批，完成107批。

能力验证

积极参加能力验证及盲样考核。参加中国食品药品检定研究院组织实施的能力验证“化妆品中防晒剂的测定”，结果为满意。

作为组织者共同合作参与中检院2018年能力验证工作，承担《乳制品中的三聚氰胺》能力验证项目，并在中检院能力验证平台向全国检验机构发布实施。现已进入到能力验证分析报告的撰写阶段。

完成中检院巧克力中沙门菌检验、乳粉中金黄色葡萄球菌（定量）检验、食品单核细胞增生李斯特菌检验、化妆品金黄色葡萄球菌检验、化妆品铜绿假单胞菌检验、化妆品耐热大肠菌群检验、抗生素HPLC含量测定、化妆品菌落总数计数能力验证8项。其中巧克力中沙门菌检验结果为满意，其他能力验证均已完成上报，结果未反馈。

参加了中检院组织的能力验证比对项目“金银花中镉元素残留量测定”，结果为满意，参加了“川贝母PCR－RFLP鉴别检验能力验证项目”测量审核，结果为通过测量审核。

参加原国家食品药品监督管理总局组织的能力验证项目“豆粉中大豆转基因成分测定”，获得满意结果。

2018年4月，完成东大直街检验区实验大楼实验设施和设备的安装、调试及竣工验收工作，实验室搬迁完毕后，对1591项食品检验参数进行地点变更的资质认定工作，其中318项检验参数进行现场实验。目前实验室运转正常。

扩项评审。2018年8月，对43项药包材、34项药用辅料的检验参数进行资质认定工作，其中5项检验参数进行现场实验。

科　研

承担国家药典委员会标准提高及标准复核工作。完成药品质量标准提高任务40项、完成标准复核工作27项。

协助中检院开展番茄红素原料及保健食品质量标准验证工作，现已完成。

与中检院合作承担了国家科技重大专项－重大新药创制“药物一致性评价关键技术与标准研究”的课题，课题经费已下达，目前品种筛选中。

参加了由中检院为牵头单位的“2018年药品医疗器械审评审批制度改革有关研究子课题六ZG2018－6－02”“部分药包材中砷、锑、铅、镉浸出量测定法”研究。

承担的国家药典委员会项目“中药材和饮片中重金属及有害元素限量标准研究”，对20种根和根茎类药材的重金属及有害元素残留量检测并给予客观的评价。2017～2018年度20个品种共477批次的样品测定已基本完成，涵盖不同产地、野生或种植品种，生产及流通渠道。已上报年度总结报告。

结合国家药品抽验工作，由我所起草的“宫炎康颗粒中金胺O检查项补充检验方法”“小儿化毒散（胶囊）中松香酸检查项补充检验方法”由原国家食品药品监督管理总局发布。

编制并出版《黑龙江省药品微生物检验》《药品检验领域测量不确定度评估指南及实例》。

完成原国家食品药品监督管理总局组织的食品补充检验方法“蜂蜜中雷公藤甲素、雷公藤乙素的测定液相色谱－质谱/质谱检测”的方法验证工作。

牵头开展原国家食品药品监督管理总局组织的食品补充检验方法“甘蔗中3－硝基丙酸残留量的测定液相色谱－串联质谱法”标准起草工作，现已完成标准初稿并发送验证机构进行验证。

承担国家重点研发计划，子课题：基于联动和快速响应的食品安全分析与预警关键技术，建立跨部门、跨区域的食品安全事故协查平台。平台前期考察已经完成，各模块内容已经确定，风险等级标准已经确定，协查平台已初步搭建完成。

党风廉政建设

开展党风廉政建设教育活动，牢固构筑拒腐防变的思想道德底线。5 月，组织全所召开党风廉政建设工作专题会议；6 月，积极践行党建提升工程方案内容；7 月初，召开专题会议研究部署 2018 年下半年党建重点工作；7 月中旬，组织全体中层干部召开作风整顿专项整治会；7 月末，举办“不忘初心跟党走、牢记使命有作为”主题征文活动；8 月，所领导班子组织全体检验人员举行重温检验誓言主题仪式。

上海市食品药品检验所

概　况

上海市食品药品检验所党委书记杨全，所长王彦，内设 16 个科室（中心），其中职能科室 9 个：办公室、党办（监查室）、组织人事科、质量管理科、财务科、业务科、信息中心，总务科、基建办。检验科室 7 个：中药天然药物室/保健食品室、化学药品室、抗生素室/微生物室、药理毒理室/药物安全评价中心、生化药品生物制品室/放射性药品室、外高桥实验室、食品室/化妆品室。现有人员编制 245 名。目前承担检验工作有进口药品口岸检验、生物制品批签发、药品注册检验、药品国抽和评价性抽验、食品国抽和风险监测、市局的药品、化妆品和食品（保健食品）的监督、专项和风险监测检验。

检验检测

全年完成业务量为 56173 件，其中进口药品 27383、药品抽验 5803 件、药品委托 4484 件、批签发 1961 件、药品注册 492 件、食品（保健食品）抽验 7598 件、食品（保健食品）委托 721 件、化妆品许可（备案）2617 件、化妆品抽验 2830 件、化妆品委托 247 件、药品标准工作 285 件、研究所 1752 件。

继续为政府“带量采购”计划提供技术支撑，完成四个品种 102 件样品的近红外光谱采集及模型初步建立工作，共采集光谱 2628 张，建立了 22 个一致性检验模型。在国家药品评价性抽验工作中取得较好成绩，承担的 5 个品种，经盲审入围 4 个。现场评议共 61 个品种，其中“盐酸伐昔洛韦”“注射用胸腺法新”和“利福昔明”分别获得相应专业组的第三、第四和第五名。

应急检测

始终把服务监管、保障民生放在首位。在“8·8”生产销售阿胶假药案破获中发挥关键作用，受到原国家食品药品监督管理总局表彰。冬令专项中把好中药饮片质量和安全关，有效发现区域性、系统性潜在风险。在“10·19”特大网络制售有毒有害降糖类保健食品案中，为破获案件提供了快速准确的检测报告。在批签发“铝离子应急检验”、未知成分确证案件、共线包装产品药物残留案件中为监管提供坚实有力的技术支撑。高效应对涉嫌假冒进口非特化妆品“科颜氏”案及多起京沪两地监管部门督办的假药案等。长春长生疫苗事件爆发后，完成对上海所授权承担的流感疫苗批签发的全面自查，并先后派出 GMP 检查员和专业技术人员 5 批共 19 人次，协助市局赴疫苗生产和高风险品种生产企业开展全覆盖检查，排查生产环节中存在的质量风险和安全隐患。

能力建设

面对新形势，顺势而为，主动作为，一是瞄准国际领先水平，打造特色技术平台：上海所系除中检院外第一家具有单抗检验检测资质的省级药检所，本着全力打造单抗药物质量控制重点实验室的目标，目前已针对单抗药物的关键质量属性，搭建了单抗药物的各类检测平台。今年，又通过与美国百时美施贵宝公司和安进公司的合作，完成了尼鲁单抗和依洛尤单抗检测能力的建立，首次成功搭建了 PD1 单抗的检测平台。同时，不断提升中药、保健食品安全有效的方法研究：创新发展了中药蛋白基础研究新平台，提升了700余种农残、42种元素、60余种真菌毒素、1000余种非法添加成分、85种色素的检测技术。开拓新的国际交流合作平台：用国际通行规则引领中药新技术发展。加盟欧亚精英实验室平台，助推中药事业现代化国际化，参与 USP 标准审定、ISO 标准申报工作，不断提升我国对国际标准制订的话语权。二是食品微生物领域不断取得技术新突破，PCR 项目首次通过 CMA 认可，为肉制品掺假、打假提供技术支撑。跻身国家食品微生物致病菌溯源技术开发和溯源网络建设核心研发团队。三是顺利实施能力验证提供者项目（PTP）。四是对标国际最高标准，申请 WHO 的 PQ 项目，覆盖化学和微生物两个领域，这也是我国在这两大领域的首次申请。

科　研

一是多领域标准起草工作取得全面突破。国家药品标准研究任务量在省级药检机构中名列前茅：承担药典起草9个品种；标准提高复核33个品种；药典方法专项4个；承担美国 FDA 食品安全与应用营养研究中心“农药残留筛查”AOAC 方法国际协同验证工作；获批成为国家卫健委食品安全国家标准协作组成员，首次承担食品安全国家标准的制定；负责化妆品国家标准制定2项。二是成功立项省部级及以上科研课题20余项，获科研经费支持近1000万元。三是在国家药学会、行业协会等举办的高水平学术会议中，42人次在多专业领域获奖。四是服务科创中心建设，签订技术转让合同23项，成果转化服务本市及全国20余家企业。

首届进口博览会食品药品安全保障工作

作为今年工作的重中之重，全所动员，制定工作预案，全程参与进博会食品药品安全保障，科学配置最优资源，开通“绿色检验”通道，做到样品随到随检，以最快速度出具检验报告。组建由副所长带队的10人保障组驻进博园区，与张江本部相互依托，联动作战。实行领导和有关人员全天候24小时值班制度，节假日无休，20天内共完成快检样品2394批次。配合市局和市检测中心完成全市范围的检测技能竞赛。多措并举，进博会保障任务完美收官。

上海市医疗器械检测所

概　况

2018年上海市医疗器械检测所推进落实和贯彻市委、市政府，原国家食品药品监督管理总局及上海市食品药品监督管理局的总体部署，坚持稳中求进的监管工作总基调，在服务先进制造、鼓励医疗创新上有新作为，重点在能力建设、人才培养、检验检测、技术服务、业务开拓、科研创新等方面为抓手，健全和完善高效的检验检测体系，增强核心竞争力，为政府监管及产业创新发展提供技术支撑。

检验检测

2018年，上海市医疗器械检测所共受理外委托检验任务6280批次，共完成检验任务5316批次。

2018年，上海市医疗器械检测所完成国家监督抽验任务。根据原国家食品药品监督管理总局的工作布置，我所承担了血压计、气压止血带、外科缝线、血液透析设备、金属接骨螺钉等12个品种的检测任务，共计344批次，检验任务已按时完成。合格率为88.7%。完成上海市监督抽验检验任务412批次。

2018 年，上海市医疗器械检测所积极开展在用医疗器械检测。按照市局部署，积极开展大型设备在用质量检查评价工作。涉及大型设备（CT、MRI）共 69 台，目前已完成 57 台，急救类设备（呼吸机、麻醉机、监护仪）共 60 台，已全部完成。

2018 年，上海市医疗器械检测所完成进口医疗器械商检工作。全年已完成商品进口检测共计 541 批次，涉及病人监护仪、呼吸机、麻醉系统、手术显微镜等，合格率为 89.65%。

2018 年，上海市医疗器械检测所建立创新产品检测绿色通道。已有 6 家公司 10 例创新产品及 10 家公司 19 个注册人制度产品，共计 61 个检验任务经绿色通道开展检验，共完成 38 个检验任务。

标准化工作

2018 年，上海市医疗器械检测所按计划完成各项标准化工作。一是承担央补行标制修订任务 23 项，所有技委会年会暨标准审定会已召开完成；二是完成标准宣贯培训工作，共涉及标准 17 项，共计与会 300 人次；三是完成技委会换届工作，其中 TC95 已经完成了换届工作会议，TC10，TC10/SC5 换届方案已经公示，待召开换届工作会议；四是完成 ISO/IEC 国际标准草案投票和国际标准复审共 78 份。

科　研

2018 年，上海市医疗器械检测所积极开展科研项目申报工作。一是牵头申报的科技部数字诊疗装备研发专项《医学影像设备可靠性与工程化技术研究及应用》已获立项；二是完成参与科技部“主动健康和老龄化科技应对”重点专项申报；三是参与国家科技部科研课题 6 项以及上海市科委 4 项课题，目前按照计划进行中；四是积极准备上海市科委“医用电气设备通用电气安全研究技术服务平台”验收工作。

能力建设

2018 年，上海市医疗器械检测所新业务受理大厅正式启用。通过智能化系统的增配、前台咨询设立、客户临时办公区、无线上网、免费打印复印等措施，为客户提供便捷、舒适、实用的办公环境，综合提升了我所整体服务质量和窗口标准化服务水平。

2018 年，上海市医疗器械检测所根据国家医疗器械监管及产业发展需求，进一步拓展检验检测能力。经 CNAS 扩项现场评审，获得 CNAS 正式批复授权 768 项，其中新增 85 项。

2018 年，上海市医疗器械检测所积极参加国内外检测能力验证和实验室比对活动 12 项，其中能力验证 7 项，实验室间比对 5 项，涉及力学、微生物、化学领域、物理性能等领域。比对结论均为满意。

2018 年，上海市医疗器械检测所开展迁建工程建设。在市政府、市局以及相关委办局的支持下，准备立项前期工作。截至年底，我所已拟制完成《节地报告》和《项建书》，并向市发改委申请立项，待批。

2018 年，上海市医疗器械检测所推进健康医学院分部建设工作。根据合作协议建设要求，已经完成基建工程和仪器设备采购，待入住。

2018 年，上海市医疗器械检测所成立了质子/重离子工作推进小组，分别在能力建设、标准授权、团队建设等方面开展相关工作。目前，已与全球顶级放疗产品美国瓦里安医疗系统公司、合肥中科离子以及瑞典医科达公司签订检测意向协议，商定在检测、培训等方面加强合作的计划。

江苏省食品药品监督检验研究院

概　况

2018 年，江苏省食品药品监督检验研究院通过人才培养、科研创新、实验室条件完善、信息化提速、设备更新等工作，进一步提升食品药品检验技术能力，同时通过加强党风廉政建设、党组织建设与作风建设等工作，保持队伍的廉洁高效。

检验检测

2018 年，江苏省食品药品监督检验研究院共完成各类检验 11645 批次。其中，完成各类抽检、复检等 6786 批（包括药品监督及专项抽验 981 批，复检 6 批；保健食品安全风险监测及监督抽验 803 批，复检 1 批；化妆品安全风险监测 849 批，复检 5 批；食品监督抽检 2562 批，风险监测 1551 批，复检 28 批）；各类注册检验 1905 批（药品注册检验 1893 批，辅料注册检验 12 批）；进口药品抽验 542 批；各类合同检验 2037 批（药品合同检验 1504 批，辅料合同检验 7 批，咨询检验 523 批，保健食品备案检验 3 批）；委托检验 78 批；能力验证、实验室间比对、扩项模拟试验和实验室资质认定评审现场试验 297 批。

2018 年，江苏省食品药品监督检验研究院共抽取样品 2450 批次，包含食品 2075 批次，保健食品抽样 300 批次，药品 75 批次。

标准技术研究

完成国家药典委员会下达的化药、中药药品及辅料标准提高 8 个品种的起草工作和 11 个品种及 4 个方法学的复核工作。

参与完成了中检院下达的庆大霉素标准品协作标定工作。

完成上报中检院组织的《中国药品检验标准操作规范》2015 年版编修工作，起草操作规范 17 个，复核 3 个。

完成了三种补充检验方法的复核上报：绿袍散中金胺 O 检查项补充检验方法、消肿片中松香酸补充检验方法、大黄碳酸氢钠片和复方龙胆碳酸氢钠片中土大黄苷补充检验方法。

参与完成了中检院委托的国际药典编修工作（戊酸雌二醇）。

配合省局药品注册处和省局认证审评中心开展医疗机构制剂标准提高工作，参与任务书的集中审评，并承担标准审定工作。目前审定及核稿工作已全部完成。共计完成 235 个品种的标准审定及 206 个品种的质量标准核稿工作。

重要会议、活动

加强食品药品检验能力建设。食品扩项 1 大类 6 小类 39 个参数，非食品扩项 3 大类 3 小类 10 个参数，包括药品 6 个参数、化妆品 2 个参数和保健食品 2 个参数。参加国家局等单位组织的 35 项能力验证计划，覆盖所有检测领域，除 3 项结果未反馈外，32 项均为满意结果。

探索科研发展新平台与院校共建新模式。主持或参与在研国家级课题 12 项，省级课题 10 项，合作成功申报国家自然科学基金课题 2 项。建立中国药科大学硕士专业学位研究生培养示范基地，6 位专家加入南京中医药大学校外导师队伍，开设“药典通论”课程。

加大高端精密仪器设备的投入。购置核磁共振波谱仪、液质联用仪、气质联用仪、液相色谱仪、气相色谱仪、流式细胞仪、基因测序仪等设备，共计 6640 万元，为检验检测能力发展奠定重要基础。

配合省局做好江苏省疫苗技术监管工作，派出技术专家深入相关企业进行监督检查，加强风险防控。编制江苏食药检院《疫苗及生物技术药品检验能力建设规划（2019 ~ 2023 年）（草案）》，以科学规划、统一设计、资源节约、分布实施为工作方针，集中人才、技术、资金等资源，建设符合江苏省实际需要的“省控线”，确保使用者生命安全以及生物制品产业健康发展。

提升信息化工作水平。开展实验数据完整性项目，实施了安捷伦公司和岛津公司 CDS（网络版色谱数据系统）和 SDMS（科学数据管理系统）项目，以满足法规预期、确保检验数据安全性和完整性要求，为实施 LIMS、ELN 项目做好前期的实验数据准备。

江苏省食品药品监督检验研究院开展“绿色

检验助力高质量发展”专项行动，以推动各项检验工作满足环保最新要求，为工作与生活创造更健康环境，更美丽空间。

江苏省食品药品监督检验研究院第三党支部获省级机关争创“‘两聚一高’先锋行动队”荣誉称号。

1月3日上午，江苏省政府马秋林副省长一行来省食品药品监督管理局调研指导工作，实地参观了省食品药品监督检验研究院业务受理大厅、检测室、实验室等，现场召开了调研座谈会。省政府陈少军副秘书长陪同参加调研。马秋林副省长指出全省食品药品监管系统做了大量工作，取得了显著成绩，值得充分肯定。当前和今后一个阶段，要认真学习贯彻党的十九大精神，坚持以习近平新时代中国特色社会主义思想武装头脑、指导实践，全面提升食品药品安全治理现代化水平。

江苏省食品药品监督检验研究院承办第五届中国药学会药物检测质量管理学术研讨会，全国各级食品药品医疗器械检验机构、医药企业、高等院校、科研院所、医疗机构等从事食品、药物及医疗器械检测的质量管理人员共计二百余人参加会议。

7月17日下午，2018年江苏省食品安全宣传周启动仪式暨省食品药品监督检验研究院社会开放日活动在南京举行。马秋林副省长出席活动并讲话。省政府副秘书长陈少军出席活动，省食安委办公室主任、省食品药品监督管理局局长朱勤虎主持启动仪式。此次食品安全宣传周的主题为“尚德守法，食品安全让生活更美好”，活动目的就是广泛凝聚共识，动员全社会坚守法治底线和道德准则，加快推进食品安全治理现代化，让人民群众共享食品安全发展成果。

浙江省食品药品检验研究院

概　况

2018年，按照机构改革期间“思想不乱、工作不断、队伍不散、干劲不减”的要求，在浙江省药监局的正确领导下，在中国食品药品检定研究院的精心指导下，以院“十三五”能力建设为主抓手，深入实施“检验与科研”双轮驱动发展战略，以检验检测为基础，以科研创新为载体，切实履行职责，较好地完成各项目标任务。全年共完成各类检验任务25734批次，完成28类8478批次国家和省级各类监督抽检专项检验，精准服务监管。2018年10月，“主导制定载入国际药典和中国药典的系列药品标准”项目获全省首届标准创新贡献奖。2018年12月，国家药品监督管理局党组成员、副局长徐景和莅临调研指导，对检验研究工作予以充分肯定。

检验检测

2018年，浙江省食品药品检验研究院共完成药品各类检验检测18532批次，其中国内药品5588批次，进口药品11387批次，药包材1557批次。承担了国家级抽验525批次，省级监督检验489批次，省级评价检验1285批次。

2018年，浙江省食品药品检验研究院全年共完成食品各类检验检测3901批次，其中承担了食品国家抽验1678批，省级抽验1715批。

2018年，浙江省食品药品检验研究院共完成保健食品各类检验检测805批次，其中承担了国家级抽验270批，省级抽验460批次。

2018年，浙江省食品药品检验研究院共完成化妆品各类检验检测2496批次，其中承担了国家抽验450批次，省级抽验1108批次。

浙江省食品药品检验研究院深化“绿色通道”建设，增加药品上市许可持有人制度试点工作相关、仿制药一致性评价技术复核、自贸区进口的非特殊用途化妆品备案和欧美共线产品等4类加快检验。尤其在华海药业缬沙坦事件应急处置中，集中专业力量研究确定缬沙坦中基因毒性杂质亚硝基二甲胺（NDMA）的检测方法，并汇总分析浙江省主要厂家样品检验结果，为应急处置提供技术依据。受邀参与NDMA检查国标方法审评，承担全国21批缬沙坦原料药中的NDMA专项应急检验，并开展了*N*－亚硝基二乙胺（NDEA）应急检验的技术储备。

能力建设

努力克服规划调整、新旧报批规范转换等诸多困难，2018年8月，新建食品检验大楼项目初步设计获浙江省发改委批复同意。同年12月，新建食品检验大楼项目正式开工。新增食品及洁净室环境检验能力238项，全院检验能力达到1856项，顺利获批原国家总局保健食品方法验证评价技术机构资质，通过省质监局组织的能力验证技术核查。新购高效液相色谱仪、溶出仪等82台（套）仪器，价值近1000万元，进一步提升实验室装备水平。

科　研

坚持特色发展、创新发展，不断激发科研创新活力，挖掘技术特色和亮点，深入实施“检验与科研”双轮驱动发展战略，全面提升科研水平。标准制修订方面，“主导制定载入国际药典和中国药典的系列药品标准”项目获浙江省首届标准创新贡献奖，该奖项为浙江省在标准化领域的最高奖项。“浙江特色药材标准研究及应用”项目首获省科技进步二等奖。“浙江中药饮片炮制规范关键技术研究与应用”项目获省中医药科学技术一等奖。“氨基糖苷类抗生素关键质控技术及国家标准创新研究”项目获浙江省药学会科学技术奖二等奖。2018年，全院制修订酒石酸托特罗定缓释片等45个品种的药品质量标准；起草庚酸左炔诺孕酮及其制剂国际药典并上报WHO审评。WHO药品质量保证负责人Herbert Schmidt博士发来表扬信，感谢浙江省食药检院在国际药典标准起草中做出的贡献。科研项目方面，获批成为国家自然科学基金依托单位。稳步推进违禁风险物质检验技术平台建设，覆盖614种物质，有效提升筛查、确证、定量等技术能力。加快体外毒理技术研究，首次立项7个团体标准，其中3个标准已送复核，并成为全国化妆品替代毒理验证工作组成员单位。2018年以来申报课题56项，其中已立项23项；新增16项科技成果，其中授权3项国家专利；10项课题顺利结题；参与的1个项目获国家科技进步奖二等奖。

浙江省医疗器械检验研究院

概　况

2018年，浙江省医疗器械检验研究院在浙江省药品监督管理局的领导下，牢固树立和践行“服务监管、服务产业、服务公众”的新时代使命，按照“一新两高”和构建“科学、法制、专业、高效”的现代监管新体系的工作目标，围绕“管理、改革、发展”三条主线，秉持“科学公正、求实创新、尽责高效”的质量方针，完成各项工作任务，未发生重大医疗器械安全事件。

本年度共受理日常检验、监督检验业务8267份，其中各类注册检验2430份，委托检验4358份，监督抽验（包括国抽、省抽和地市）1464份。完成体外诊断试剂注册抽样外出62次，抽样批次120批，涉及36家公司，7个地市。

检验检测

2018年，浙江省医疗器械检验研究院充分发挥检验检测职能，全年共受理日常检验、监督检验业务8267份，其中监督抽验（国抽、省抽、地市）受理1464份。

积极参与净网行动，继续开展与阿里巴巴电商平台网络抽检的合作，制定天猫平台21个品种抽检方案，共完成164批次检测任务。

突破区位限制，承担省外监管部门委托的在用设备检测。下半年接受厦门市市场监督管理局委托，完成其辖区内医疗机构的在用婴儿培养箱、治疗呼吸机、激光治疗机、心电图机、注射泵的检测，为后续跨省在用设备检测业务的展开提供借鉴。

能力建设

浙江省医疗器械检验研究院组织开展2018年实验室扩项和复评审，完成新扩项目85项，标准变更52项，取得752项CMA资质认定、589项CNAS实验室认可证书。检验范围涵盖电气安全，生物安全，光辐射安全和医疗器械电磁兼容性（EMC）检验检测等领域医疗器械安全性、有效性检验能力。检验能力覆盖归口领域三类医疗器械产品和省内大部分企业生产的医疗器械产品。

标准技术研究

浙江省医疗器械检验研究院组织开展5项标准研究工作，完成2019年5项标准立项申报工作，获得杭州市研制与采用先进技术标准资助项目资助42.7万元；其中申报的YY 0762－2017《眼科光学 囊袋张力环》等2项行业标准获得2018年度杭州市技术标准资助资金2.8万元。

浙江省医疗器械检验研究院做好器械院承担的国家标委会秘书处工作，对发布实施5年以上的归口标准开展复审工作，确保了标准的有效性、适用性。组织开展YY 0719《眼科光学 接触镜护理产品》系列标准实施评价工作。组织召开YY 0762－2017《眼科光学 囊袋张力环》等2项行业标准专题宣贯会议，完成浙江省医疗器械标准化技术委员会换届工作。组织完成ISO/TC172/SC5“显微镜和内窥镜分技术委员会”和SC7“眼科光学和仪器分技术委员会”8项国际标准的投票工作。

科　研

浙江省医疗器械检验研究院完成《肿瘤靶向光动力设备在消化道肿瘤诊疗的应用示范》4个项目合同书签订工作，其中参与国家重点研发计划1项。完成省科技厅、省局《带像差角膜模型眼像质评价研究》等11个项目验收。浙江省局科技项目《人工晶状体有效光学区直径测试方法研究》和《浙江省药械监管技术支撑单位（事业单位）科研激励机制研究》获得立项。

党风廉政建设

围绕中心工作全面落实党风廉政建设，抓好党风廉政建设主体责任的落实，逐层签订廉政责任书，强化第一责任人意识，严格落实党委主体责任。开展“两学一做”常态化制度化学习教育活动，以“不忘初心、牢记使命”为主题的教育活动，开展“读原著、强党性、促改革”读书活动。大力推进支部固定党日活动制度，在支部内广泛开展每月一次的党日活动，加强基层党支部建设，落实“三会一课”制度，夯实基层组织基础。经常性开展支部自查工作，检查学习是否到位。严肃党内政治生活各项具体规定，组织开展党组织书记述职、党员民主评议和党组织星级评定工作，增强党内政治生活的政治性、时代性、原则性和战斗性。

开展党的十九大精神学习，以观看视频、开展大讨论、自学、集中学等形式强化党员的规矩意识、政治意识。组织全体党员开展“七一”党日活动，重走“一大”路、传播党内反面案例、节假日前进行廉政微提醒。

发挥党、团员的先进性和积极性：组织疗休养、小组活动、开展急救知识培训、消防演习等；参加省局组织的青年毅行活动、篮球赛等。

安徽省食品药品检验研究院

概　况

我院现有实验室面积23120平方米，尚有一幢建筑面积11000平方米的新建食品检验大楼，目前该项目基建工程已完成结构封顶、内部装潢和外墙装饰工程。我院现拥有各类高精尖检验检测仪器设备 2000 余台（套），总价值逾 2.6 亿元。全院现有员工 236 人（含劳务派遣人员 91 人），其中博士 8 人，硕士 77 人，本科 117 人，大专学历人员为 16 人。拥有专业技术人员 207 人，占职工总数 87%，其中正高职称 13 人、副高职称 33 人、中级职称 82 人，中级职称以上人员占比 53.1%。大学本科以上专业人员占职工总数 83%。拥有安徽省“115”产业创新团队和国家级、省级 GMP、GSP 评审、食品药品审核等各类专家 60 余人。我院通过国家资质认定和 CANS 认可，目前已经取得 1231 个产品和 2549 项参数的检验资质，完全能够满足“四品一械一包材”日常监督检验工作的需要。近年来，我院先后承担国家标准 39 项、省级标准 1 项、补充方法研究 2 项、港标项目 1 项、国家基金项目 10 项、省级基金项目 10 项。目前，我院正在积极申报进口药品口岸检验机构及国家中药材市场质量检测研究重点实验室。

检验检测

2018 年度，全院协议检验收入达到 1740 万元，同比增长 122%；全年共受理各类样品 13831 批次，同比增长 21.5%；发放与邮寄各类报告书 13367 份，同比增长 19.5%。完成检品 14144 批次，同比增长 24.2%，其中食品完成 7665 批次，药品和化妆品完成 4713 批次，器械包材完成 1766 批次；食品、药品国抽抽样完成率和检验完成率均为 100%，其中食品抽样完成率、检验完成率、任务完成率、不合格数和问题样品发现数等指标，在 10 家承检机构中均遥遥领先；药品所承担的鸡内金和槟榔两个品种质量评估报告分获全国第二名、第四名；器包所一个品种质量评估报告喜获全国三等奖。

重要会议及活动

1 月 9 日，安徽省副省长杨光荣到我院调研指导食品药品检验检测工作。安徽省政府副秘书长章石生、安徽省食品药品监督管理局副局长吴丽华等陪同调研。在调研过程中，杨光荣仔细听取了安徽省食品药品检验研究院检验检测工作和“十三五”目标任务等有关情况汇报，对安徽省食品药品检验研究院的工作给予充分肯定。他要求，省院要牢牢抓住发展机遇，着力加强质量和效益的提升，重点抓好技术能力建设，通过深化改革来解决发展中遇到的困难和问题，推动食品药品检验检测事业不断发展壮大。

1 月 25 日，安徽省食品药品监督管理局黄少玉副巡视员和仲炎院长带领院药品检验与研究所相关人员，先后奔赴中国食品药品检定研究院和国家药典委员会开展调研工作。中检院李波院长带领全体院领导亲切会见我院一行，重点就国家食品药品监督管理总局重点实验室的总体规划、申报政策和具体情况给我院做了详细介绍，并叮嘱我院结合实际情况、抓住优势领域、总结出亮点做好申报工作。

2 月 12 日，召开 2018 年全院职工大会暨党风廉政建设工作会议。会议旨在回顾总结我院 2017 年各项工作，安排部署 2018 年重点工作。仲炎院长作工作报告，并与各部门主要负责人签订了《2018 年度党风廉政建设责任书》和《2018 年度事业发展责任书》。

3 月 7 ~ 9 日，安徽省食品药品检验机构管理人员高级研修班在中国科大 EDP 中心进行开班培训。本次开班典礼由中国科大管理学院 EDP 中心副主任周垂日主持，安徽省食品药品检验研究院院长仲炎，副院长何俊、汪海孙，中国科大管理学院党委书记刘天卓教授，以及来自省院中层及以上干部、全省 16 个地市食品药品检验中心主任、副主任和太和县食品药品所的主要领导参加了本次开班典礼。

4 月 12 ~ 14 日，药检系统中药民族药数字标本平台——2018 年度第一次阶段会议在合肥滨湖召开。本次会议由中国食品药品检定研究院主办，安徽省食品药品检验研究院承办。来自中检院中药民族药检定所、香港中文大学和17家药检机构的专家和技术人员齐聚一堂，共叙中药情怀，展望数字标本未来。

6月29日，中共安徽省食品药品检验研究院委员会召开全体党员大会，选举产生院新一届党的基层委员会及纪律检查委员会。安徽省食品药品监督管理局副局长吴丽华同志和安徽省局直属机关党委专职副书记张磊同志出席大会并指导换届选举工作。

9月14日，安徽省食品药品检验研究院召开霍山石斛国家标准研究及《中国药典》（2020年版）课题专家论证会。国家药典委员会委员、中国食品药品检定研究院中药民族药所马双成所长、魏锋主任专程参加本次论证会。安徽省食品药品监督管理局宣庆生副局长、科标处李昌存处长，安徽中医药大学吴德玲、金传山和俞年军教授出席会议。

2018年度安徽省食品药品检验工作座谈会在合肥举办。来自全省16个市及太和县检验机构的主要领导及业务科室负责人，安徽省食品药品检验研究院领导班子成员及各所、部、办负责同志等共计50余名人员参加了会议。会议旨在更好地总结2018年度全省食品药品检验工作的开展情况，提前谋划2019年食品药品检验相关工作，进一步促进全省各级检验机构之间的相互学习和交流。

12月11日，2018年国家药品抽验中药饮片质量分析报告现场评议会在北京召开，全国各省、直辖市及部分市级药检所参加了此次现场评议会。安徽省食品药品检验研究院承担的鸡内金和槟榔两个品种的质量评价工作和分析报告均得到了国家药品监督管理局药品监管司、中国食品药品检定研究院相关领导的充分肯定和与会专家的高度评价，分别取得全国第二名和第四名的好成绩。

江西省食品检验检测研究院

能力建设

江西省食品检验检测研究院顺利通过中国合格评定国家认可委员会（CNAS）的定期监督+变更的现场评审和CMA扩项及标准变更审查，检验检测资质能力新增338项，目前累计达到3464项；积极参加中国检科院、中检院、FAPAS、LGC等机构组织的能力验证，37项结果均为满意。作为江西省第一家检验检测机构，通过了原国家食品药品监督管理总局“特殊食品验证评价技术机构”的备案。

科　研

联合江西农业大学食品学院申报的“食品及农产品质量安全保障研究硕士实践基地”已通过评审。积极推进2017年获批的5项食品安全国家标准的制定工作；开展了基于食品组学的茶油真实性鉴别工作、应用质谱技术鉴别肉真伪和过敏原工作；完成呕吐毒素快检评价、甘蔗中3-硝基丙酸检验方法等十几个课题的研究工作。

2018年，江西省食品检验检测研究院申报13项2018年食品安全国家标准、2项2017年国家自然科研基金项目，14项2018年省局科研项目。共获批1项省科技厅科研项目，经费20万元；获批9项“食品安全国家标准”，其中主持4项，经费共计49.6万元。发表各类论文共53篇，其中，被SCI收录3篇，国内核心期刊26篇。同时，获实用新型专利2项，软件著作权4项。再次荣获“2017年度大型仪器设备开放共享先进单位一等奖”。

党建工作

加强思想政治建设。江西省食品检验检测研究院党支部深入学习贯彻党的十九大精神，以习近平新时代中国特色社会主义思想为指导，深入推进“两学一做”学习教育常态化制度化，认真落实支部书记带头讲党课、班子成员讲党课，加强党员廉洁自律教育，严格落实作风建设，要求全体党员主动发挥先锋模范作用，积极营造风清气正的政治生态，树立良好“院风”。

召开民主生活会。我院今年分别召开了2017年度院领导班子民主生活会，以及坚决全面彻底肃清苏荣案余毒持续建设风清气正政治生态专题民主生活会。由书记代表院领导班子以及各班子成员分别作对照检查，查找存在的问题，分析产生问题的原因，提出今后的努力方向和整改措施，并逐一开展了批评和自我批评。

积极开展各项活动，增强团队凝聚力。院党支部先后组织党员前往陈云旧居陈列馆、方志敏爱国事迹陈列馆及“小平小道”纪念馆等爱国主义教育基地参观学习；院工会组织开展了首届职工运动会，今年9月图书馆正式开馆；院办公室以“3·15”为契机，开展食品安全知识进社区活动，并组织开展了安全生产月、“百万网民学法律”知识竞赛、节能宣传周、收看中央电视台关于“2018—雷霆行动”揭批台湾间谍情报活动专题新闻节目等活动。

山东省食品药品检验研究院

概　况

山东省食品药品检验研究院坚持深入学习宣传贯彻习近平新时代中国特色社会主义思想和党的十九大精神，坚持“四个最严”，落实“四有两责”，抢抓机遇，加快发展，高质量完成各项技术保障任务，充分发挥全省食品药品监管技术龙头作用，保证食品药品检验研究事业持续发展，为社会公众饮食用药安全提供有力技术保障。

山东省食品药品检验研究院坚持问题导向，把握重点，积极开展专项检验，为食品药品监管提供技术支撑。对5个药品国评品种开展大量探索性研究，向国家局上报6个重大质量问题，承担的任务量和进入全国现场评议的品种数位列全国第一。针对山东省企业生产的注射用硫辛酸疑似出现发热等不良反应问题，第一时间上报结果，避免了质量风险。在“毒豆芽”“木耳喷农药”以及涉及我省生产企业的“烂苹果制作饮料”等食品安全事件中响应及时，接收复检样品278批次，其中推翻结论97批次，为监管部门后续处理工作提供了支撑。协助稽查、公安查获化妆品非法添加案件60多起。在2018年全国化妆品监督抽检工作部署会上作典型发言。

山东省食品药品检验研究院资质能力进一步提升。完成实验室认可换证复评审和资质认定扩项。加大质量控制力度，参加国际、国内权威机构组织能力验证45项，其中国际12项、国内33项。药品口岸所获得批复。大大降低了省内企业进口药品成本，加快了推进仿制药一致性评价进程。

12月17日，山东省科技厅公布2018年度山东省工程技术研究中心建设名单，山东院申报的“山东省仿制药一致性评价工程技术研究中心”“山东省食品药品安全检测工程技术研究中心”“山东省特殊医学用途配方食品质量控制工程技术研究中心”成功获批，对进一步加快科研成果转化、建设科研平台以更好地服务于我省食品药品监管工作将产生积极的推动作用。

检验检测

2018年，山东省食品药品检验研究院共完成检品28636批次。其中食品19409批，包括国家抽检监测5286批次，省抽8129批次，委托检验5994批次；药品6518批，包括监督抽验1363批，注册检验603批，委托检验4552批；保健食品、化妆品共完成2709批，其中保健食品监督抽检470批，委托检验676批，注册备案检验222批；化妆品监督抽检850批，委托检验294批，化妆品行政许可197批。

山东省食品药品检验研究院完成洪涝救灾、

不良反应等应急检验151批次。针对注射用硫辛酸、注射用曲克芦丁、注射用阿莫西林克拉维酸钾等产品引发多起不良反应事件，组织开展检验和研究工作，发现工艺、标准等方面的缺陷问题，为省局问题原因分析和事件应对处置提供重要参考。完成药品监督执法抽验（非法添加）311批次，不合格124批次，不合格率39.8%，刑事案件40余起，为全省各级药品监督管理部门假药劣药治理工作、药品不良事件的处理等提供了有力的数据支持。承担23项全省药品风险排查项目，并组织召开全省药品质量风险监测工作启动会和总结会，邀请中检院、高校等专家指导，保障风险监测工作顺利完成。

科　研

山东省食品药品检验研究院坚持科研创新，重点是风险隐患研究、检验技术研究和标准化研究，为应对随时可能出现的应急事件和突发事件，积极进行技术储备和技术更新。组织14个项目申报山东省药学会科学技术奖，其中3个课题鉴定为国际先进、7个课题鉴定为国内领先、2个课题鉴定为国内先进。9个课题获奖，其中一等奖2项、二等奖4项、三等奖3项。申报2019山东省重点研发计划（公益性科技攻关类项目）4项，山东省重点研发计划（医疗专项）1项，山东省自然科学基金2项。在2018年度发展类项目申报工作中，16个项目获得立项并顺利实施。发表科研论文71篇，其中第一作者发表56篇；申报专利32项，授权9项。山东院从全国40多家系统内外检测机构中中标2018年国家局保健食品原料目录研究课题，是仅有的一家系统内检验机构。

山东省食品药品检验研究院积极搭建平台，实现资源共享，助力企业创新发展。一是药物杂质研究平台。为全国几十家企业开展了一致性评价杂质研究关键技术服务，其中草酸艾司西酞普兰片等品种均在山东省食品药品检验研究院完成杂质研究并顺利通过一致性评价；为20多家企业450多个品种研发、注册等提供了技术服务，对1000余个杂质进行安全评价，该技术在美国第十届世界替代毒理学大会等进行了学术交流。二是包材相容性研究平台。为即将开展的注射剂一致性评价建立并储备了多种关键技术，同时为蒙脱石散一致性评价提供技术服务，全国已有11家提交了一致性评价申请，其中9家在山东省食品药品检验研究院进行过技术研究或复核检验。三是生物样本检测技术平台。随着当前仿制药质量与疗效一致性评价工作深入进行，越来越多的仿制药进入临床生物等效性评价期。2016年投资1500余万元，建设了省内首家生物样本检测实验室，占地约300平方米，拥有5名博士、12名研究生专业技术人员，主要为仿制药一致性评价开展临床生物样本检测服务。目前实验室已经完成6个预BE实验，1个正式BE实验的生物样本检测任务，并将实验数据提交CDE。该实验室还与中国医学科学院药物研究所合作，开展了1个一类新药的一期临床药物代谢动力学实验。

山东省医疗器械产品质量检验中心

概　况

2018年，山东省医疗器械产品质量检验中心在山东省食品药品监督管理局的领导和中国食品药品检定研究院的指导下，深入贯彻学习党的十九大、十九届三中、四中全会及习近平总书记系列重要讲话精神。深刻学习领导习近平新时代中国特色社会主义思想，牢牢把握“八个明确”的主要内容和“十四个坚持”的基本方略，扎实落实国家总局、省局工作会议精神，不忘初心，牢记使命。在全年工作中坚持服务政府监管，服务产业发展，服务公众健康的理念，全面建设再上新台阶。

检验检测

2018 年，山东省医疗器械产品质量检验中心检验并出具各种医疗器械、药包材产品检验报告六千余批次。

配合山东省食品药品监督管理局对山东省医疗器械生产企业进行现场核查、日常检查、飞行检查和专家风险会商。圆满完成国家局《医疗器械检测机构检验工作规范》起草工作；参加全国医疗器械监管、检验等培训教材的编写；启动国家局医疗器械标准管理中心医疗器械命名术语指南预研究任务。协助山东省食品药品监督管理局完成了对省内涉及义齿、避孕套等产品的多个生产、经营、使用企业的专项整治检查工作。完成《山东省定制式义齿产品生产及质量控制情况调研报告》。完成国家对经外周中心静脉导管开展风险监测专项抽检工作的任务并完成质量分析报告。

标准制修订

山东省医疗器械产品质量检验中心在 2018 年 1 月 15 ~ 17 日在烟台举办了 SAC/TC248 归口制修订，2017 年发布的 GB/T 16886.5 – 2017《医疗器械生物学评价 第 5 部分：体外细胞毒性试验》等 5 项国家标准和 YY/T 1465.4 – 2017《医疗器械免疫原性评价方法 第 4 部分：小鼠腹腔巨噬细胞吞噬鸡红细胞试验 半体内法》等 4 项行业标准进行了宣贯。完成输液器具技委会承担制修订的 10 项、卫生材料及敷料行业标准 3 项和生物学评价标准 5 项（共计 18 项标准）的起草、验证、征求意见和送审稿，目前处于技术审查阶段。成功立项 2019 年行业标准 19 项，其中生物学评价标准 5 项，输液器具标准 10 项，卫生材料及敷料标准 4 项。分别完成医疗器械生物学评价标准化技委会归口的 4 项、输液器具技委会的 3 项国家标准的立项申请工作。

成功承办在中国召开的 ISO/TC 76 第 15 次年会，搭建了与国外专家沟通交流的平台，加强与 ISO/TC 76 的友好交流与合作，会上提出的《空气过滤器气溶胶细菌截留试验方法》、《DEHP 分析方法》及《避光输液器》三项议案，被确定作为 ISO 新工作项目 NWIP，并将由我国主导制定。

能力建设

2018 年，山东省医疗器械产品质量检验中心重视检验能力的提高，填补了医用软件的检验空白，扩大材料评价骨科产品等检验范围。2018 年圆满完成实验室复评审和扩项评审工作，共扩项 294 项。完成国家监督抽验 387 批次，省监督抽验 396 批次，省抽药包材 200 批次。在原国家总局组织的 2018 年医疗器械监督抽验质量分析评估报告评比中，我中心牵头的无源医疗器械品种获得第一、二、三、五、九名的优异成绩，诊断试剂产品获得第一名。2018 年申请参加能力验证项目 18 个，比对项目 2 个，目前试验已全部完成，出具能力验证报告 10 份，均为满意结果。山东省医疗器械产品质量检验中心举办了无源医疗器械、有源医疗器械和药包材生产企业三个培训班，免费培训相关技术人员和质量管理人员，针对在注册检验和监督抽验过程中发现的问题进行分析解剖，帮助企业查找原因。

河南省食品药品检验所

概　况

河南省食品药品检验所现有实验室总建筑面积约 15253m^2（其中东区 13846m^2、西区 1407m^2）。设有技术管理科室 10 个、质量管理科室 1 个、行政管理科室 7 个。拥有 LC – MS、GC – MS、ICP – MS 等各类检验检测仪器设备近 2000 台（套）、总值 1.2 亿元。

现有人员编制 151 人，在岗人员 184 人，其中在编 148 人。享受国务院政府特殊津贴专家 2 名、国家药典委员会委员 4 名、国家保健食品和化妆品等评审专家6名、学术技术带头人4名、河南省检验检测机构资质认定主任评审员3人；正高职称11人（其中二级2人）、副高30人、中级44人；硕士研究生学历以上70人。拥有药品、药包材、化妆品、保健食品、洁净环境检测等五个领域808项参数。是原国家食品药品监督管理总局批准的餐饮服务食品检验机构、保健食品注册复核检验机构、国产非特殊用途化妆品备案许可检验机构、香港中成药注册申请检测服务机构、国家药品监督管理局特殊食品验证评价机构备案。

检验检测

完成各类抽样2335批，按级别分国家级1365批次、省级970批次；按类别分药品1385批次（其中国抽885批次、省中药材及中药饮片、应急监督、医疗机构制剂、药品包装材料和抗生素有关物质问题专项500批）、化妆品国抽450批、保健食品500批次（国家保健食品专项抽样30批、省进口食品、重大节日和网购完成470批）。

截至12月31日，共受理检品6833批次，按类别分：药品及包装材料4314、化妆品1631批、保健食品及食品885批、洁净度3批；抽查检验3577批，复验6批，委托1208批，科研112批，注册1923批，其他7批。完成检验并发报告共6541批；药品及药包材3986批、化妆品1561批、保健食品及食品1558批、洁净度7批；抽查检验4029批，复验6批，委托1211批，科研356批，注册1490批，其他20批。不合格162批，其中药品129批、药品类占比3.23%，化妆品32批、化妆品类占比2.05%，保健食品1批、食品类占比0.06%。

科　研

参加国家局、中检院、国家药典委等课题4项，其中中央本级重大增减支项目子课题《苦参药材质量基本状态数据探索研究》结题验收。“十三五”国家重大新药创制专项——化药制剂质量评价关键技术研究——《肠外营养乳剂营养价值及乳粒检测评价方法研究》、国家重大新药创制科技重大专项——子课题《口服缓控释制剂辅料关键质量属性评价方法研究》《国家重大新药创制课题透皮制剂质量研究子课题》正按计划进行中。

承担省级课题4项，完成《多组分生化药物注射剂安全性及有效性的研究和质量评价》《注射用单磷酸阿糖腺苷处方工艺优化研究》《艾附暖宫软胶囊新剂型研制与开发》《基于新技术新方法的中药注射剂的安全性评价》4项河南省科技攻关项目。

能力建设

参加国际、国内能力验证活动21项，涵盖了药品、化妆品、保健食品、药包材等领域，其中，参加LGC（英国化学家实验室）组织的国际能力验证2项，结果均满意；参加中检院组织的国内能力验证19项次，目前实验全部完成，已反馈11项结果全部满意。二是参加香港中文大学2个药品品种6个项目的实验室比对活动，结果满意。不断加强质量管理，强化日常监督，开展对影响检验/检测结果准确性的关键环节、检验报告书仪器设备管理等方面进行专项检查；不定期组织原始记录溯源性检查活动，随机调取报告书及原始记录，对原始记录书写规范准确、标准物质使用管理、仪器设备管理等进行溯源性检查；结合各科室国抽、省抽任务品种和检验项目，组织人员比对、仪器比对、留样再测等多种质控活动，采用空白分析、加标、使用或质控样品等随行质控手段，保证检验结果准确可靠；依据《检测和校准实验室能力认可准则》（CNAS－CL01：2018）、《检验检测机构资质认定能力评价检验检测机构通用要求》（RB/T 214－2017）等相关的政策、法规、准则等的变化，结合我所等管理体系实际运行情况，改进管理体系。

业务指导

4月11日，广东省药品检验所副所长方继辉、计周正、副调研员陈梅如等一行7人来我所进行实验室搬迁工作学习交流。

5月23日，太原市食品药品检验所党支部书记闫安明等一行12人来我所学习调研检验检测业务运转、中药标本室建设和使用、党建和精神文明建设、食品检验等工作经验。

12月24日，四川省食品药品检验检测院副院长袁军等一行14人到我所学习交流口岸药检所建设工作。

河南省医疗器械检验所

概　况

河南省医疗器械检验所位于郑州市郑东新区熊儿河路79号，办公和实验室面积8611.9m^2，动物实验室位于郑州市金水区经一路5号，面积为500m^2。现有职工110余人，内设13个科室，拥有3M法电磁兼容实验室及各类大型仪器设备800多台套，设备资产总值上亿元。具备国家认监委资质认定的检验能力涵盖医疗器械、洁净（区）环境、包装材料和化妆品4个领域，检验项目1111项。

2018年，河南省医疗器械检验所圆满完成了各级医疗器械监督检验任务1446批，免费为企业提供产品注册检验服务865批，提供产品委托检验服务1979批，委托检验收入达1400余万元。投资1500万元的3米法电磁兼容实验室顺利调试完毕投入使用，新增仪器设备总价值1000多万元。顺利通过国家认监委对176个产品和参数的扩项评审。以河南省医疗器械检验检测工程技术研究中心为平台，首次获得了国家级科研项目立项。党建与业务工作深度融合，全面从严治党得到了有效提升，严格落实了扶贫攻坚任务，捐助帮扶村基层组织建设等扶贫资金达23万余元，文化建设、综治和平安建设以及精神文明建设得到了全面发展。

检验检测

2018年，河南省医疗器械检验所共完成各类检验任务4300余批。承担国家医疗器械质量监督抽验丙氨酸氨基转移酶测定试剂盒、碱性磷酸酶（ALP）检测试剂、一次性使用无菌注射器（带针）、一次性使用医用口罩、医用防护口罩等5种产品、151批次的检验任务，实际收到有效样品124批。检验发现一次性医用口罩不合格样品共3批。参与完成的2018年国家医疗器械监督抽验丙氨酸氨基转移酶测定试剂盒和碱性磷酸酶（ALP）检测试剂产品质量分析报告分别获得了诊断试剂类第一名和第二名。

承担河南省省本级医疗器械抽验任务1010批，实际收到有效样品1060批。其中，监督抽验981批，22批不合格，不合格率为2.2%；专项抽验50批，全部合格；跟踪抽验3批，全部合格；风险监测29批，17批不合格，不合格率58.6%。此外，还承担本省地市级监督抽验任务285批。

河南省医疗器械检验所受理注册类检验865批，其中：注册检验582批，注册补充检验160批，延续注册检验9批，变更注册检验114批。受理委托检验1886批，洁净环境委托检验92批，包装材料委托检验1批。此外，还受理了复检23批。

科　研

河南省医疗器械检验检测工程技术研究中心2017年12月正式获河南省科技厅批准设立以来，与郑州大学、河南省人民医院等四个单位联合申报的国家重点专项课题《基于创新国产诊疗装备的贫困地区医疗健康一体化服务规模化应用示范》获得国家科技部立项，主要承担项目子课题

《面向贫困地区的远程、移动、智慧医疗一体化服务联合体数字诊疗装备设置解决方案研究》的研究；与河南省计量科学研究院联合开展医疗器械检测仪器设备有关的项目研究；与河南科技大学联合申报了中国人民解放军总后勤部拟立项的《空运医疗后送全程无缝可穿戴生命体无线监测技术研究》课题。

2018 年，先后获得国家知识产权局发明专利 2 项，获得河南省科技厅科技攻关项目立项 6 项，设立《输液、输血器具用空气过滤器液体细菌截留能力研究》等 8 个所级科研课题。

能力建设

2018 年，河南省医疗器械检验所共新增仪器设备总价值 1000 多万元。7 月份，3 米法电磁兼容实验室电波暗室仪器设备顺利调试完毕后，立即申报开展了检验能力资质认定，顺利通过了国家认监委对电磁兼容以及化妆品等 176 项产品和参数的评审。

加强信息化建设，完成了河南省医疗器械抽检信息系统的设计开发，与河南省医疗器械抽检信息平台顺利对接，实现了河南省医疗器械抽样、检验数据的实时传递。开发所内新版实验室管理信息系统，实现样品扫码录入，全程跟踪和记录。

强化质量体系管理，积极参加实验室间能力比对。11 月份，参加中国食品药品检定研究院组织的“血清中钾离子测定”能力验证项目比对结果为“满意”。8 月份，派出 6 名中层干部赴德国参加医疗器械专题培训班，开拓骨干人员的视野。

加快郑州航空港综合实验区口岸食品医疗器械检验检测中心项目建设进度，检测中心一期工程建筑外立面以及水电安装已经全部完成。

湖北省药品监督检验研究院

概　况

2018 年，湖北省药品监督检验研究院以习近平新时代中国特色社会主义思想为引领，深入学习贯彻党的十九大精神，以建设“国内一流、国际接轨”的药检院为目标，以服务监管保障公众饮食用药安全为宗旨，切实履行监督检验工作职责，重点抓好了五个方面的工作。一是明确发展目标，加快改革步伐。加强机构、基础、制度等建设，为推动高质量发展奠定基础。二是突出技术服务，切实履职尽责。主动适应监管工作对检验检测工作的新要求，当好技术支撑，全年完成各类检品 8962 批。三是以科研为重点，提升创新能力。颁布 5 项科研管理制度，鼓励课题申报，立项数量增加，层次提升，选题针对性更强。在两个领域申报了国家局重点实验室。四是加强制度建设，规范综合管理。清理修订管理制度和体系文件，开展质量管理年活动，全面规范内部管理。五是压实两个责任，狠抓党的建设，构建了良好的政治生态。2018 年，湖北省药品监督检验研究院被武汉市委市政府再次授予“文明单位”荣誉称号。

检验检测

湖北省药品监督检验研究院完成各类检品 8962 批，其中药品、化妆品国抽 1407 批，食品国抽 1584 批；向国家局上报问题线索 4 个、补充检验方法 2 个，国抽样品抽样量全国第 6，3 个品种入围国抽现场评议。完成省级抽检和应急检验 3 千多批，向省局上报 2 份药品质量分析报告；对化妆品非法添加药品等违法行为提供检验技术支撑，相关工作被中央电视台等媒体报道。

科　研

湖北省药品监督检验研究院颁布《科研工作管理办法》《科研项目管理规定》《科研经费管理规定》《科研成果管理规定》《科研工作档案管理暂行规定》等五项科研管理制度。申报各类科研项目 29 个，年内立项 19 个。其中，国家部委立项 5 个；省科技厅立项 4 个；省局立项 10

个。7个省局项目，5个省科技厅课题，顺利通过结题验收。省中药材标准、中药饮片炮制规范进入出版发行阶段。8人入选湖北省科技计划项目管理系统专家库（技术领域类）专家库；9项科技成果被国家总局公示确认；2篇科研论文全国性现场评比中获奖；在全院国家核心期刊发表论文40余篇。

党风廉政建设

湖北省药品监督检验研究院强化党委中心组学习，增强“四个意识”，切实做到“两个维护”，牢固树立“四个自信”。认真落实省局党组要求，健全党委书记负总责，班子成员分工负责、“一岗双责”的责任体系，推进党建主体责任的落实。抓好党支部“主题党日”活动的开展。坚持开展廉政教育、警示教育，4次组织党员干部到廉政教育基地、革命教育基地，扶贫点开展学习教育活动。对30多项党建、党风廉政建设工作制度进行清理修订。根据新的部门设置，成立了11个党支部，做到党的组织全覆盖。发展新党员5名，为3名预备党员按期转正。9名优秀共产党员、3名优秀党务工作者受到院党委表彰，3个先进基层党组织，8名优秀共产党员、3名优秀党务工作者省局党组表彰。

湖南省食品质量监督检验研究院

概　况

2018年，湖南省食品质量监督检验研究院以习近平新时代中国特色社会主义思想为指导，坚定“四个自信”、增强“四个意识”、践行“两个维护”，秉承“科学、公正、准确、满意、诚信”质量方针，圆满完成了各项目标任务，为食品安全监管提供了坚强有力的技术保障。为全力配合2018年度国务院食安委对湖南省人民政府食品安全年度考核，湖南省食检院讲政治、顾大局、全院动员、加班加点提前1个月，于11月底全面高质保量完成国家、省级食品安全监督抽检、风险监测计划任务，国家食药监总局、省局下达计划的完成率100%，展现出了较高的业务技术能力和优良的战斗精神。

检验检测

2018年，湖南省食品质量监督检验研究院共完成各类检验22530批次，其中完成监督检验（含风险监测、专项抽查等）18971批次（含国家监督抽检、风险监测一样两用），涉及检验项目35万多个，检出不合格食品278批次，提交年度、季（月）度食品监督抽检、专项抽检的详细质量分析报告14份。圆满完成国家局、省局各项专项抽检任务，并针对抽检情况，高质量编制了专项质量分析报告，有针对性地提出了抽检产品质量水平和整顿措施。设立在湖南省食检院的省局食品安全抽检监测秘书处审核、把关上报国家局平台的食品抽检、监测及农产品抽检的信息400多万项次。作为国家局淀粉及淀粉制品抽检监测牵头机构，湖南省食检院高质量牵头组织了淀粉及淀粉制品抽检细则编制、抽检信息汇报、质量分析、专家研判等工作。

科　研

2018年，湖南省食品质量监督检验研究院实现了省级重点科研项目“0”的突破，获得制定或参与制定食品国家标准的大丰收。全年共组织申报科研项目12项（其中国家级科研项目1项、省部级科研项目10项，获得省部级科研项目立项3项，其中重点项目1项；获得省局科研项目立项5项）。申请食品安全国家标准15项，申请湖南省地方标准5项，获得食品安全国家标准立项3项。在食品方面中文核心期刊、科技核心期刊等杂志发表科研论文34篇。获得国家专利授权5项，申请专利3项。

能力建设

2018年，湖南省食检院检验能力、技术实力再上新台阶，已获得食品检测机构资质认定的检测能力达到1020产品、7426项参数，获得国家实验室认可检测能力达到421种产品、747项参数，已全面覆盖《食品安全监督抽检和风险监测实施细则（2018版）》中的全部食品参数。参加能力验证计划25项40个参数，其中国际能力验证5项11个参数，均为满意结果。

党风廉政建设

湖南省食品质量监督检验研究院始终坚持把抓好党风廉政建设和反腐败工作作为一项重要工作，切实将党的十九大报告作出的新部署、新要求和新思想、新观点，转化为推进食检事业发展的正确思路、具体举措和强大动力。按照“一岗双责”要求，院领导班子成员、各部门主要负责人层层签订了党风廉政建设责任书，各重点岗位人员向院里递交了责任承诺书。院党委将党风廉政建设工作纳入部门年度综合目标任务，与绩效考核挂钩，对违反党纪条规实行“一票否决”，取消年度评先评优资格。并进一步完善了“三重一大”事项集体决策、公务接待、财务报账、办公设备配备等规章制度，为党风廉政建设和反腐败工作提供制度保障，并以永远在路上的坚韧锲而不舍地抓好作风建设。全年院纪委积极履职，重点抓好了“三重一大”监督、重要岗位、重点环节、重点人员监督和廉政谈话等工作，在机构改革期间，通过会议传达、短信提醒、谈心谈话等方式将“6项纪律20个严禁”传达到每位职工，确保了改革期间思想不乱、队伍不散、工作不断、廉政不松。

广东省药品检验所

概　况

2018年，广东省药品检验所在中国食品药品检定研究院和广东省药品监督管理局的领导下，认真贯彻落实习近平总书记“四个最严”指示精神，紧紧围绕广东省药品监督管理局领导“四个一流”（一流的设备、一流的人才、一流的技术、一流的管理）要求的目标，以保障民生为首任，以改革创新为动力，以服务监管为重点，以转变作风为保障，强化基础建设，坚持问题导向，创新检验方法，用“最严谨的标准”筑牢药品安全基础防线，在服务监管和提供社会技术公共服务方面发挥了重要作用，各项工作进展顺利，圆满完成2018年中国食品药品检定研究院、广东省药品监督管理局及国家、省“十三五”规划各项重点工作任务。

检验检测

2018年，广东省药品检验所全年共完成检品31233件，连续五年检品量超过三万批次。标准提高、委托检验和注册检验较2017年分别增长361.5%、15.1%、18.2%。监督检验、进口检验、合同检验、化妆品行政许可等受政策等客观因素影响检品数量均呈下降趋势。承担国家评价性抽验工作，抽样批数全国排名第一。承担5个品种的药品国评项目，除1个品种因只抽样不足不具备网评条件外，其余4个项目均通过网评进入现场评议，其中，承担的小柴胡颗粒国家评价抽验获中药组全国第一名。

能力建设

2018年，广东省药品检验所持续深化日常检验能力建设，顺利通过资质认定复评审和扩项评审。检验能力涵盖药品、生物制品、洁净区（室）环境、食品/保健食品、包装材料、化妆品、水及涉水产品、消毒产品及消毒灭菌效果监测等8大领域1564项。药品检验能力参数覆盖率达到“广东食品药品安全‘十三五’规划（2016~2020年）”阶段性目标要求，常规化妆品检验能力参数已实现100%全覆盖。积极推进能力验证相关工作，在全国第一个获得中国合格评定国家认可委员会（简称CNAS）授予的中药检定领域能力验证提供者认可资格。

2018年，广东省药品检验所积极贯彻落实加强事中事后监管的要求，将药品风险防控能力建设作为开展检验工作的重点，组织开展各类监督检验。在小柴胡颗粒探索性研究中发现了用藏柴胡替代柴胡投料、用黄芩提取物替代黄芩药材投料现象，经国家局核查验证中心根据线索开展现场核查，目前已有6家企业GMP认证证书被收回。积极开展广东省流通领域毒性中药饮片未按要求炮制的安全风险监测，全省流通领域进口贵细中药材、饮片及流通领域配方颗粒的质量监测等系列专项研究，为广东省药品监督管理局风险监测预警提供了方向。加大检验数据挖掘，创新风险提示报告形式，起草撰写《药品快速筛查方法和产品评价技术规范（试行）》《化妆品快速筛查方法和产品评价技术规范（试行）》，由广东省药品监督管理局印发，为切实保障公众用药安全提供有效的技术支持。

应急检测

2018年，广东省药品检验所完成涉案检验样品151批次，包括华佗锁精丸、庞龙御宝、开心果、绿色软胶囊、复方磷酸可待因口服溶液、唇部舒缓贴、凯德牌凉茶等重点案件，为药品监管提供可靠的技术支持。其中包括，仅用3小时成功锁定过量洋金银花致毒的台山市自泡药酒重大事件，仅用3小时成功锁定钩吻致毒的汕尾市“未知药材”食物中毒事件，为制定抢救病人方案提供关键信息。在长春疫苗事件发生后，广东省药品检验所积极协助广东省药品监督管理局开展疫苗专题研讨和专项检查，启动涉案企业疫苗产品应急检验程序，切实排查疫苗生产质量安全隐患，坚决防控区域性、系统性风险发生。受广东省疾病预防控制中心委托，完成5个品种问题疫苗的应急检验工作。应急检验工作得到上级单位的高度认可。

科　研

2018年，广东省药品检验所坚持创新驱动，提升科学研究水平，共计74个科研项目获立项，经费902.5万元，科研项目立项项目数和资助经费创历年新高。组织申报专利9件、软件著作权3件，获得发明专利授权2件、实用新型专利授权3件、软件著作权登记3件。其中，“一种检测盐酸西布曲明的方法及其应用”发明专利荣获第五届广东专利优秀奖。全年完成一致性评价检验检测工作30项，为促进省内仿制药一致性评价工作的开展和医药产业健康发展夯实基础。完成原国家食品药品监督管理总局化妆品快速检测方法应用课题研究，填补了化妆品快速筛查方法和产品评价技术方面的空白。组织申报的《广东省生物医药科技协同创新中心》获2018年度省科技创新战略专项资金立项，经费300万元，为广东省药品检验所建所以来获得资助最高的项目。

基础设施建设

2018年，广东省药品检验所不断开拓创新，逐渐形成管理规范、运行高效的信息化管理系统，为高质量完成检验工作提供保障。通过不断加强信息安全管理，对数据备份、信息安全等进行风险分析，建立健全应急预案。完成药品、化妆品检验检测信息化数据标准的编制工作。该标准是国内药检系统第一个信息化地方标准，为今后各级药品检验机构进行LIMS建设提供了数据规范。完成广东省科技厅课题项目《广东食品药品检验检测云平台关键技术研究与示范应用》并通过验收。该项目是我省药品检验系统第一个在省科技厅立项的信息化类课题项目。

2018年，广东省药品检验所顺利完成整体搬迁，实验室基础建设得到全面改善。目前共有总部、本部、科学城实验区三处场地，建筑总面积达38829平方米，拥有仪器设备2260台套，固定资产原值约 2.4 亿元，在试验环境、设施设备、智慧管理等方面跨上新台阶。完成了移动实验室（检测车）仪器设备、管理体系等相关项目建设，现已正式投入使用。

广西 – 东盟食品药品安全检验检测中心

检验检测

根据2018 年度食品监督抽检工作安排，广西 – 东盟食品药品安全检验检测中心承担了国家食品安全监督抽检中央转移地方工作任务和区本级食品安全监督抽检工作及稽查办案抽检工作共计 8531 批次，截至 2018 年 12 月 31 日，中心共接收样品 9295 批次，共发出报告 9275 批次，不合格及风险问题报告 706 批次，不合格率 7.57%。其中国抽食品 4201 批次，发送报告 4201 份，不合格 267 批次，不合格率 6.36%；区抽市县农产品 3141 批次，发送报告 3141 份，不合格 83 批次，不合格率 2.64%；区抽保健食品 261 批次，发送报告 261 份，不合格 1 批次，不合格率 0.38%；食品保健食品专项抽检 70 批次，发送报告 50 份，不合格 27 批次，不合格率 54%；“五毛食品” 专项 236 批次，发送报告 236 份，不合格 59 批次，不合格率 25%；案件应急保障抽检 1012 批次，发送报告 1012 份，不合格及风险问题发现率 26%。

能力建设

2018 年广西 – 东盟食品药品安全检验检测中心狠抓实验室检测能力建设工作，中心检测能力、管理水平得到了很大提升。一是在 2 月和 9 月，两次顺利通过食品检验机构资质认定（食品扩项）现场评审，目前获得资质认定及实验室认可食品检测能力项目达 1300 多项，并在 10 月顺利通过自治区食品药品监督管理局开展的 2018 年食品安全抽检监测承检机构考核检查。二是组织各检验部门积极参加 FAPAS、中国检验检疫科学研究院、中检院组织等各级能力验证和实验室比对，截至 12 月 31 日，广西 – 东盟食品药品安全检验检测中心已报名参加能力验证 61 项，检验部门已完成能力验证项目 61 项，已收到满意结果 57 项，3 项不满意结果，可疑结果 1 项，不满意结果项目已经进行了整改。三是成功举办第三届全区食品检验技术研讨会暨业务培训班，全区食药检系统一百多人参加培训，广西 – 东盟食品药品安全检验检测中心连续三年举办此类业务培训班，为区内食药检人才培养及技术交流搭建一个高规格的沟通平台。四是受广西区食药局委托，承担广西食品药品监管系统县级食品快速检测车配备项目的相关工作，完成了需求清单方案、评分标准方案、参数方案和测评方案等 4 个方案的制定。协助完成《公开招标采购文件》的编写，并负责现场验证比对实验的盲样制备工作。五是配合中心食品检验工作，进一步制定、完善中心系列检测管理制度，为检验工作提供便捷服务。

科研工作

广西 – 东盟食品药品安全检验检测中心狠抓科研工作，坚持以检测促科研发展、以科研助检测水平提高，科研工作得到长足发展，一是 2018 年广西 – 东盟食品药品安全检验检测中心总共新立项课题 8 项，获得科研经费达 50 万，其中自治区科技厅科研项目 1 项，自治区质监局广西地方标准制定（修订）项目 1 项，自治区级（厅级）项目 6 项。2018 年科研结题项目两项，《南宁老友粉》等四个地方标准完成成果登记，获一项专利授权，全年在核心期刊发表科技论文 19 篇。二是中心积极鼓励各类食品检测标准制定。广西 – 东盟食品药品安全检验检测中心编制完成的《食品中 2 – 羟基丙基去甲他达拉非的测定（高效液相色谱 – 串联质谱法）》经广西食品药品监督管理局批准，可适用于酒类、饮料、糖果、茶叶及其制品类食品（含保健食品）中添加非食用化学物质2-羟基丙基去甲他达拉非的定性测定，在相关稽查办案工作中采用。三是参与国家市场监督管理总局批准发布的食品补充检验方法《食品中那非类物质的测定》（BJS 201805）的研究，《食品生产企业自查工作指南》《食品生产企业检测实验室分级管理规则》等广西地方标准规范的立项、制定，提升了我区食品企业实验室的运行管理水平和自检自控能力，保证了实验室检测数据的科学性和准确性，满足了企业对自身产品安全把关的需求。

党风廉政建设

广西-东盟食品药品安全检验检测中心党支部狠抓党建和党风廉政建设工作，始终把学习贯彻党的十九大精神和十九届中央纪委二次全会精神，特别是习近平总书记重要讲话作为重大政治任务，坚持以习近平新时代中国特色社会主义思想为指导，牢牢把握坚持和加强党的全面领导这一根本原则，全面落实新时代党的建设总要求，以党的政治建设为统领，全面推进中心党的思想、组织、作风、纪律建设，把制度建设贯穿其中，深入推进反腐败斗争，以“不忘初心、牢记使命”主题教育为重点，提高政治站位、履行政治责任、强化政治担当，不断提高中心党的建设质量，为食品检验检测工作提供坚强的政治保证。一是组织党风廉政建设专题学习，全面加强作风建设和纪律建设，强化政治纪律和组织纪律建设，广泛开展党性教育、革命传统教育。加强中心制度建设，开展岗位廉政风险排查，构建不敢腐、不能腐、不想腐的体制机制，坚决惩治群众身边腐败问题。二是开好中心民主生活会，组织学习各级政府系列文件精神，要求班子成员按照文件部署，自觉抓好学习，自觉查找问题，认真撰写发言提纲，要求党员同志结合个人实际，对照“做合格党员”具体标准，联系思想工作实际，开展严肃认真的批评和自我批评。三是党员干部走上讲台，就“狠抓党风廉政建设、永保党员先进性”、“加强党风廉政建设文化学习、提高全体职工反腐倡廉意识”等内容上党课，要求全体党员同志继续深入学习党的十九大会议精神，结合各级纪检监察部门公布的违反中央“八项规定”精神及违法违纪的典型案例，深刻领会全面从严治党的新要求，进一步正风肃纪，确保检验队伍的安全。四是组织开展“不忘初心、阅读圆梦”主题活动。倡导读书风尚，营造良好的读书氛围，培养中心干部职工“多读书、读好书、爱读书”的良好习惯和人文素养。

针对巡视提出的实验耗材未进行政府采购的问题，广西-东盟食品药品安全检验检测中心领导班子统一思想，提高政治站位，积极开展自查自纠，边巡边改。以问题为导向，主动查找自身问题，把中央和自治区党委全面从严治党的部署落到实处。一是落实组织机构，成立广西-东盟食品药品安全检验检测中心落实巡视反馈意见工作领导小组。二是对我中心实验耗材品种、批次、金额等进行全面梳理核查。三是由一名中心领导带队，对区内与我中心类似的相关检测机构实验耗材采购的方式进行调研，为整改理清思路。四是继续完善中心各项制度，特别是内部采购控制程序，避免廉政问题的发生。五是积极向上级相关部门请示汇报并加强沟通，寻求符合实际的指导意见，形成切实可行的整改方案。11月2日，重新完成了我中心实验耗材定点供应商的公开招标工作，圆满完成了巡视反馈涉及我中心问题的整改任务。

海南省药品检验所

概　况

2018年，海南省药品检验所共完成各类检品4201批，较2017年减少22.9%。全年完成各类科研项目49项，另有3项科研项目通过了省科技厅课题验收。国抽品种“清胃黄连丸”的探索性研究工作有重大发现，被评为优秀报告。完成了管理体系文件改版修订工作，颁布实施了第八版管理体系文件。全所正式启用OA办公系统，升级改版了检品管理系统。

检验检测

2018年全所共完成各类检品4201批，较2017年减少22.9%；检验量下降的主要原因是国家自5月1日起取消了进口药品口岸检验。其中：按时完成国家和省两级药品、化妆品、医疗器械抽验任务，共抽样1201批，检验2246批；完成药品法定检验1299批，包括：进口药品口岸检验686批，药品注册检验577批，进口药品注册检验36批。

科　研

全年完成各类科研项目49项，包括：3项国抽药品探索性研究与质量分析任务，17项药品质量标准起草任务，6项药品质量标准复核任务，2项药品补充检验方法研究项目，7项进口药品标准复核任务，14项地方药材品种标准复核任务。3项科研项目通过了省科技厅课题验收。值得一提的是，在清胃黄连丸探索研究工作中发现了汞污染及金胺O化学物质染色问题，分别向国家局上报了2个重大质量风险报告；该品种的质量分析报告被评为优秀报告，并在中检院主办的2018年中国药品质量年会上报告。

能力建设

一年来通过了国家认监委检验检测机构飞行检查，接受了省药监局“省抽药品承检机构”监督检查及省卫计委“微生物实验室”检查，组织开展了国家化妆品监督抽检承检机构自查。完成了管理体系文件改版修订工作，颁布实施了第八版管理体系文件。举办了“新版资质认定与实验室认可政策培训班”，全体人员参加培训学习。报名参加了20项外部能力验证活动，其中12项已收到结果通知，均为满意结果。采用盲样测试、人员与仪器比对等方式，组织开展了内部质量控制活动。

四川省食品药品检验检测院

概　况

2018年来，四川省食品药品检验检测院始终以科研创新为助力，以人才队伍建设为保障，以党建工作为引领，全面提升检验检测能力水平，全年共接受外部评审2次，参加各项比对及能力验证90项，已返回结果85项均为满意。现已拥有与检验检测相适应的各类仪器设备3000余台，资产原值3亿多元，具有检验资质5879项，在岗职工465名（在编187人，外聘278名），其中博士研究生16人，硕士研究生176人；按要求圆满完成了各级监督抽检、风险监测、评价性抽验、专项抽检和应急检验、注册检验、委托检验、标准提高、标准起草、标准复核、洁净室（区）环境检测、生物制品批签发、化妆品行政许可、地理标志产品等检验检测及科研任务，高效运转食品安全风险监测秘书处和中药标准化办公室，复方桔梗止咳片、复方氨基酸注射液系列和吉非罗齐胶囊的国评分析报告网评均为优秀，为服务四川省食品药品安全监管提供了有力的技术支撑，为促进四川食药械产业高质量发展提供了有效的技术支持。

检验检测

2018年，四川省院共完成并发出报告书共计31847批。其中抽验21819批（药品1084批；食品15700批；保健食品650批；化妆品2577批；医疗器械1454批；药包材354批）；委托检验3418批（药品1967批；食品525批；保健食品101批；药包材238批；医疗器械582批；化妆品5批）；各类注册检验共1790批（新药及已有国家标准注册检验591批，补充注册申请的品种

756批，医疗器械，409批，食品注册2批，保健食品32批）；生物制品批签发1641批（疫苗831批，血液制品，810批）；化妆品行政许可649批；发出洁净度现场监测报告书125份；接受复验82批；完成药典复核品种65批；完成标准提高计划品种47批；技术服务代测1625批；中药地理标志18批；其他（试运行、比对试验等）568批。

科　研

四川省院高度重视科研创新工作，坚持以创新带动发展，不断加强科研创新扶持力度，强化科研平台建设，评估现有基础、发展设想和学科优势，组织申报了藏药质量评价研究、豆制品监管技术、食品综合监管和医学检验设备（纵向技术领域）4个原国家总局重点实验室，在2017年底获批四川省博士后创新实践基地和国家自然科学基金依托单位，为科研工作的持续加强构建了良好平台；进一步完善科研制度，落实科研奖励政策，制定实施科研奖励制度，鼓励和调动全院职工参与科研工作的积极性，在院内通过自筹资金，以设立院立科研项目的形式，鼓励开展检验检测标准提升、分析技术探索和技术监管手段创新的基础研究，2018年共批准立项7个。2018年四川省院共申报了10项专利发明申请，首次牵头申报获批立项2个百万级经费的四川省科技厅重大研发项目，组织对外申报各级课题28项（其中四川省院牵头申报19个），已获批准立项4项。

仿制药一致性评价

根据原四川省食品药品监管局部署，由四川省院负责省内仿制药质量和疗效一致性评价工作的技术指导，四川省共有57家药品生产企业的152个品种（262个批准文号）已启动一致性评价工作，20个批准文号已由原国家食品药品监督管理总局评审中心正式受理，6个批准文号已通过一致性评价，5个批准文号收录入《中国上市药品目录集》，获准使用“通过一致性评价”标识；为弥补四川仿制药一致性评价工作面临生物样本检测能力不足的短板，四川省院于2017年12月挂牌成立生物样本检测中心，经过一年时间的发展，现该中心建立了符合GCP和GLP法规的质量体系，达到了国内先进生物样本检测实验室质量管理要求，2018年5月以总成绩100%通过了国家卫健委组织的2018药代动力学室间质评，11月向国家药品审评中心提交康弘药业文拉法辛缓释片研究数据，成为全国首家正式提供生物等效性试验数据的药检机构；持续推动中药材与中药饮片省级标准制修订常态化工作和藏药标准化工作，起草《四川省中药材（饮片）制修订工作程序》，建立各个学科领域的专家库，组织完成美洲大蠊等9个品种的初审和省医疗机构藏药制剂清理统一及标准提高工作；与资阳市人民政府、资阳市高新产业园区协力打造“中国牙谷”，于2018年4月正式成立四川省医疗器械检测中心资阳分中心，委派专业技术人员担任联络员为园区企业对接服务，开展培训解决实际问题，有效地为园区内企业提供高效、优质的技术支持和服务，助力口腔设备产业高质量发展。

贵州省食品药品检验所

检验检测

2018年贵州省食品药品检验所日常检验工作有序开展，保质、高效地完成了检验任务。共受理药品、化妆品、药包材等样品3366批次，完成2813批次，其中药品2639批药品合格率为98.6%；化妆品608批，合格率为99.5%；药包材119批，合格率为95.6%。检验检测任务主要包括：完成国家药品评价性抽验2个品种：益母制剂、吲哚美辛制剂的检验检测工作及探索性研究工作，共受理样品482批次（含140批次胶囊铬的检验检测）；完成中药注射剂热源专项中板蓝根注射液、复方大青叶注射液、疏血通注射液、复方苦参注射液、野菊花注射液等5个品种12批次的检验；完成3批次朱砂安神丸和1批次珍黄胶囊的中成药非法染色添加专项检验工作；完成2018年省级药品监督抽验788批次的检验检测（省级计划为640批次）工作，不符合规定14批次（含5批次药包材）；完成2018年全国化妆品监督抽检工作7个品种503批次检验检测工作；完成贵州省化妆品监督抽检工作2个品种共90批次检验检测工作；完成注册及委托检验1325批次的检验及复核工作；开展仿制药一致性评价的复核检验工作，已经完成了2个品种复核检验；协助贵州省药监局稽查局完成案件核查工作，开展了奥利司他胶囊等13个品种38个批次非法添加及非标方法的检验工作；为探索贵州省省级药品监督工作的新模式，开展了天麻专项质量评价工作，完成全省九个市州抽取天麻（饮片）共计30批次检验及质量分析。

能力建设

2018年5月，通过贵州省实验动物管理委员会《实验动物使用许可证》换证的现场评审。

2018年7月，贵州省食品药品检验所通过贵州省质量技术监督局行政许可审核中心组织的检验检测机构资质认定（扩项申请）现场评审，获得资质认定扩项参数6项，其中药品1项、药包材5项。

2018年8月，通过贵州省质量技术监局开展的2018年度检验检测机构监督检查。

2018年9月，通过中国合格评定国家认可委员会（CNAS）组织的实验室认可监督评审，通过申请扩项认可的药品、药品包装材料、化妆品检测参数45项，产品3个。

2018年共计参加能力验证和实验室比对20项，覆盖药品、化妆品、药包材检测领域，均取得满意结果。在2018年度全国系统能力验证工作会议中贵州所参加能力验证项次及满意率排序均取得较好成绩。

2018年共采购实验仪器设备近百台（套），投入资金约1000万元。

科　研

2018年，贵州省食品药品检验所积极开展科研工作，完成省科技厅课题3项，药典委标准提升项目3项，国家局注册司项目1项，地标药材新增品种1项。现有药典委标准提升项目29项，地标增修订项目22项，国家局注册司项目1项，省科技厅项目1项，省人社厅项目1项，贵阳市科技局项目1项。

技术指导

贵州省食品药品检验所积极开展对全省食药检系统的业务指导及技术培训，全年举办“2018年全省食品药品检验检测工作交流培训会”“全省药品检验机构科学基金项目申报及注意事项培训班”“2018年度药品检验检测业务及管理人员培训班”“2018年药品检测结果不确定度评定指导原则暨化学药品标准提高技术要求培训”“2018年药品微生物检测技术培训班”各类业务培训班5次，共培训全省药品检验技术人员420余人次。所领导及科室负责人多次到市（州、地）院（所、中心）开展帮扶调研工作，为进一步加大基层药品检验检测机构帮扶指导工作力度。

重要会议活动

2018年4~6月，开展了“不忘初心，继续前行，我为药检发展献言献策”大讨论活动。通过此次活动充分调动激发全所职工干事创业热情，在所内形成担当作为、真抓实干、锐意进取、勇于创新的生动局面，全面提升全所精、气、神。

2018年4月，完成工会换届选举工作：经省直机关工会批准，选举产生第七届工会委员会，依法维护职工的合法权益并组织了三八节职工登山活动、职工春游、职工运动会等活动，进一步营造了健康向上、和谐奋进的药检文化氛围。

党风廉政建设

贵州省食品药品检验所党委在实施精准扶贫中取得了较好成绩，被评为“全省脱贫攻坚先进党组织”，2018 年“七一”受到中共贵州省委表彰。《贵州日报》2018 年 8 月 2 日第二版头条，以“为百姓解忧、助百姓致富”为题，贵州所党委的脱贫工作进行了深入报道；2018 年 3 月底和 4 月初，完成所党委和全所 5 个支部的换届选举工作；积极参加省局党组组织的经常性的党风廉政警示教育活动，筑牢思想防线、坚决杜绝腐败问题；层层签订党风廉政建设和反腐败工作目标责任书，组织全所干部职工收看“警示教育”专题片，按时进行党风廉政教育约谈，时刻筑牢反腐倡廉的思想防线，引导大家把纪律和规矩挺在前面，严格执行中央、省委廉洁自律的有关规定，坚决做到一心为党、一心为公，廉洁自律、克己奉公，永葆党员干部的先进性和纯洁性。

贵州省医疗器械检测中心

检验检测

2017 年底，贵州省医疗器械检测中心向国家认监委提出检验检测机构资质认定申请，国家认监委按照《检验检测机构资质认定管理办法》《检验检测机构资质认定评审准则》及《医疗器械检验机构资质认定条件》等法规要求，组织专家对我中心进行了现场评审。于 2018 年中心获准检验检测项目资质证书（包括医疗器械、体外诊断试剂、洁净环境等三类 52 个参数及 121 项产品）。

根据贵州省食品药品监督管理局《关于印发 2018 年贵州省医疗器械监督抽检实施方案的通知》（黔食药监稽发〔2018〕46 号）的要求及时限，按时完成省局下达的医疗器械监督检验 500 批次任务，审核发出监督抽验检验报告 500 份。按时将 2018 年贵州省医疗器械监督抽验的质量结果汇总上报。省级监督抽验涉及全国 121 家生产企业、117 家经营企业和 57 家医疗单位，承检一次性使用无菌医疗器械、非（可）吸收性外科缝线、天然胶乳橡胶避孕套、一次性使用无菌阴道扩张器、一次性使用无菌导尿管、一次性使用橡胶外科（检查）手套、医用敷料、远红外磁疗贴、手术刀片、医用缝合针、口罩、医用电器设备、体外诊断试剂、定制式义齿、手术膜、一次性使用鼻氧管、医用一次性防护服、医用（组织）镊、止血钳等产品 500 批次，合格 493 批次、不合格 7 批次，合格率为 98.6%。

2018 年的国家医疗器械抽验检验工作中，贵州省医疗器械检测中心承担了天然胶乳橡胶避孕套产品 34 批次近 6000 个样品的检验任务，涉及 23 个注册证，22 家生产企业。我中心进行了样品确认、检验及探索性研究，合格 32 批次，不合格 2 批次，合格率为 94.1%。积极配合牵头单位完成“天然胶乳橡胶避孕套产品质量分析报告”的撰写工作。

贵州省医疗器械检测中心全年共受理注册检验 79 批次，积极安排检验检测，同时对申请注册检验的医疗器械产品技术要求进行了预评价。

贵州省医疗器械检测中心每季度向省局提交医疗器械质量公报相关信息、技术数据及分析报告。

贵州省医疗器械检测中心参加中国食品药品检定研究院组织的医疗器械检验机构能力验证和比对试验，参与项目为“接地阻抗测定试验”，取得满意结果。

党风廉政建设

贵州省医疗器械检测中心组织全体党员干部从政治意义、历史意义、理论意义、实践意义四个方面深入全面的学习了党的十九大精神和习近平总书记在贵州省代表团重要讲话精神，增强

"四个意识"，坚定"四个自信"。

贵州省医疗器械检测中心党支部以宣讲宣传常态化、专题活动常态化、主题教育常态化、教育培训常态化的学习方式宣传贯彻习近平新时代中国特色社会主义思想和党的十九大精神。坚持党要管党、全面从严治党，以党的政治建设为统领，统筹推进思想建党、纪律强党、制度治党。切实增强基层党组织的组织力、凝聚力、战斗力，切实提高广大党员和干部职工的政治素质、理论水平以及业务能力。

加强支委建设，积极发挥党支部的核心作用。把党建工作与中心工作同谋划、同部署、同考核。细化责任清单，落实好党支部书记负总责、支委分工负责，分管领导、科室负责人"一岗双责"的工作责任体系。

加强作风和党风廉政建设，做到从根本改变工作作风。按照《进一步贯彻落实中央八项规定精神切实加强作风建设实施细则》的要求。认真落实党风廉政长效机制，开展了内设机构廉政风险排查和个人岗位廉政风险排查工作，并签订了《廉洁自律承诺书》《"网络意识形态"专项工作目标责任书》，填报了《干部参与茅台酒经营情况报告表》。各岗位都明确提出了各自的廉政风险点，填写《个人岗位廉政风险防控登记表》并报省局备案。组织各科室查找不作为不担当问题，并提出整改措施。

围绕省委、省政府有关脱贫攻坚的重大决策部署和脱贫攻坚规划，根据《关于进一步做好2018年度第一书记驻村决战脱贫攻坚的通知》（黔食药监机党发〔2018〕6号）的要求，我中心按照省局党组要求，推荐选派优秀共产党员前往松桃县妙隘乡长滩村驻村进行扶贫工作。并从20万元办公经费中拨付4.2万元切实保障扶贫经费的使用。结合2017年度开展助推脱贫攻坚"五千行动"的经验，立足单位职能、职责和在脱贫攻坚中承担的具体任务，引领"两个作用"发挥，进一步确定工作目标、措施及要求，落实责任主体、促进2018年脱贫攻坚"五千行动"取得较大成效。

云南省食品药品监督检验研究院

概　况

2018年，云南省食品药品监督检验研究院（以下简称"云南食药检院"）以新时代崭新的精神面貌，迎接改革的机遇和挑战，狠抓工作落实，取得了明显成效：一是检验能力实现三大突破，顺利通过CNAS实验室认可现场评审、原食药总局特殊食品验证评价技术机构备案以及检验检测机构（CMA）资质认定复评审暨扩项现场评审。二是首次承担了全部云南省国家食品安全抽检和国家评价性抽验任务11947次，并超额完成任务。三是连续第5年获得"国家药品抽检工作表现突出的药检机构"表彰，并圆满完成云南省辖区2018年国家药品抽样任务。四是技术服务取得新成果。积极服务云南省中药饮片千亿产业发展，参与推进医疗机构制剂产业化工作，为生物医药企业提供技术保障。五是科研工作取得新进展。推进民族药质量研究评价，做好国家药品质量标准提高研究工作，积极申报科技项目。六是质量提升取得新成效。在加强内部管理体系的同时，持续加强实验室间比对与能力验证等外部审核，持续提升实验室检测能力和质量管理水平。

检验检测

2018年，云南食药检院共完成各类检验检测14810批次，是2017年同期的2.1倍。其中，药品检验2168批次，食品（保健食品）检验12052次，化妆品国家抽检550批次，其他（扩项、能力验证等）40批次。

重要举措和成果

云南食药检院顺利通过CNAS实验室认可现场评审，实现了成立65年以来的能力跨越提升；

二是通过原食药总局特殊食品验证评价技术机构备案，成为云南省第二家具有此资质的食品检验机构；三是通过检验检测机构（CMA）资质认定复评审暨扩项现场评审，食品（保健食品）扩项163项，化妆品扩项73项。

云南食药检院首次承担并圆满完成云南省全部食品、化妆品安全国家抽检任务，总任务量为2017年的近3倍。提前超额完成食品安全国家抽检9562批及食品安全国家评价性抽检2385批，完成药品安全国家抽检484批，完成化妆品安全国家抽检550批。

云南食药检院完成23个对照药材研制工作，联合科研院所开展灯盏花品质提升及药材标准研究工作，成立中药饮片质量研究所，开展探索性研究。联合相关单位，共同开展中药制剂研发项目。三是努力为生物医药企业提供技术保障和服务。共受理并完成各类审批检验456批次，完成企业急需的委托检验1115批。6月份出现大量网贴抨击云南白药为假药，云南食药检院紧急查阅、梳理历史档案资料，为云南白药品牌正本清源提供了有力证据。

科　研

云南食药检院以民族药质量评价研究为方向，申报了原国家总局重点实验室；积极参与中检院和原国家总局药化注册司民族药研究项目完成6个品种的质量标准提高研究工作，其中3个品种已通过专家审评在国家药典会网站上进行公示。积极申报科技项目。2018年申报了1个国家自然科学基金项目和2个云南省科技厅项目，并联合相关单位申报了1个云南省科技计划项目和1个云南省科技厅生物医药专项课题。

能力建设

云南食药检院报名参加英国FAPAS、中国食品药品检定研究院、云南省风评中心、上海食品药品检验所、华测检测认证集团等机构组织的能力验证9个，测量审核24个，满意率100%，实验室检测能力和质量管理水平得到了明显提升。

陕西省食品药品监督检验研究院

概　况

陕西省食品药品监督检验研究院（以下简称陕西省院）截至2018年底共有在编职工121人。享受国务院特殊津贴专家1人，国家药典委员2人，国家级评审专家10人，省级评审专家27人。专业技术人员中有博士5人，硕士49人。院领导有：院长、党委书记刘海静，副院长绳金房、白军锋、乔蓉霞、孙希法，总检验师戴涌，纪检书记张艳。现有实验办公建筑面积13260m^2，包括12000m^{2}的食品药品检验大楼和1260m^{2}的药理实验楼，全院现有仪器设备价值11891万元。具备药品、食品、保健食品、保健用品、化妆品、生物制品、药包材、兽药毒理和洁净度检测共3602个参数的检验能力。

检验检测

2018年，陕西省院共完成各类检品12169批（件）。其中药品8362批次，占69%；食品、保健食品、保健用品2746批次，占23%；化妆品检验950批次，占7%；各类模拟试验111批次，占1%。

食品安全抽检监测工作不断加强，在全省食品安全风险监测工作中发挥了重要技术协调作用，1月，原国家食品药品监管总局再次发来表扬信，对承担陕西省食品安全抽检信息系统维护的秘书处同志提出表扬。4月，被国家药品监管局表彰为2017年国家药品抽检工作表现突出的药检机构。在药品国抽非标探索性研究中，杞菊地黄制剂、烟酸注射液两个品种从全国国抽网评44家单位的162个品种中被现场评审确定为中药组第五和化药组优秀。

监测报告数量、质量稳步提升，全省共收集上报药品不良反应、医疗器械不良事件、药物滥用监测、化妆品不良反应监测报告38270份（例）。持续推进医疗机构加入国家药品监测哨点联盟工作，目前全省国家哨点联盟医疗机构已有六家。

能力建设

5月，陕西省食品药品监督检验研究院顺利通过了中国合格评定国家认可委员会（CNAS）组织的实验室认可复评审现场评审工作，评审组对陕西省院管理体系规范运行予以充分肯定，并颁发了新的实验室认可证书。8月，完成食品、化妆品资质认定扩项及标准变更现场评审工作，扩项45个参数。组织参加英国FAPAS、国家局、中检院组织的能力验证、比对试验、盲样考核27项，涵盖食品、药品、微生物、化妆品等检验领域，取得满意结果。

科 研

由陕西省食品药品监督检验研究院独立申报的《食品关键快检方法开发和质量控制技术的研究与应用》项目被确定为陕西省科学技术二等奖。全省食品药品快速检测公共服务平台建设取得新成效，补充检验方法“食品中5种α-受体阻断类药物的测定”已由国家市场监督管理总局正式公布。组织完成食品快检产品评价工作，共征集到40个生产企业7大类97种快检产品。积极进行陕西省食品安全地方标准研究，由省院申报的“食品快速检测产品生产过程质量控制规范”等3项标准均成功入选2018年陕西省地方标准制修订项目计划。鼓励全院人员开展学术研究，全年发表专业学术论文56篇，被SCI收录1篇。

基础设施建设

由陕西省食品药品监督检验研究院负责实施的陕西省食品检验监测中心实验室项目正在加紧施工，全面展开土建安装。加强仪器设备采购和维护，以公开招标方式采购高效液相等大型仪器24台，共计1002万元。

扶贫工作

陕西省食品药品监督检验研究院主要负责同志多次深入帮扶村调研指导，召开会议研究帮扶工作，派出技术骨干长期驻村扶贫，2018年落实扶贫资金38万元，用于基础设施建设和产业发展。无偿提供省院旧址一楼大厅场所，作为石泉贫困县特产直营店。

党风廉政建设

陕西省食品药品监督检验研究院开展党组织换届工作，根据工作调整，改选了党委书记，重新设置了10个党支部，强化了组织保障。组织开展中心组学习、专题研讨、党课辅导、撰写读书笔记、心得体会等多种形式推进“两学一做”教育常态化制度化。

陕西省医疗器械质量监督检验院

概 况

2018年，陕西省医疗器械质量监督检验院紧紧围绕“深化审评审批制度改革、提升服务保障水平”总目标，坚持以改革求创新，以创新促发展的原则，扎实推进医疗器械检验检测工作向纵深发展。全年先后选派40余人赴中检院、十大中心业务培训学习，9月份邀请了国家级专家对全院职工进行了实验室评审准则系统性培训，11月份开展了“《检验检测机构资质认定能力评价检验检测机构通用要求》暨第六版体系文件宣贯培训”，医疗器械检测整体水平不断提升。

检验检测

陕西省医疗器械质量监督检验院坚持围绕“质量监督，检验检测”这一主业部署开展各项工作。全年，完成国家监督抽样73批次，承检237批次，任务量较2017年增长了11%；完成省级监督抽检任务904批次，任务增幅为29%；全省在用医疗器械检测任务621批，任务增幅达55%。积极做好服务企业工作，全年为150余家企业的317批次产品提供了注册、委托检验服务。

能力建设

陕西省医疗器械质量监督检验院加强能力建设，积极做好扩项工作。2018年11月，诊断试剂类、组织工程类、轮椅车类等36个检测项目顺利通过了国家认监委扩项评审小组现场评审；参加了中检院组织的“接地阻抗测定”、“不溶性微粒检测”比对试验结果均为满意。

科　研

按照陕西省科研项目申报要求，2018年，陕西省医疗器械质量监督检验院申报的《医疗器械生物安全性体外替代检测标准的建立》《用于数字诊疗的自动化高通量基因检测核酸提取装备研制及应用》两个科研项目已获得省科技厅立项。完成了与空军军医大学3D打印研究中心、西安组织工程与再生医学研究所等科研机构联合申报了《荧光定量PCR法基基因分型检测试剂盒》、《3D打印医疗器械生产质量管理规范》等7项地方标准获得立项；修订的《便携式氧气呼吸器（瓶）通用技术要求》《医用退热贴通用要求》等7项地方标准已颁布实施。参与陕西省《定制式活动义齿通用技术要求》《定制式固定义齿通用技术要求》2项地方标准修订工作。

党风廉政建设

2018年8月31日，陕西省医疗器械质量监督检验院成立了中共陕西省医疗器械质量监督检验院委员会、中共陕西省医疗器械质量监督检验院纪律检查委员会。先后出台了《关于推进“两学一做”学习教育常态化制度化的实施意见》、《关于开展基层党支部“对标定位、晋级争星”活动的通知》等措施；坚持“四有两责”原则，全面落实“一岗双责”。开展了冯新柱案“以案促改”、“秦岭北麓违建严重违反政治纪律”专题教育；组织全体党员“参观烈士陵园，缅怀革命先烈”主题党日教育活动。

陕西省西药产品质量监督检验站

概　况

陕西省西药产品质量监督检验站是由陕西省质量技术监督局授权，具有第三方公正地位的省级西药产品质量监督检验机构，共有专职人员31名，其中高级职称4人，中级职称12人，初级职称7人，技术工人8人，按专业性质下设药用包材、化学分析、生物检测、药理检测、仪器分析等七个检验室。

2018年，陕西省西药产品质量监督检验站不断与时俱进，进一步加强自身建设，努力提高业务能力和管理水平，认真履行职责，为药包材事业的发展，为食药监事业的发展，为人民用药安全做贡献。

检验检测

2018年，陕西省西药产品质量监督检验站共完成各项检验任务170批。其中：药包材生产企业委托检验121批、企业洁净厂房空气洁净度委托检测共49次。检验数据无差错率为100%，投诉和申诉发生率为零。

基础设施建设

2018年，陕西省西药产品质量监督检验站为了适应检测工作不断发展的需要，已在鄠邑区投资2700多万元建设了面积4000多平方米的新实验室和600多平方米的试验动物环境设施，目前正在装修当中，新设施2019年即将投入使用，将使检测环境得到大幅度提高。

能力建设

为确保检验结果准确，陕西省西药产品质量

监督检验站积极参加国家能力验证和实验室比对：2018 年参加了济南兰光机电技术有限公司包装安全检测中心组织的《2018 年春季薄膜阻隔性测试—氧气透过量和水蒸气透过量的实验室间数据比对》，完成两个项目共四个样品的检测，比对结果均为满意。

2018 年陕西省西药产品质量监督检验站参加了中国食品药品检定研究院组织的能力验证：NIFDC－PT－164《塑料膜的透湿性测定》，比对结果为满意。

2018 年完成实验室内部比对计划 12 项，从人员、设备、不同时间等方面全方位确认实验室的检测水平和能力，全部按计划完成并符合要求。

通过各项比对试验和能力验证，使陕西省西药产品质量监督检验站的检测能力和水平得到了确认。

陕西省西药产品质量监督检验站积极组织内部审核和管理评审，不断促进各项工作持续发展。2018 年 3 月为证实体系运行能够持续地符合管理体系和《检验检测机构资质认定评审准则》的要求，组织进行了一次覆盖管理体系全部要素和所有活动的内部审核，对自身管理体系的适宜性、充分性和有效性以及检测/校准等质量活动进行评审和论证。对自查中发现的缺陷认真细致地分析了原因，制订纠正措施，进行彻底整改，使质量管理体系得以不断完善。通过对体系文件、资源配备、检验工作质量、培训等内容的审核，确认陕西省西药产品质量监督检验站管理体系持续规范运行并不断改进，质量方针、质量目标顺利实现。

2018 年 5 月，陕西省西药产品质量监督检验站接受陕西省质量技术监督局资质认定评审组的资质认定复评审，评审组依据《检验检测机构资质认定评审准则》对技术文件、原始记录和质量管理体系的运行情况进行了全面检查，认为陕西省西药产品质量监督检验站建立了完善的质量管理体系，运行基本有效，顺利取得了《检验检测机构资质认定证书》。

2018 年 4 月，陕西省西药产品质量监督检验站接受并顺利通过省科技厅动管会专家组的现场检查；接受陕西省实验动物质量监督检验中心对实验动物环境与设施的检测，取得了合格报告，5 月取得了《实验动物使用许可证》。

青海省药品检验检测院

概　况

2018 年，青海省药品检验检测院建院 60 周年，在原省食品药品监督管理局（以下简称省局）党组的坚强领导下，青海省药品检验检测院党委带领全院职工，以习近平新时代中国特色社会主义思想为指导，认真贯彻执行党的十九大、十九届二中、三中全会精神及党的路线、方针、政策，切实履行党风廉政建设“两个责任”和“一岗双责”，持续推进“两学一做”学习教育常态化制度化。青海省药品检验检测院各项事业全面快速发展，新实验楼建成并投入使用，实验设施设备显著改善，检验科研能力稳步提升，人员队伍整体素质不断提高，圆满完成 2018 年各项工作任务。

检验检测

抽样任务：完成 406 批次国家药品抽样任务，859 批次省级药品抽样任务；参与国家和省级医疗器械抽样 230 批次。

检验检测任务：完成药品、化妆品、医疗器械各类检品 3494 批次。

完成“刺五加制剂”“伤科七味片”和“复方龙胆碳酸氢钠片”3 个品种 338 批次国家药品抽验按标检验任务，检出不合格样品 14 批次，不合格率 4.1%；完成省级药品检验任务 858 批次，检出不合格样品 42 批次，不合格率 4.9%。

完成国家化妆品检验任务 500 批次，检出不合格样品 11 批次，不合格率 2.2%，检出问题样品 16 批次，问题样品率 3.2%；完成省级化妆品检验任务 80 批次，全部合格。

完成国家医疗器械检验任务 55 批次，全部合格；完成省级医疗器械检验任务 200 批次，检出问题样品 65 批次，问题样品检出率 43.6%，检出不合格样品 1 批次，不合格率 7.69%。

完成注册检验 467 批次；完成委托检验 843 批次；完成内部送检 153 批次。

科　研

完成国家药品抽检“刺五加制剂”“伤科七味片”和“复方龙胆碳酸氢钠片”3 个品种探索性分析研究任务，其中“复方龙胆碳酸氢钠片”质量分析报告，入围全国药检系统国抽现场评议参评品种，进行大会报告，荣获第 4 名。

完成国家中医药管理局专项课题“冬虫夏草野生与人工繁育品的品质比较研究”；完成青海省科技厅青海省中藏药现代化研究重点实验室课题“利肺片质量分析及风险评估研究”，通过青海省科技厅验收，成果达到国际先进水平。主持完成“多层共挤输液用膜制袋包装烟酰胺葡萄糖注射液生产工艺及质量控制研究”和“多层共挤输液用膜制袋装环磷腺苷氯化钠注射液质量控制及相容性研究”课题，参与完成“利用甘草废渣提取光甘草定新产品开发”课题均取得 2018 年青海省科技成果证书，其中 2 项成果达国内领先水平，1 项成果达国内先进水平。

完成省局“益寿珠宝丸”“十二味甲亢丸”等 9 个制剂标准复核工作和“38 个藏药材和 50 个藏药制剂标准制修订研究”项目。

向国家局申报药品补充检验方法 2 项。

申报专利 11 项。其中“薄层色谱检测自报警基板组件”获得国家实用新型专利证书，“薄层色谱展开仪”获得国家外观设计专利证书。

扶贫工作

派出 80 人次，历时 200 余天，协助国家局、省局开展药品、化妆品、医疗器械、保健食品 GMP、GSP 认证及各类专项检查；组织专家 20 余人次为 5 个市（州）药检机构进行技术指导、新实验楼设计和洁净室现场检测；培训青海省市（州）药检机构和药品生产企业技术人员 138 人次；接收青海省内药检机构、药品生产企业、医疗单位以及部分院校学生进修学习 26 人次；为 53 家生产流通企业、医疗机构和公安部门提供检验技术服务，与多家药品生产企业开展技术交流、科研合作。

开展精准扶贫，选派 2 名职工驻村扶贫。与 3 家有意开展爱心援助的企业沟通，募集 3 万元修复青海省民和县古膳镇联合村雨水冲塌路段，同时为村民捐赠常用药品 11 箱，价值 5 万余元；协调青海省红十字会，从青海省药品检验检测院“博爱一日捐”善款中拨付 8000 元，用于该村办公楼及村民活动中心饮水项目；向村委会及村小学师生捐赠文件柜、体育用品、科普书籍、学习用品、食品和生活物资。全年募捐慰问金 6 万元，捐赠食品、药品、衣物、书籍等生活用品价值 8 万余元。2018 年 7 次组织职工对 72 户贫困家庭开展一对一结对帮扶。

重要会议活动

2018 年 4 月 13 日，国家局办公室下发《关于表扬 2017 年国家药品抽检工作表现突出单位的通知》（药监办〔2018〕4 号），青海省药品检验检测院作为 2017 年国家药品抽检组织管理、抽样、检验和质量分析、核查处置、数据报送等工作表现突出药检机构受到表扬。

2018 年 8 月 20 ~ 22 日，青海省药品检验检测院举办青海省药检系统操作技能比武大赛，由全省各药检机构专业技术骨干组成 10 支队伍，40 名检验检测专业技术人员参加比赛。

2018 年 8 月 23 ~ 24 日，由青海省药品检验检测院举办的青海省药品检验检测技术学术交流研讨培训会在青海省西宁市召开。来自青海省各市（州）食品药品检验所（中心）、药品生产企业、医疗机构和青海省药品检验检测院的专业技术人员190余人参加会议。

2018年9月21日，庆祝建国69周年、改革开放40周年暨建院60周年文艺会演大会在青海省药品检验检测院举行。原青海省食品药品监督管理局、青海省纪委驻卫生和计划生育委员会纪检组、青海省教科文卫体工会等相关单位领导及部分市（州）食品药品检验所职工、在青退休老干部等140余人参加大会。

基础设施建设

2018年3月，新实验大楼正式投入使用，新增建筑面积8000多平方米；建成国内药检系统比较完善的中藏药标本馆，配备360度全息投影、中草药、中国中药资源分布及中药材真伪鉴别3个电子查询系统等软硬件设施；建成信息机房，配备虚拟化服务器系统、动态环境监控系统、稳压电源系统、冷通道系统、七氟丙烷消防系统、防雷接地系统等。

宁夏回族自治区食品检测研究院

概 况

宁夏回族自治区食品检测研究院是宁夏回族自治区市场监督管理厅直属的省级食品检测机构，为独立法人单位，并加挂国家农副加工产品质量监督检验中心（宁夏）、国家清真食品质量监督检验中心两个国家级牌子及宁夏回族自治区枸杞产品检验检测中心、宁夏回族自治区葡萄酒检验检测中心、宁夏回族自治区食盐检验检测中心三个省级牌子。2018年，宁夏回族自治区食品检测研究院全体干部职工认真贯彻落实习近平新时代中国特色社会主义思想，牢固树立“四个意识”，全面落实“四个最严”要求，在机构改革划转、检测任务翻倍等重重压力下，勇于担当、攻坚克难、全力以赴，聚焦检测主业，顺利完成2018年能力建设、重点工作及各项工作部署，以强有力的检验检测技术支撑，深度服务食品安全监管。

检验检测

2018年，按照自治区下达的食品安全监督抽检任务要求，宁夏回族自治区食品检测研究院统筹安排，各科室协调配合，按时完成各项检验检测任务3531批次，并如期出具检测报告。其中：国抽检验任务1257批次（包括保健食品20批次）；省级监督检验任务1603批次；截至12月底，接收并完成食品生产企业委托检验671批次。

科 研

2018年，宁夏回族自治区食品检测研究院将“宁夏牛羊肉制品中外源性动物源引入物质的鉴别方法研究”和“宁夏枸杞籽油中污染物监测及控制研究”两项科研课题作为本年度的重点工作之一，相关项目负责人与技术人员在保证日常检验工作的前提下，团结一致、勇于创新、突破难关，如期结题验收，并取得了科技成果登记。其中：“宁夏牛羊肉制品中外源性动物源引入物质的鉴别方法研究”项目通过231份市售样品的五千余个数据验证，有效地解决了牛羊肉制品掺假难检测、难识别、难监管的问题，维护了市场的公平公正的秩序，极大震慑了制假掺假的不法分子，保障了老百姓舌尖上的饮食安全；“宁夏枸杞籽油中污染物监测及控制研究”通过比较分析超临界萃取枸杞籽油工艺过程中的污染物种类寻找污染物来源，完成对47种农药残留、16种真菌毒素、16种塑化剂、16种多环芳烃及重金属等100种污染物的分析，并建立相关污染物的批量快速检测方法。同时，制定食品安全地方标准5项，发表专业论文25篇，培养科研骨干7名，培养在职硕士研究生1名，科研工作得到有序发展。

能力建设

2018年，宁夏回族自治区食品检测研究院坚持规范检验检测实验室管理工作，定期开展内部审核和管理评审，顺利通过省级检验检测机构资质认定扩项评审，并取得省级资质证书，获得了367个参数检测能力的授权；随时跟踪标准变化，对标准更新后的检验能力进行再证实，组织检验科室新开检验方法37项，涉及“水果和蔬菜中450种农药及相关化学品残留量的测定”“乳及乳制品中硫氰酸根的测定”“消毒餐饮具大肠菌群、沙门菌的检测”“食用油中极性组分的测定”等263个参数；按计划组织实施能力验证工作11次，其中，国家认监委组织的能力验证5次，原国家食品药品监督管理总局组织的能力验证2次，中国检科院组织的测量审核3次，已反馈的7项结果均为满意。组织实施内部质量控制工作13项，结果均为合格；组织全体人员参加新版《检验检测机构资质认定能力评价 检验检测机构通用要求》和《检测和校准实验室能力认可准则》的宣贯学习，并按新准则要求，广泛征求意见和建议，全面修订换版管理体系文件；夯实实验室基础能力建设，本年度已完成气质、高效液相、全自动多功能样品前处理器等8台（套）仪器设备的安装验收。随着实验条件的改善、检测任务的增加及工作效率提升的迫切需要，本年度投入1055万元购置大型仪器设备、前处理、理化分析及实验室辅助设备共计312台（套），从而有效提升食品检验检测能力；通过邀请专家讲课、仪器厂家培训、单位内部培训等多种形式，有计划、有针对性地开展培训。全年共组织参加各类专业技术培训8次，培训人数累计112人次。

党风廉政建设

2018年，宁夏回族自治区食品检测研究院党支部在厅局党组和机关党委的正确领导下，以习近平新时代中国特色社会主义思想和党的十九大精神为指导，严格落实自治区党委“三强九严”工程部署和厅局机关党委要求，坚持全面从严治党，深入查找剖析党支部建设和发展中存在的问题，坚持问题导向，紧盯薄弱环节，多措并举，全面完成了各项党建工作计划。

宁夏回族自治区药品检验研究院

概　况

2018年，在宁夏回族自治区药品监督管理局和中国食品药品检定研究院的正确领导与大力支持下，宁夏回族自治区药品检验研究院（以下简称“宁夏药品检验研究院”）认真贯彻落实国家食品药品医疗器械检验检测电视电话会议、自治区药品监督管理局年度工作会议、党风廉政建设工作会议精神和重大决策部署，以提供及时有效技术支持、全力保障公众身体健康为根本，围绕药品检验检测中心工作按要求完成了年初确定的各项工作目标，为全区药品、化妆品、医疗器械监管提供了强有力的技术支撑。

检验检测

2018年共完成国家和自治区下达的药品、化妆品、医疗器械检验检测任务2628批，其中，药品1826批次，化妆品656批次，医疗器械146批次，并针对各类专项检验任务开展了相应的探索性研究和数据分析汇总工作，撰写了分析检查报告。出版发行《宁夏中药炮制规范》《宁夏中药材标准》地方标准两部。完成了酸枣仁皂苷B等16个国家药品标准物质的质量监测任务及相关研究工作。

科　研

仿制药一致性重点实验室项目进展顺利，向自治区科技厅申报的“仿制药一致性评价质量研究基础条件建设”项目已全面完成，与宁夏医科大学联合申报的自治区科技支撑项目“仿制药一致性评价关键技术研究与示范”项目正在开展相关研究。

与中国中医科学院中药资源中心共同承担的《六盘山地产药材生产过程质量追溯体系构建与应用》课题任务获准立项。

参与中检院重大新药创制科技重大专项《药物一致性评价关键技术与标准研究》课题，涉及2个品种，项目正在进行中。

获批了3项宁夏医科大学重点实验室开放课题项目，现正在进行中。

作为全区中药材产业技术服务专家工作站，多次深入中药材种植基地及企业开展调研和帮扶工作，切实为宁夏中药材产业提供了强有力的技术支持，有效发挥了技术服务指导作用。

充分发挥在药品检验、科研领域方面的技术优势，科技服务与人才工作成效显著：被评为全区2017年中药材产业技术服务先进工作站，2名同志被评为工作站优秀专家，全年为我区涉药单位培训进修人员20人，接受大学实习生60人。

重要会议活动

2018年2月22日，宁夏药品检验检验研究院召开党总支扩大会议，安排部署2018年度全面工作。

2018年3月15日，宁夏药品检验研究院派遣技术骨干赴区内企业进行技术指导及帮扶。通过答疑及具体实验室现场操作演示，帮助企业质量检测人员掌握基本操作技能，提高质量意识，为企业GMP认证工作提供帮助。

2018年5月，宁夏药品检验检验研究院王英华主任药师荣获2017年度中国药学发展奖食品药品质量检测技术奖突出成就奖，成为获此殊荣的我区食药监系统唯一一位专家。

2018年5月11日，宁夏药品检验检验研究院被评为全区2017年度中药材产业技术服务先进工作站，两名同志还被评为工作站优秀专家。宁夏药品检验检验研究院将以此荣誉为动力，继续立足产业发展实际，秉持协同发展、精准服务的理念，一如既往的扎实开展技术服务工作，为我区中药材产业健康持续发展和南部贫困山区中药材种植产业精准扶贫工作贡献力量。

2018年9月，由宁夏药品检验检验研究院负责具体修编的《宁夏中药饮片炮制规范》（2017年版）荣获第二十六届（2017年度）中国西部地区优秀科技图书评选会优秀科技图书一等奖。

2018年12月，由宁夏药品检验检验研究院负责具体修编的《宁夏中药材标准》（2018年版）正式出版发行。

党风廉政建设

坚持“集体领导、民主集中、个别酝酿、会议决定”的原则，在重大问题的决定、重要工作的组织实施前，都进行酝酿讨论；坚决落实领导干部双重组织生活制度，充分发挥领导干部的示范带头作用。

深入推进党员干部理论学习，形成月度集中、明确主题、专题讨论、重点发言的集体学习机制，全年共集中学习16次，切实将学习宣传贯彻习近平新时代中国特色社会主义思想和党的十九大精神推向深入并入脑入心。

不断完善党建机制，切实贯彻“一岗双责”，严格落实“三会一课”等九项基本制度制度和总支、支部书记抓党建工作的主体责任，做好基层党组织服务党员工作，全面提高党的建设工作质量。

坚持开展“1+4+X”主题党日活动，不断丰富党建活动形式，扎实开展党建“灯下黑”专项整治和从严整治共产党员信仰宗教和参与宗教活动并取得了明显成效。

严格遵守廉洁自律有关规定，认真完善全面从严治党“三个清单”，狠抓党风廉政建设，不断强化廉政教育，丰富活动形式，切实履行了党风廉政建设主体责任。

积极推进党群共建工作，不断加强群团组织

自身建设，建立了制度化、规范化、常态化的建设机制和运行模式，积极开展新春趣味联欢、义务植树、“生日关爱”、“送温暖、献爱心”等活动。

积极开展创先争优等活动，不断巩固思想道德和精神文明建设成果，年内，院总支荣获区局直属机关优秀基层党组织并被区直机关评定为四星级基层党组织。化妆品室荣获自治区模范职工小家称号，2名同志被评为区局优秀共青团员。

新疆维吾尔自治区食品药品检验所

概　况

2018年，新疆维吾尔自治区食品药品检验所（以下简称“新疆所”）坚持以习近平新时代中国特色社会主义思想为指导，深入贯彻落实党的十九大和十九届二中、三中全会精神，贯彻落实以习近平同志为核心的党中央治疆方略特别是社会稳定和长治久安总目标，认真落实“四个最严”和“实施食品安全战略”总要求，全力做好保障食品药品安全的技术支撑作用，为实现新疆社会稳定和长治久安总目标提供坚强政治保证。

检验检测

2018年，新疆所接受国家、自治区食品（保健食品）、药品（药包材、药用辅料）、化妆品、医疗器械抽验指令性任务12项。完成各类检品6405批，指令性任务完成率100%，其中国家化妆品监督抽检任务问题样品检出不合格率为12.0%，在全国各承检机构中排名第一，为有效防控系统性、区域性风险发挥了技术支撑作用。在完成常规检验的同时，注重对上市后产品质量全过程监管方法的拓展研究，完成2018年国家药品评价性抽验品种《灵芝胶囊检验及拓展性研究报告》《奥氮平片检验及拓展性研究报告》的撰写和上报，其中“灵芝制剂”质量研究工作获得国家药品评价性抽验中药类单方制剂评议排名第一，总类排名第九的好成绩。在灵芝胶囊品种拓展性研究中，对发现的安全隐患问题，及时上报国家局药化监管司及中检院监督中心，并启动问题样品调查处置程序，切实为药品注册上市后再评价提供有力有效技术支持。全年共派出专业技术人员35人次，执行核查、现场保障等任务312天，发挥了检验检测机构在研发生产过程监督、生产现场检查中的重要作用，加强了食品、药品安全的源头管理。

科　研

①向国家药典委提交2018年度国家标准提高项目维吾尔药材护肝布祖热颗粒等5个品种的研究申请；②联合中检院、山东院、浙江院等12家单位，完成国家重点研发计划“2018年度中医药现代化研究，中药饮片质量识别关键技术研究”课题联合申报；③申请并立项“乳品中牛、驼、驴源性成分PCR检测方法的建立”“化妆品中汞的快速检测方法的研究”“新疆食品安全风险监测预警数据挖掘模型构建”3项自治区局科研课题；④依托“一带一路”发展机遇，申报国家局重点实验室，努力打造新疆特色中药民族药质量评价技术研究和质量安全监管平台；⑤由自治区局与国家药典委员会合作开发的《数字化新疆维吾尔自治区维吾尔药材标准》正式公开发行，标志着新疆维吾尔药材标准进入数字化时代；⑥全所共发表科研论文21篇，其中核心期刊4篇，获得专利2项。

能力建设

2018年，新疆所报名参加CNAS、国家局、中检院、自治区质监局等组织的能力验证和比对试验18项，截至12月收到考核结果反馈15项，结果均为满意。6月，通过自治区质监局组织的实验室资质认定复评审和扩项评审现场检查，取得食品（含保健食品）、药品（含药包材）、医疗器械、化妆品、生活饮用水、洁净区（室）等检测领域357个产品、1445个参数的检测能力；7月，通过中国合格评定国家认可委员会（CNAS）组织的药品领域实验室认可现场评审，获得126项资质，进一步拓展技术支撑范围；9月，食品检验领域通过自治区局组织的食品安全抽检监测承检机构考核评价和监督检查。按照目前国家标准和任务类别，能够全面满足国家、自治区两级检验任务。

党风廉政建设

党的十九大召开以来，新疆所坚持加强党的路线方针政策、自治区党委重大决策部署的宣传教育，牢固树立大局意识，不折不扣完成维护稳定政治任务。2018年选派8名同志参加新一轮“访惠聚”驻村工作，4个支部与驻村工作队党支部开展“一联双促”活动，推动落实维护稳定、群众工作、脱贫攻坚、建强组织四项任务。按照年度《“民族团结一家亲”活动实施方案》，统筹推进党员干部常态化下沉、驻村入户，深化结亲联谊、扶贫帮困等工作，圆满完成年度六轮，27批次，624人次结对认亲工作，积极反映、解决群众实际困难，将党的惠民政策传播到田间地头。在援疆干部余振喜同志积极协调下，中检院（党办、工会）为我所对口扶贫村捐赠衣物1065件（棉衣464件，夏衣601件）；在我所职工德力下提同志的倡议下，我局6个“访惠聚”工作队为桑株镇贫困儿童筹集价值6万元的温暖包（170件）。

中国人民解放军联勤保障部队药品仪器监督检验总站

概　况

2018年正式转隶联勤保障部队，更名为“中国人民解放军联勤保障部队药品仪器监督检验总站”。转隶以来，在联勤保障部队机关的坚强领导下，在国家药品监督管理局和中检院的关怀帮助下，总站深入学习贯彻习近平新时代中国特色社会主义思想和党的十九大精神，牢固确立习近平强军思想的根本指导地位，坚决贯彻落实上级各项决策指示和部署要求，抓中心谋打赢，抓管理固根基，抓服务增实效，圆满完成上级赋予的各项任务，总站建设呈现出稳中有进、稳中向好、整体提高的良好势头。

检验检测

常规检测工作稳步推进，全年完成军队药品制剂抽验、标准提高复核检验、医疗机构制剂注册检验、药品现场验收检验、洁净间检测等检验任务931批次。完成卫生装备计量检定、校准溯源、定型试验949台（套）。承担1个品种国家药品评价性检验任务，2个品种国家医疗器械监督抽验工作。聚焦在用设备质量安全，完成军队大型医疗设备应用质量年度检测任务。

能力建设

积极参与后勤卫生器材国家军用标准体系建设，各项军用标准研究进展顺利。承担药典委员会药典注释任务2项，《中国药品检验标准操作规范》任务3项。主编参编著作3部，获批专利3项。完成质量体系文件改版，顺利通过实验室资质认定和实验室认可二合一评审，检验检测技术保障能力持续提升。《解放军药学学报》办理主管主办单位更名，全年完成6期176篇论文出版任务，办刊质量进一步提升。

重要会议活动

配合联勤保障部队卫勤局，开展全军药品制剂监督抽验工作，规范各级医疗机构药品质量管理秩序。紧贴部队需求及军队药检机构职能任务，组织医学计量质控、大型医疗设备检修技术培训，提高联勤保障部队药检机构的整体技术水平。组织医学计量质控、大型医疗设备检修技术培训。承办召开中国计量学会医学计量分会和中国医学装备协会医学计量专委会学术年会，总站行业学术地位进一步彰显。

沈阳市药品检验所

检验检测

加强规范化管理，一是组织检验人员认真学习《中国药典》（2015年版）凡例与附录、《药品检验标准操作规范》和所内文件，通过学习和研讨不断提高检验人员标准执行能力和检验技术水平。二是严格检验记录与报告书规范化管理，日常审核层层把关，加强检验质量考核，保证检验报告书的规范和结论的正确。

沈阳市药品检验所目前在检验一线的专业技术人员仅有20人（其中2人还承担着基建工作），为完成今年市局下达的1200批检验任务，我所在检验人员严重短缺的情况下，通过整合科室提高工作效率，通过延长工作时间来提高检验速度，并放弃了保健食品和化妆品的检验工作全力保障药品检验。由于抽验工作方案3月末下达，正值沈阳三城联创，各区局忙于创城工作，直到4月末各区局才开始抽样，这样留给我所检验时间仅有7个月，为完成抽验任务，检验人员克服重重困难，挑灯夜战，甚至放弃了周末休息时间，通过高强度超负荷地工作保障了检验任务顺利进行。今年我所共收检监督抽验样品1129批（未包括省院79批），其中化学药品700批、中药饮片63批、中成药191批、抗生素药品175批。目前完成838批，全检率接近70%；其中不合格样品5批。不合格样品中3批为中药饮片，其中2批为性状不合格，1批为总灰分不合格；化学药品2批不合格均为溶出度不符合规定。

能力建设

实验室资质认定工作是促进药品检验工作走向科学化、标准化、规范化、公正化的有力措施。我们所确定了“科学、公正、优质、高效”的质量方针；质量目标涉及报告差错率、检验时限、客户满意率、投诉处理率、员工培训实现率、仪器设备合格率、安全事故率等指标。年初先后开展了质量体系内部审核，针对评审出现的问题及时修订体系文件，实现质量体系的持续改进。现有体系文件分为《质量手册》1册34个文件、31个《程序文件》、56个《工作规程》、198个《标准操作规程》、200余种记录表格等四个层次，体系文件明确了各部门、关键岗位人员的职责和管理要求。2018年2月2日，获得检验检测机构资质认定证书；2018年5月10日，获得第一次扩项证书。目前，沈阳药品检验所药品资质103项、化妆品172项、保健食品114项，共计389项。沈阳市药品检验所作为沈阳市行政部门所属唯一具有化妆品检验职能的单位，为配合我市国产非特殊用途化妆品备案工作，服务辖区内企业，打造优质营商环境，经过精心策划和准备，2018年8月末沈阳市药品检验所通过国产非特殊用途化妆品备案检验机构能力认定现场核查。内部质量控制是确定实验室能力的重要手段，组织实施实验室质量控制考核，有助于及时发现我所业务中存在的问题，提高检验检测技术能力，按照年度质量控制计划，开展人员比对、仪器比对、方法比对，按照比例抽查检验报告书及原始记录。积极参加中检院组织的能力验证，2018年参加的8项均获得满意结果，通过能力验证，既提升了沈阳药品检验所检验人员的业务水平，又提升了沈阳市药品检验所在同行业的知名度。沈阳市药品检验所主动与药典会沟通，承担了国家药典委员会《中国药典》（2020年版）品种瓜子金饮片的质量标准起草工作，该项工作为沈阳市药品检验所恢复检验以来承接的第一项国家级科研课题，该品种为市场冷货，收集样品也是很重要的一项内容，目前已基本完成样品收集工作，累计收集样品21批次，具备研究条件。

青岛市食品药品检验研究院

概　况

2018 年，青岛市食品药品检验研究院在市局领导下，深入学习贯彻习近平新时代中国特色社会主义思想和党的十九大精神，领导班子同心聚力，带领全院职工抓好各项工作，认真贯彻落实省、市食品药品监督管理局工作部署，举全院之力，圆满完成上合青岛峰会食品安全保障检验任务。该院以“科教兴院”为契机，以国家级、省级等课题研究为能力建设平台，在国家评价抽验和科研创新方面取得了突出成绩，为防控食品药品风险问题做出应有贡献。

检验检测

2018 年，青岛市食品药品检验研究院完成食品、药品等各类检验检测 7015 批次。

药品类检验完成 2239 批。一是国家药品评价性抽验两个品种 145 批，向国家局发出三份风险警示函，国家局对相关企业进行了飞行检查，其中一家企业被收回 GMP 证书。二是省级重点监督抽验 461 批。三是中药饮片专项监督抽检两个品种共 103 批。四是省级专项抽验－整治抽验 10 批。五是省级风险监测 30 批。六是地方监督抽验 1200 批。七是进口及委托检验 290 批。

食品类检验 4636 批次。一是完成省局任务 625 批，二是完成市局任务 2812 批次，三是完成上合青岛峰会食品安全保障任务 1123 批，其他委托 76 批。

保健食品检验 80 批、化妆品检验 30 批、药包材检验 30 批。

能力建设

持续完善队伍建设，加强检验人员能力培训，在山东省药品、食品检验检测技能竞赛中分别荣获团体一等奖、团体二等奖，一名被授予“山东省富民兴鲁劳动奖章”荣誉称号，三名被授予“山东省食品药品监管系统检验技能标兵”荣誉称号。

2018 年顺利通过实验室认可、资质认定复评审及扩项评审。加强质量体系监督，提高检验工作质量，全年参加各级机构组织的能力验证 11 项 11 个参数，结果均为满意。

继续完善口岸药品检验所实验大楼建设，实验办公面积增至 2.23 万平方米，实验环境及条件大为改善。2018 年新增仪器设备 187 台（套），价值 3800 万元，进一步提高了检验能力。

科　研

承担国家、省市及中检院等各级课题 10 余项，2018 年获青岛市科技进步二等奖一项，获山东省药学会科技进步奖二等奖 1 项，三等奖 2 项。完成《中国药典》8 个品种的标准起草与复核，2 个药品补充检验方法被国家局批准作为法定检验方法，用于非法添加、假冒伪劣药品的针对性检验。制定并发布实施了 2 个《食品安全国家标准》。

党风廉政建设

深入学习贯彻习近平新时代中国特色社会主义思想和党的十九大精神，持续推进“两学一做”学习教育常态化制度化，开展“大学习、大调研、大改进”和解放思想大讨论，按照六个“对照”具体要求，找准食药检验研究工作发展的着力点。加强组织建设，选举产生了新一届总支部委员会。在全院开展了“灯塔－党建在线”竞赛答题活动，组织党员干部参加德廉测试；组织民主生活会等。抓好廉政建设。院主要领导、分管领导、部门负责人、具体工作人员层层签订年度廉政承诺书，廉政责任落实到人到岗。

河南省口岸食品检验检测所

概　况

2018年，在国家局、河南省局的正确领导和中检院的关心指导下，河南省口岸食品检验检测所深入贯彻落实党的十九大精神和习近平新时代中国特色社会主义思想，按照“五个进一步”的总体工作思路（即：进一步完善、落实各项规章制度，进一步创新运行机制，进一步提升食品检验和科研能力，进一步提高检验质量和效率，进一步加强党建和精神文明建设工作），边组建边工作，边工作边提升，以强力之举，破困难之局，建设与管理同步，效率和质量并重，圆满完成全年检验任务，检验队伍不断壮大，环境设施持续改善，仪器设备日益增多，管理体系日趋完善，技术能力稳步增强，行业地位快速提升。连续两年被上级评为“先进党支部（总支）”，顺利通过市级文明单位考核验收，先后被省直机关评为“工人先锋号”和“三八红旗集体”。

检验检测

2015年河南省口岸食品检验检测所成立之初与河南省食品药品检验所一体运行，2016年半独立运行，2017年开始独立运行。2018年是独立运行的第二年，完全实现独立自主检验，食品安全监管的技术支撑作用进一步凸显。全年承担国抽抽样任务701批，承担国抽检验任务7041批，其中监督抽检检出不合格样品191批，不合格率2.74%，风险监测检出问题样品141批，问题率发现率2.35%，提前20天完成了全年检验任务，样品问题发现率高于全国平均水平；全年承担省抽抽样和检验任务各3147批，监督抽检检出不合格样品73批，不合格率2.32%，风险监测检出问题样品68批，问题发现率2.68%，完成质量和进度均得到了省局的充分认可；完成国家局25批次方便面和20批次调味面制品专项检验和省局18批调味面制品应急检验任务，均及时上报抽检结果；完成委托检验580批次，其中配合各市食药监管部门完成各类食品安全案件委托检验56批次；主动筛查识别食品安全风险信息，先后专题撰写食品安全风险报告8份，涉及食用农产品中农兽药残留、蛋制品中兽药残留、白酒中邻苯二甲酸二丁酯（DBP）、豆芽中4-氯苯氧乙酸钠、食糖异常情况等食品安全风险，及时报告省局，提出风险警示建议。

能力建设

扩充检验资质。2018年4月，通过检验资质扩项评审，检验能力范围覆盖585个产品品种、958个项目参数，满足本年度国抽省抽检验需求。

改善硬件条件。通过多方申请筹措、节余整合各类资金2269余万元，全部用于实验室改造和仪器设备采购，着力改善硬件条件。

牵头起草了《食品安全国家标准 调味面制品》，参与制定《粮油检验主要谷物中16种真菌毒素的测定 液相色谱-串联质谱法》（LS/T 6133-2018），参与食品安全国家标准（检验方法）食品添加剂和化学污染物检测方法标准跟踪评价工作。

科　研

承担省科技攻关计划项目8项，完成结项验收3项，与中检院等单位联合申报国家科技重点专项“食品安全风险分级评价与智能化监督关键技术研究”。

广州市药品检验所

概　况

2018年，广州市药品检验所以习近平新时代中国特色社会主义思想为指导，全面贯彻党的十九大和十九届二中、三中全会精神，紧紧围绕广州市食品药品监管局2018年重点工作部署，全面深化改革、不断提升科技创新能力，以创建“国内领先、国际一流”口岸药品检验所为奋斗目标，努力开创药品检验工作新局面。全年广州市药品检验所共完成检品 12086 件，其中进口药品 6834 件。

检验检测

2018 年，广州市药品检验所共完成检品 12086 件，其中进口药品 6834 件（包括首次进口 17 个品种 68 批 117 件，进口化学药品评价抽检 276 件）。报告书类 11672 件，非报告书类 402 件。8 月 9 日，根据国家局 2018 年第 12 号公告和《广州市食品药品监督管理局关于开展 2018 年下半年广州市进口化学药品抽检工作的通知》的精神，广州市药品检验所开始对广州辖区企业从广州口岸进口的化学药品实施抽样检验，截至 12 月 31 日共抽样 53 个品种 349 批，涉及进口报验单位 14 个，目前此项工作正在顺利推进中。在全国药检系统中，广州市药品检验所为首家开展进口化学药品评价抽检的口岸药品检验所。

应急检验

2018 年广州市药品检验所共受理各类应急打假检验 93 批次。其中 8 批启动 24 小时应急检验绿色通道，85 批启动 7 天及 14 天打假检验，涉及药品 68 批、化妆品 25 批。根据市局稽查执法日常巡查要求，共派出 10 名快检技术人员参与快检巡查 150 多次，快速筛查样品 780 多批次。2 月 9 日凌晨 12 点，广州市药品检验所收到黄埔区局送检标示“山豆根”样品 1 批，要求进行目标物“钩吻”真伪鉴别。因食用人出现严重中毒症状，并有一人死亡，为排查中毒原因，避免误食事件再次发生，广州市药品检验所启动 24 小时应急绿色通道，凌晨 2 点出具检验结果，确认送检样品为剧毒药材“钩吻”。广州市药品检验所在此次应急检验中发挥了中药材检验技术优势，准确高效地出具检验结果，为有关部门及时处置严重中毒案件提供了科学证据，得到了市领导及局领导的充分肯定。

能力建设

2018 年，广州市药品检验所报名参加英国政府化学家实验室（LGC）、英国食品与环境研究院（FAPAS）、中国合格评定国家认可委员会（CNAS）、国家认监委（CNCA）、中检院等机构组织的能力验证活动 25 项，获得满意结果。4 月，广州市药品检验所顺利通过了国家市场监督管理总局特殊食品验证评价技术机构备案，可开展保健食品验证评价工作。5 月，完成了国家认监委医疗器械初次现场评审，最终现场确认推荐医疗器械领域 18 个参数、洁净区（室）环境领域 8 个参数及 12 个产品的检验能力，批准授权签字人 12 名。6 月，顺利通过中国合格评定国家认可委员会（CNAS）组织实验室认可复评审及标准变更、扩项评审，确认了申请的检测能力 1072 项［其中药品 194 项、生物制品 55 项、医疗器械 32 项、洁净区（室）环境 10 项、食品 346 项、化妆品 346 项、药品包装材料 89 项］，同意推荐授权签字人共 19 名，并获得新版实验室认可证书。

科　研

广州市药品检验所完成了国家药典委员会科研项目《中国药典中成药薄层色谱彩色图集》的编制工作，将中英文版本出版与发行；提交了“延胡索对照提取物及其制备方法和应用”和“广陈皮的鉴别分类方法及装置”等两项发明专利申请并进入实质审查阶段。承担的国家科技支撑计划项目研究成果在英国 ELSEVIER《Journal of Pharmaceutical and Biomedical Analysis》上发表，影响因子 IF3.2。与北京大学等单位联合申报的国家重点研发计划“中医药现代化研究”重点专项“中成药整体性质量控制技术研究”项目获得国家科学技术部立项。

党风廉政建设

2018年，广州市药品检验所领导班子带头学习并专题辅导，党总支书记讲授党课，带领全体党员干部认真学习贯彻习近平新时代中国特色社会主义思想和党的十九大精神。以支部、科室为单位采取自学、集中学习、观看电影、举办党建知识竞赛等活动，深入学习贯彻全国两会期间习近平总书记在广东代表团参加审议时发表的重要讲话精神和习近平总书记视察广东重要讲话精神，强化“四个意识”，坚定“四个自信”，坚决落实“两个维护”。

成都市食品药品检验研究院

概　况

成都市食品药品检验研究院前身为成都市药品检验所，成立于1960年，2014年经机构整合设立而成，加挂成都市药品检验所、成都市医疗器械及药品包装材料检验所、成都市食品安全监测预警数据中心牌子，是中华人民共和国成都口岸药品检验所、国家食品复检机构、国家食用农产品安全抽检监测工作组牵头单位、国家特殊食品验证评价技术机构备案、四川省博士后创新实践基地。目前拥有专用仪器设备2366台（套），原值2.57亿元，实验室面积3.4万平方米。获得认可参数2057项，认证产品及参数6356项。获中国检验检疫学会2018年度检验方法食品安全国家标准跟踪评价工作优秀组织单位。

检验检测

2018年成都市食品药品检验研究院共完成各类检品61872批，其中食品55754批，含国家级任务3931批；药品5451批（含进口注册检验53批涉及12个品种、进口药品检验348个拣样）；化妆品581批；发出空气洁净度报告86份。纵深靶向抽检，持续提高抽检问题发现率，省级食品监督抽检不合格率为33.4%；市级为10.6%。新增检测能力280项，组织参加能力验证及实验室比对88次（含国际FAPAS、EDQM、WHO等16次），涉及参数140项。

成都市食品药品检验研究院科学、严谨、快速地完成了补充检验方法BJS201601《食品中那非类物质的测定》扩大适用至压片糖果检测的方法研究和验证，获原国家食品药品监督管理总局批准，配合成都市食品药品监督管理局成功侦办了2018年四川省重特大典型案件，公安部、最高检挂牌督办大案成都世煌生物科技有限公司食品非法添加药品案，为该案件的成功查办及时提供了法定检验数据，并为国内数十个同类案件的查处提供了技术认定新途径；全力做好国抽食用农产品牵头工作组的相关工作；完成原四川省食药监局快检盲样制作及现场测试；配合全市双盲应急演练；参加金堂“7·11”特大抗洪抢险食药安全技术保障及重大会议食品安全保障。

科　研

成都市食品药品检验研究院参与《欧洲药典》标准研究3项；参与中检院《实用中药材传统鉴别手册》编撰、药品标准物质研究与标定；结题国家重大科学仪器开发专项项目1项、省科技计划项目1项；牵头国家重点研发计划课题1项，参与2项；主持国家科技重大专项重大新药创制专项课题1项，参与1项；主持省科技计划项目2项；主持或参与申报科技部项目3项；主持或参与原国家食品药品监督管理总局补充检验和快检方法5项、市科技项目4项；申报市风险研究课题11项；申请专利1项；发表论文54篇（其中SCI 3篇）；获商标3项；主持或参与国家标准1项、省地方标准2项、市地方标准2项，均已发布。

成都市食品药品检验研究院深化国内外检验检测机构合作，邀请国家食品风评中心、荷兰莱顿大学等国内外7家机构知名专家座谈交流；与荷兰莱顿大学科学学院莱顿生物研究所、德国药典法典委员会达成合同意向；协办2018年蛋白和肽类及诊断试剂研发与质控国际研讨会、2018年中国药学大会、2018年西南药学大会暨第四届成都药学发展高峰论坛，参与主办2018创新药物发现的前沿与实践国际高峰论坛、“基于空间流行病学的食药数据分析及应用”等会议。

党风廉政建设

持续学习党的十九大精神、党章党规党纪，落实习近平总书记来川视察重要讲话精神，开展“大学习大讨论大调研”活动。完成党支部换届选举，开展新一轮“三分类三升级”活动，开展“走基层”活动10次。全面落实从严治党主体责任，进一步健全完善岗位廉政风险体系，开展政风行风建设“五大行动”、不作为及“懒散拖”问题专项整治，接受成都市审计局对市食药监局经济责任审计的延伸审计工作，配合市食药监局接受市委巡察。

西安市食品药品检验所

概　况

西安市食品药品检验所截至2018年底有正式在编人员77名、编制外聘用人员93名、劳务派遣人员20名，共计在岗工作人员190名（所内工作人员137人，食用农产品及水产市场快检工作人员53人）。其中各类专业技术人员108名，高级职称23人，博士2人，硕士45人。

西安市食品药品检验所目前占地面积约8.4亩，现使用实验、办公用房面积共5300余平方米。其中实验用房4400平方米，行政后勤办公用房，面积900余平方米。迁址新建项目正在建设中，项目总投资1.78亿元，占地面积30余亩，建筑面积23000平方米。现有仪器设备价值5673.31万元，固定资产累计8173.81万元。

经陕西省资质认定评审管理机构确认，西安市食品药品检验所目前具备检验参数3205项，其中食品检测参数2380项；保健食品检测参数122项；药品类532项（中药256项、化学药276项）；化妆品87项（卫生类5项、理化类82项）；保健用品6项；洁净度检测78项。

检验检测

2018年度，西安市食品药品检验所共完成实验室检验10445批次，较上一年度增加12.1%。其中食品（含保健食品）8574批次、药品1775批次、化妆品76批次、洁净度检测20批次。

派驻全市食用农产品大型批发市场9个快检室，2018年度共抽检135860批次，其中蔬菜类100111批次、水果类20993批次、畜禽类5719批次、菌类1689批次、水产品及水发产品7348批次。

科　研

西安市食品药品检验所在2016年和2017年申请立项的多项科研课题均已顺利结题。2018年度多项科研立项申请获得批准：一是承担国家药典委员会国家药品标准提高计划任务《复方肝浸膏糖浆》和《复方胚肝铁铵片》两个品种标准起草任务和六个标准复核任务；二是陕西省科技厅创新人才推进计划项目“白芍—甘草药对抗抑郁效应的物质基础研究”；三是陕西省科技厅重点研发计划项目“中成药大品种肾康注射液的再评价及二次开发”；四是陕西省科技厅重点研发计划项目“乌拉地尔缓释胶囊工艺、标准提升”。2018年度，西安市食品药品检验所张亚锋创新工作室被西安市政府命名成立，创新工作室已为10余家食品药品生产企业在提高产品质量，提升检验标准等方面取得初步成效。

厦门市食品药品质量检验研究院

概　况

2018年，厦门市食品药品质量检验研究院紧紧围绕上级部门的重点工作部署，以创建“国内领先、国际一流”食品药品检验机构为奋斗目标，以科研发展带动检验检测水平和技术支撑能力提升，积极推动食品药品检验事业稳步发展。

检验检测

2018 年，厦门市食品药品质量检验研究院共承担厦门市局食品安全监督抽检和评价性抽检计划任务 2896 批次，发现不合格食品 79 批次，其中监督抽检 9 批次，评价性抽检 70 批次。全年共完成药品、保健食品、化妆品等产品检验任务 2741 批次。其中药品监督抽检 1702 批次，进口药品口岸检验 92 批次，保健食品监督抽检 152 批次，化妆品监督抽检 150 批次，化妆品行政许可检验 645 批次。共发现不合格药品 8 批次，不合格保健食品 1 批次，不合格化妆品 6 批次。梳理上报保健食品非法添加、化妆品标签标识不吻合、水产品兽药残留、重金属超标、消毒餐具、糕点微生物超标、餐饮环节米粉制品超范围使用防腐剂，碱面使用硼砂，小龙虾使用草酸等质量问题线索 10 多个，为行政部门精准监管，依法查处假劣食品药品提供了有效技术支撑。

能力建设

厦门市食品药品质量检验研究院共参加英国政府化学家实验室（LGC）组织的 14 项能力验证，全部均获得满意评价，且从反馈结果看，在参加能力验证的全球 70 多家实验室当中，我院的检验数据均较为接近真值或中位值。

结合 CNAS 证书到期及 ISO17025 管理体系换版，厦门市食品药品质量检验研究院于 8 月 25 ~ 26 日顺利通过 CNAS 组织的现场检查，共 4 个检测领域、302 个检测参数、813 个检测方法获得 CNAS 认可。

附　录

获奖与表彰

2018年授予党委办公室等5个部门“2018年度中国食品药品检定研究院先进集体”荣誉称号，授予食品化妆品检定所生物检测室等18个科室“2018年度中国食品药品检定研究院优秀科室”荣誉称号，授予刘丹丹等61名同志“2018年度中国食品药品检定研究院先进个人”荣誉称号，授予张玉等46名同志“2018年度中国食品药品检定研究院优秀员工”荣誉称号。

论文论著

2018 年出版书籍目录

序号	书籍名称	主编	副主编	编者/编委	出版社	出版日期	书号（ISBN）
1	《中国药典》（2015年版）相关品种超高压液相方法分析	何兰，卢忠林*，黄海伟，庾莉菊	魏宁漪，林兰，李婕，于笑然*	宁保明，冯玉飞，刘阳，刘毅，刘朝霞，严菁，李选堂，张娜，张才煜，张龙浩，吴建敏，周颖，周露妮，袁松，耿颖，栾琳，高志峰，郭宁子，熊婧	中国医药科技出版社	2018 年 7 月	978 -7 -5214 -0341 -1
2	医用材料概论学习指导与习题集	欧阳晨曦*	赵强*，蒲江波*，魏利娜，杨倩倩*	王春仁，冯晓明，魏利娜等	人民卫生出版社	2018 年 3 月	978 -7 -117 -26903 -2
3	临床前毒性试验的组织病理学：药物安全性评价中的解释与相关性	王和枚*，吕建军，乔俊文*，孔庆喜*，富欣*	无	林志，屈哲，霍桂桃等	北京科学技术出版社	2018 年 1 月	978 -7 -5304 -9089 -1
4	实验动物背景病变彩色图谱	孔庆喜*，吕建军，王和枚*，刘克剑*	无	王和枚*，王铜铜*，孔庆喜*，吕艾*，吕建军，刘克剑*，何亚男*，屈哲，霍桂桃	北京科学技术出版社	2018 年 11 月	978 -7 -5304 -9796 -8
5	实用化学药品检验检测技术指南	张启明，陈桂良*，宁保明，韩鹏*	刘玉珍*，余振喜，赵贵英	尹燕杰*，宁保明，刘阳，刘玉珍*，刘朝霞，余振喜，张娜，张启明，陈斌*，陈桂良*，岳志华*，赵贵英*，袁松，黄海伟，庾莉菊，韩鹏*，魏宁漪	人民卫生出版社	2017 年 4 月	978 -7 -117 -23981 -3/R. 23982

续表

序号	书籍名称	主编	副主编	编者/编委	出版社	出版日期	书号（ISBN）
6	药品检验领域测量不确定度评估方法及实例	安宏*，姜连阁*，张河战，战丹*	刘秀清*，白政忠*，杨利红*，唐素芳*，姜文红*，王常禹*，刘利群*，张肖宁*，笔雪艳*，刘永成*，宋红波*，孙煌*	于畅游*，于佳*，于佳（小）*，于新颖*，马汉东*，马辉*，王常禹*，王斯文*，毛歆，尹翔*，田冬梅*，田秀丽*，史春辉*，白政忠*，成双红，朱波*，仲昭庆*，多凯*，庄舒翔*，刘天扬*，刘云飞*，刘永成*，刘利群*，刘秀清*，刘菲菲*，刘雅琴*，安宏*，寻延滨*，孙煌*，李庆忠*，李慧勇*，杨杨*，杨利红*，来杰*，肖佳音*，宋红波*，张丁丁*，张克良*，张肖宁*，张河战，张琼*，张斌*，林林*，欧阳丽影*，单超*，房晶*，屈颖*，赵晓郦*，战丹*，姜广东*，姜文红*，姜连阁*，姜晶*，娄志红*，笔雪艳*，唐素芳*，麻风华*，董露璐*，霍东风*	黑龙江科学技术出版社	2017年3月	978－7－5388－8771－6
7	《化妆品安全技术规范》读本	张庆生，王钢力	李军*，吴景	丁艺*，于玥*，于建*，于佳铁*，于海英*，王平*，王任*，王欢*，王超*，王小兵*，王楠*，王曦*，王红平*，王学民*，王晓亮*，王钢力，方继辉*，石钺*，石兴红*，叶聪秀*，冯丰凑*，冯克然，冯雪娇*，邢书霞，达晶*，邬晓鸥*，刘玮*，刘婷*，刘文婧*，刘晨晨*，刘泽涛*，许勇*，苏哲，李军*，李利*，李丽*，李莉，李文莉*，李启艳*，李俊鹏*，李杨杰*，杨颖*，杨丽萍*，肖树雄*，吴景，吴震*，吴鸳鸯*，邱颖姮*，宋钰，宋瑞霞*，张庆生，张凤兰，张劲松*，张高飞*，陈静*，陈西平*，陈张好*，林庆斌*，易金玲*，罗飞亚，金鑫*，冼静雯*，庞学斌*，庞燕军*，郑荣*，郑萍*，郑天驰*，赵华*，胡磊*，钟吉强*，独家启*，施怀生*，祝清芬*，秦美蓉*，徐燕*，徐百禾*，高飞，高文超，高家敏，谈益妹*，黄湘鹭，曹进，崔生辉，董喆，覃玲*，黑真真*，赖维*，简龙海*，颜琳琦*，魏霞*	人民卫生出版社	2017年12月	978－7－117－25022－4/R·25023

续表

序号	书籍名称	主编	副主编	编者/编委	出版社	出版日期	书号（ISBN）
8	全球化妆品技术法规比对	王钢力，张庆生	董树芬*，邢书霞，苏哲	乌兰*，左甜甜，冯克然，刘洋*，刘晓悦*，李华*，李杨*，李正涛*，杨树双*，吴莹*，吴景，吴震*，吴冯丹*，宋钰，张杰*，张昱*，张凤兰，陈淙*，陈超*，林庆斌*，罗飞亚，金卫华*，姜宜凡*，黄怡康*，谢柳青*，裴新荣	人民卫生出版社	2018年1月	978－7－117－25021－4/R·25022
9	生物技术药物研究开发与质量控制	王军志	—	李波，王军志，常卫红*，白玉*，史新昌，沈琦，沈心亮*，饶春明，袁宝珠，孟淑芳，范文红，裴德宁，毕华，杨化新，梁成罡，李晶，高凯*，于传飞，贺庆，高华，吴勇杰*，杨焕*，侯继锋，王箐舟，周勇，李永红，王兰，孙黎*，付志浩，陶磊，付瑞，张峰，秦玺，王文波，王敏力，纳涛，王海彬*，杨莉*，霍艳，刘丽，李佐刚，傅道田*，王庆利*，王海学*，王春仁，徐刚领*，杨雅岚*，刘春雨，韩倩倩，卫江波*，李萌，张慧	科学出版社	2018年6月	978－7－03－055150－04

注：外单位作者名后标“＊”。

2018 年发表论文目录

序号	题目	作者	期刊名称	期，卷号，起止页码	SCI 影响因子
1	骨刺片高效薄层色谱法鉴别方法研究	查祎凡，聂黎行#，于健东#，戴忠，马双成	中国药业	2018，27（8）：18－21	
2	基于对照制剂和光释光法检测牛黄清胃丸 60Coγ 射线辐照情况	查祎凡，聂黎行#，王赵，于健东#，戴忠，马双成	中国药师	2018，21（11）：1898－1900	
3	高效液相色谱与 QDA 质谱联用同时测定附子理中丸中 6 个单酯及双酯型生物碱含量	张聿梅，何轶，李耀磊，周超，于健东，戴忠，马双成	药物分析杂志	2018，38（7），1248－1253	
4	Simultaneous qualitative and quantitative analysis of 11 active compounds in rhubarb using two reference substances by UHPLC	Anzhen Chen[1]*/ Lei Sun，Hang Yuan*，Aiying Wu*，Jingguang Lu*，Shuangcheng Ma#	Journal of separation science	2018，41（19）：3686－3696	2.415
5	多波长 HPLC 法测定加味逍遥丸中多种成分含量及化学计量学分析	于新兰*，冯春蕾*，王雪*，孙磊#	药物分析杂志	2018，38（7）：1262－1268	
6	基于多波长检测和替代对照品法用于通滞苏润江制剂的综合质量控制	于新兰*，包蓉*，蔡磊*，孙磊#	中国药学杂志	2018，53（18）：1594－1602	
7	农药残留测定结果不确定度评定方法指南介绍	逄瑜*，于新兰*，李海芳*，王静文，孙磊#，马双成#	中国新药杂志	2018，27（1）：17－21	
8	鹅不食草 HPLC 特征图谱和 7 个成分含量测定	昝珂，谢艳*，过立农，郑健#，马双成#	药物分析杂志	2018，38（1）：151－157	
9	HPLC 法测定草乌叶中 2 个阿朴啡生物碱含量	昝珂，张华*，刘杰，过立农，郑健#，马双成#	药物分析杂志	2018，38（2）：221－226	
10	一测多评法同时测定冬虫夏草中 5 种核苷类成分的含量	昝珂，崔淦*，过立农，刘杰，郑健#，马双成#，钱正明*，李文佳*	药物分析杂志	2018，38（4）：630－635	
11	野生及人工繁育冬虫夏草对肾阳虚小鼠补肾作用的对比研究	郑健，霍晓奎*，王妍*，过立农，刘杰，昝珂，马骁驰*，马双成#，钱正明*，李文佳*	中国药学杂志	2018，53（22）：1908－1912	
12	民族药定量对照药材研究——以藏族药小米辣为例	昝珂，崔淦*，过立农#，马双成，郑健#	中国中药杂志	2018，43（9）：1764－1768	
13	HPLC 测定蒙药材草乌叶中 4 种双酯型二萜生物碱含量	昝珂，旺杰次仁*，鲁静，过立农，郑健#，马双成#	中国中药杂志	2018，43（4）：766－771	
14	民族药材青阳参对照品的制备及质量标准提高研究	昝珂，袁红*，马双成，郑健#，过立农#	中国药事	2018，32（4）：469－475	
15	冬虫夏草人工繁育品、野生品及亚香棒虫草中氨基酸比较	昝珂，过立农，钱正明*，李文佳*，郑健#，马双成#	中国药事	2018，32（5）：98－106	

续表

序号	题目	作者	期刊名称	期，卷号，起止页码	SCI 影响因子
16	藏药独一味中30种化学成分的UPLC-ESI-TOF MS分析鉴定	昝珂，过立农，马双成#，郑健#	中国药事	2018，32（6）：757-763	
17	基于核苷类成分对不同商品等级冬虫夏草的比较研究	黄莉莉*，昝珂，过立农，刘杰，郑健#，马双成#	药学学报	2018，53（4）：598-603	
18	HPLC法同时测定壮药玉叶金花中9个成分的含量	林雀跃*，罗永强*，张荣林*，昝珂，过立农，谢培德*#，郑健#	药物分析杂志	2018，38（5）：765-770	
19	野生及人工繁育冬虫夏草调节免疫和抗衰老作用的对比研究	郑健，霍晓奎*，王妍*，过立农，刘杰，昝珂，马骁驰*，马双成#，钱正明*，李文佳*	中国药学杂志	2018，53（20）：1742-1747	
20	基于分子生物学特异性扩增的方法鉴别菲牛蛭	过立农，刘杰，杨宝*，昝珂，郑健#，马双成#，马宁*，李昀铮*	中国药事	2018，32（9）：1239-1244	
21	基于DNA条形码技术的重楼栽培品基原鉴定	过立农，刘杰，朱玲*，昝珂，郑健#，马双成#，李昀铮*	药物分析杂志	2018，38（5）：857-866	
22	基于DNA条形码和高分辨率熔解曲线技术快速鉴别肉苁蓉	过立农，刘杰，赵春艳*，昝珂，郑健#，马双成#，陈艳菲*，李昀铮*	药物分析杂志	2018，38（4）：665-671	
23	HPLC-ICP-MS speciation analysis and risk assessment of arsenic in Cordyceps sinensis	Tian Tian Zuo，Yao Lei Li，Hong Yu Jin，Fei Gao，Qi Wang，Ya Dan Wang and Shuang Cheng Ma*	Chinese Medicine	2018，13：19-29	1.8
24	电感耦合等离子体质谱法半定量快速筛查13种中药材中重金属及毒性元素	左甜甜，李耀磊，李永鹏，武嘉庚，金红宇*，马双成*	药物分析杂志	2017，37（12）：2262-2268	
25	ICP-MS法测定复方苦参注射液中铜、砷、镉、汞、铅元素的残留量	李耀磊，张志成*，金红宇，海丽娜*，韩笑*，马双成#	药物分析杂志	2018，38（10）：1781-1787	
26	枸杞中农药残留含量分析及膳食风险研究	王莹，金红宇，隋海霞，左甜甜，王赵，马双成#	中国药学杂志	2018，53（3）：182-186	
27	基于点评估方法的人参中农药残留摄入暴露风险研究	王莹，王赵，乔菲，金红宇#，马双成#	中国药事	2018，32（10）：1342-1348	
28	灵芝提取物中多糖质量控制方法初探	王莹，王赵，许玮仪，金红宇，倪健#，马双成#	药物分析杂志	2018，38（8）：1442-1447	
29	气相色谱-串联质谱法快速筛查人参中192种农药残留	王莹，魏赫，乔菲，金红宇#，马双成	中国实验方剂学杂志	2018，24（15）：83-92	

续表

序号	题目	作者	期刊名称	期，卷号，起止页码	SCI 影响因子
30	黄芪多糖对照品标化方法研究	王莹，王赵，安锦华，王亚丹，金红宇#，马双成#	中草药	2017，48（23）：4897－4903	
31	人参中17种有机氯农药残留测定能力验证分析	乔菲，金红宇，项新华，马双成#	药物分析杂志	2018，38（6）：1024－1028	
32	国家药品对照品有机氯农药混合对照品溶液的研制与不确定度评定	乔菲，金红宇#，孙磊，马双成#	药物分析杂志	2018，38（2）：347－353	
33	以“风险控制”为核心推进中药质量安全标准建设	金红宇，王莹，刘丽娜，孙磊	中国药品标准	2017，18（6）：408－410	
34	注射用黄芪多糖单糖鉴别及游离单糖检查方法研究	王赵，赵剑锋，王莹，张建宝，金红宇，马双成*	中国药业	2018，27（11）：21－24	
35	高效液相色谱－电雾式检测器法测定银杏叶提取物中萜类内酯含量	刘丽娜，金红宇，潘媛媛，刘晓达，金燕，马双成.	药物分析杂志	2018，38（07）：1269－1274	
36	中药材质量的本质与评价方法探讨	张南平，余坤子，魏锋#，马双成#	中国药事	2018，32（01）：48－53	
37	《中国药典》2015版（一部）饮片标准规范研究	张南平，余坤子，张萍，魏锋#，马双成#	中国药事	2018，32（04）：459－462	
38	淫羊藿药典品的基原调查及性状显微鉴别研究	康帅，鲁静#，张继，连超杰，魏爱华，马双成#	中国中药杂志	2018，43（04）：696－703	
39	牛黄与其一种伪品的鉴别研究	康帅，林芳*，穆向荣*，连超杰，马双成#	世界科学技术－中医药现代化	2018，20（03）：405－412	
40	淫羊藿黄酮苷类成分的指纹图谱与含量测定研究	康帅，张炜*，郑健，鲁静#，连超杰，马双成#	中国药品标准	2018，19（5）：359－374	
41	柏子仁与其掺伪品——带壳柏子加工品的鉴别	薛满*，段吉平*，康帅#	中国医药导刊	2018，20（04）：225－227	
42	冬虫夏草与其非正品的虫体显微鉴别研究	薛满*，康帅#	中国医药导刊	2018，20（02）：109－116	
43	海螵蛸与其近似基原品种的鉴别研究	林芳*，康帅#，朱跃芳#，连超杰，包敏*，马双成	湖南中医杂志	2018，34（08）：191－193	
44	何首乌中二蒽酮类成分肝毒性研究	汪祺，戴忠，张玉杰#，马双成#	药物分析杂志	2018，38（2）：268－274	
45	何首乌中8种成分在大鼠肝微粒体体系中的肝毒性研究	汪祺，戴忠，王亚丹#，马双成#	中国药学杂志	2018，53（8）：589－593	
46	Identification and characterization of the structure－activity relationships involved in UGT1A1 inhibition by anthraquinone and dianthrone constituents of Polygonum multiflorum	Qi Wang，Yadan Wang，Yong Li，Binyu Wen，Zhong Dai，Shuangcheng Ma#，Yujie Zhang#	scientific reports	2017，7：17592 丨 DOI：10.1038/s41598－017－18231－y	IF：4.12

续表

序号	题目	作者	期刊名称	期，卷号，起止页码	SCI 影响因子
47	交泰丸对糖尿病、抑郁和失眠症“异病同治”的网络药理学机制分析	朱虹宇[*]，李红品，高兴，马鹏凯，陈建华，毕欣宁，汪祺[#]，张玉杰[#]	世界科学技术－中医药现代化	2018，20（3）：460－467	
48	指纹图谱、特征图谱技术在中药材和中成药中的应用	姚令文，刘燕，郑笑为，戴忠，汪祺[#]，马双成[#]	中国新药杂志	2018，27（8）：934－939	
49	牛黄镇惊丸薄层色谱质控方法的系统研究和应用	姚令文，刘燕，郑笑为，戴忠，汪祺[#]，马双成[#]	中国新药杂志	2018，27（9）：1065－1069	
50	SD 大鼠重复给予大黄素甲醚肝毒性与遗传毒性研究	任璐[*]，文海若，吕建军，宋捷，王超，苗玉发，黄芝瑛[#]，汪祺[#]	药物分析杂志	2018，38（10）：1719－1726	
51	HPLC－MS/MS 法同时测定骨刺片中 7 个生物碱的含量	何风艳，何轶，戴忠[#]，马双成[#]	药物分析杂志	2018，38（10）：1810－1816	
52	六味安消胶囊含量测定的能力验证研究	何风艳，王明娟，胡晓茹，刘静，赵荫，项新华，戴忠[#]，马双成[#]	中国药事	2018，32（8）：1120－1124	
53	HPLC－DAD－ELSD 法同时测定牛黄镇惊丸中 5 个成分的含量	何风艳，刘静，何轶，鲁静，戴忠[#]，马双成	药物分析杂志	2017，37（12）：2260－2265	
54	Screening of Chemical Dyes in Traditional Chinese Medicine by HPTLC－MS	FENGYAN HE，YI HE[#]，XIAOWEI ZHENG，RUIZHONG WANG，JING LU，ZHONG DAI，and SHUANGCHENG MA	JOURNAL OF AOAC INTERNATIONAL	2018，101（3）：686－694	IF：1.087
55	牛黄及其代用品中胆汁酸类成分指纹图谱及含量测定研究	胡晓茹，孙磊，傅欣桐[*]，王明娟，戴忠[#]，马双成[#]	药物分析杂志	2018，38（4）：648－656	
56	黄芩泻火解毒功效关联的质量标志物研究	刘晶晶，徐蓓蕾，张贵君	哈尔滨商业大学学报	2018，38（4）：648－656	
57	川贝母及其提取物红外光谱鉴别	刘晶晶，郑靖，张贵君，王晶娟	辽宁中医药大学学报	2018，8（20）：51－54	
58	Two new phenolics from Danshen Injection with antioxidant activity	Liu Jing，Liu Yang，Dai Zhong，Wang Gang－li，Ma Shuang－cheng	Chemistry of Natural Compounds	2018，54（6）：1076－1080	
59	牛黄镇惊丸 HPLC－DAD－ELSD 指纹图谱研究	刘静，戴忠，聂黎行，汪祺，郑笑为，马双成	分析实验室	2017，36（12）：1371－1375	
60	骨刺片对斑马鱼胚胎发育的急性毒性研究	刘静，张靖溥，孟杰，戴忠，马双成	药物评价研究	2018，41（10）：1804－1809	
61	藿香正气水快速质量评价（Ⅱ）———UPLC 波长切换法同时测定 7 个成分的含量	聂黎行，何雨晴[*]，于建东，戴忠[#]，马双成[#*]	中国药学杂志	2017，52（24）：2192－2195	

续表

序号	题目	作者	期刊名称	期，卷号，起止页码	SCI 影响因子
62	光释光法检测牛黄清心丸（局方）60Co－γ 辐照情况	聂黎行，张烨*，王赵，金红宇，戴忠，张毅*#，马双成	食品与药品	2018，20（1）：6－9	
63	气相色谱法测定牛黄清心丸（局方）中龙脑和异龙脑含量	聂黎行，戴忠#，马双成	中国药师	2018，21（6）：981－983	
64	高分离度快速液相色谱－三重串联四极杆质谱快速检测半夏和虎掌南星中水麦冬酸	聂黎行，康帅，张南平，戴忠，魏锋，马双成#	药物评价研究	2018，41（9）：1640－1643	
65	基于 ICP－MS 和对照制剂的牛黄清胃丸中石膏的质量评价	聂黎行，查祎凡，陈玉红*，于健东，戴忠，马双成#	环境化学	2018，37（10）：2322－2325	
66	UPLC 法快速测定生脉注射液及其中间体中 5－羟甲基糠醛含量	聂黎行，程显隆，戴忠，于健东#，马双成#	时珍国医国药	2018，29（9）：2087－2089	
67	基于对照制剂的牛黄清胃丸全处方鉴别研究和等级初评价	聂黎行，查祎凡*，胡晓茹，张南平，戴忠，于健东#，马双成#	中草药	2018，49（22）：5320－5327	
68	Discrimination of wild and domestic deer musk using isotope ratio mass spectrometry	Yi He，Jingzhu Wang#*，Mengzhen Wang*，Jingfang Zhang*	Journal of Mass Spectrometry	2018，53：1078－1085	2.112
69	Steroid profile and IRMS analysis of musk administration for doping control	Jingzhu Wang*，Yi He#，Xin Liu*，Zhiyong Yang*，Wenning Yang*	Drug Testing and Analysis	2018，9：1779－1787	2.993
70	Studies of the structure－antioxidant activity relationships and antioxidant activity mechanism of iridoid valepotriates and their degradation products	Feifei Wang，Yumei Zhang，Shouhai Wu，Yi He，Zhong Dai，Shuangcheng Ma2	plos one	2017，12（12）：e0189198	2.77
71	蜘蛛香药材提取物抗氧化活性的研究	王菲菲，吴寿海，张聿梅，马双成，戴忠	药学学报	2018，53（3）：439－443	
72	马钱子对照提取物的研究及其在马钱子药材及复方制剂质量控制中的应用	王菲菲，吴寿海，张聿梅，马双成	药物分析杂志	2018，38（7）：1228－1233	
73	骨刺片中士的宁和马钱子碱含量测定方法的研究	王菲菲，张聿梅，郑笑为，戴忠，马双成	药物分析杂志	2018，38（10）：1842－1847	
74	马钱子生物碱混合对照溶液稳定性研究	王菲菲，吴寿海，王明娟，张聿梅，马双成	广州中医药大学学报	2018，35（2）：328－332	
75	环烯醚萜类化合物治疗氧化应激诱发疾病的研究进展	王菲菲，张聿梅，李静，戴忠，刘斌，马双成	中国药事	2018，32（8）：1064－1068	
76	UPLC－ELSD 指纹图谱结合化学计量学方法用于骨刺片的质量控制	王亚丹，戴忠，孙彩林，吴先富#，马双成#	中国中药杂志	2018，43（6）：1156－1161	

续表

序号	题目	作者	期刊名称	期，卷号，起止页码	SCI影响因子
77	影响蒲黄质量的主要问题及其质量标准的研究探讨	严华，李韦，程显隆，魏锋，马双成	中国药事	2018，32（4）：463－468	
78	基于COⅠ序列的阿胶原材料及其混伪品的DNA条形码鉴定研究	严华，陈俊，石林春，程显隆，魏锋，马双成	药物分析杂志	2018，38（10）：1761－1766	
79	常用胆汁类动物药中特征离子的探索研究及应用	石岩，熊婧，魏锋，马双成	中国中药杂志	2018，43（4）：651－658	
80	猪胆药用研究进展及质量控制概况	石岩，魏锋，马双成	中国中药杂志	2018，43（4）：637－644	
81	人工牛黄多组分测定及其质量差异标志物的研究	石岩，孙冬梅*，熊婧，魏锋，马双成	中国中药杂志	2018，43（4）：659－664	
82	左归丸质量标准的研究和探讨	焦强*，王晓伟*，石岩#，张振中*，李振国*#	药物分析杂志	2018，38（4）：710－715	
83	关于主成分分析在中药和天然药物分析研究中应用的探讨	石岩，魏锋#，马双成#	中国中药杂志	2018，43（14）：3031－3035	
84	近红外光谱结合竞争性自适应重加权采样算法用于人工牛黄的质量分析研究	石岩，孙冬梅*，熊婧，魏锋#，马双成#	中国药学杂志	2018，53（14）：1216－1221	
85	菊花化学成分及药理作用研究进展	王德胜*，黄艳梅*#，石岩#，杨光*，魏锋，马双成	安徽农业科学	2018，46（23）：9－11，17	
86	特异性PCR方法鉴别蛇胆汁及其伪品	吴桂凡*，张文娟，程显隆，谢培德*，罗轶*，石岩，魏锋#，马双成#	中国中药杂志	2018，43（9）：168－171	
87	Identification of Chinese Caterpillar Medicinal Mushroom，Ophiocordyceps sinensis（Ascomycetes），from Counterfeit Species	Wenjuan Zhang，Xiaolong Zhang*，Minghua Li，Yan Shi，Ping Zhang，Xian－Long Cheng，Feng Wei#，Shuangcheng Ma#	International Journal of Medicinal Mushrooms	2017，19（12）：1061－1070	1.38
88	Acute toxicity screening of different extractions，components and constituents of Polygonum multiflorum Thunb. on zebrafish（Danio rerio）embryos in vivo	Jian－Bo Yang，Wan－Fang Li*，Yue Liu，Qi Wang，Xian－Long Cheng，Feng Wei，Ai－guo Wang*，Hong－Tao Jin*#，Shuang－cheng Ma#，	Biomedicine & Pharmacotherapy	2018，99：205－213	3.457
89	Polygonumnolides A1－B3，minor dianthrone derivatives from the roots of Polygonum multiflorum Thunb	Jian－Bo Yang，Zheng Yan*，Jin Ren*，Zhong Dai，Shuang－cheng Ma#，Ai－guo Wang*#，Ya－lun Su*	Archives of Pharmacal Research	2018，41（6）：617－624	2.330
90	Isolation，characterization，and hepatoprotective activities of terpenes from the gum resin of Boswellia carterii Birdw	Jian－Bo Yang，Jin Ren*，Ai－guo Wang*#	Phytochemistry Letters	2018，23：73－77	1.575

续表

序号	题目	作者	期刊名称	期，卷号，起止页码	SCI 影响因子
91	茶芎地上部分的化学成分研究	杨建波，魏倩*，王爱国*#，马双成，程显隆，魏锋	中药材	2018，41（10）：2087－2090	
92	Identification of Ophiocordyceps sinensis and Its Artificially Cultured Ophiocordyceps Mycelia by Ultra－Performance Liquid Chromatography/Orbitrap Fusion Mass Spectrometry and Chemometrics.	Ping Zhang，Saina Li*，Juan Li*，Feng Wei，Xianlong Cheng，Guifeng Zhang*，Shuangcheng Ma#，and Bin Liu*.	Molecules	2018，23，1013 doi：10.3390/molecules23051013	3.098
93	Discriminatory Power Evaluation of Nuclear Ribosomal RNA Barcoding Sequences Through Ophiocordyceps sinensis Related Samples	Ping Zhang，Shenghui Cui#，Xiu Ren，Shuai Kang，Feng Wei，Shuangcheng Ma# and Bin Liu*	Frontiers in Microbiology	2018，Vol（9），Art 2498 doi：10.3389/fmicb.2018.02498	4.16
94	2013－2016 年我国中药材及饮片质量状况及相关问题探讨	张萍，李明华，石岩，刘薇，魏锋#，马双成	中国药事	2018，32（4）：438－444	
95	2017 年国家中药饮片专项抽验质量概况	张萍，李明华，石岩，魏锋#，马双成	中国药事	2018，32（10）：161－166	
96	2017 年全国中药材及饮片质量概况	张萍，李明华，石岩，程显隆，严华，刘薇，魏锋#，马双成	中国中药杂志	2018，43（21）：4198－4202	
97	Contact Toxicity and Repellency of the Essential Oil from Bupleurum bicaule Helm against Two Stored Product Insects	Xiao－Meng Wei，Shan－Shan Guo，Hua Yan，Xian－Long Cheng，Feng Wei and Shu－Shan Du	Journal of Chemistry	Volume 2018，Article ID 5830864，8 pages	0.726
98	我国中药红花的质量问题和监管策略	李明华[1]，刘薇[1]，程显隆，张萍，魏锋#，马双成#	中国药事	2018，9：1217－1219	
99	白及的质量问题及真伪鉴别方法	李明华[1]，程显隆，李宁新，魏锋#，马双成#	中国药事	2018，11：1490－1499	
100	鹿茸的化学成分及质量控制方法研究进展	郭晓晗[1]，程显隆，李明华，张文娟，魏锋#，马双成#	药物分析	2018，4：551－565	
101	药品检验中等效区间的确定方法与应用	冯国双* 朱容蝶 谭德讲#杨化新	中华医学杂志	2017，97（48）：3835－3837	
102	一致性评价所用统计分析方法辨析	谭德讲 冯国双* 朱容蝶 杨化新#	中国新药杂志	2017，26（24）：2881－2886	
103	四参数 logistic 回归模型在生物效价计算中的注意事项	谭德讲，黄维金，朱容蝶，王萌，杨化新#，周航宇*，马莉	药物分析杂志	2018，38（7）：1238－1242	
104	单因素方差解析及其在药品检测实验室中的应用	朱容蝶，耿颖，谭德讲#，刘万卉	中国药事	2018，32（3）：323－328	

续表

序号	题目	作者	期刊名称	期，卷号，起止页码	SCI 影响因子
105	缩宫素注射液中三氯叔丁醇替代物的分子模拟	徐亦奇*，张媛，孟凡翠*，任玉*，谭德讲#，梅玫*#	中国新药杂志	2018，27（19）：2238－2244	
106	三氯叔丁醇影响缩宫素在溶液中分布行为的分子模拟	徐亦奇*，吴彦霖，孟凡翠*，任玉*，谭德讲#，梅玫*#	中国新药杂志	2018，27（21）：2564－2571	
107	Immunogenicity and safety of a novel tetanus toxoid－conjugated anti－gastrin vaccine in BALB/c mice	Qing He，Hua Gao，Meng Gao*，Shengmei Qi*，Kun Yang*，Yingqi Zhang#，Junzhi Wang#	Vaccine	2018，36（6）：847－852	3.285
108	Analysis of interleukin 6 and interleukin 1β release in cryopreserved pooled human whole blood stimulated with endotoxin	Qing He，Hua Gao，Li－ming Xu，Yan Lu，Chong Wang*，Jing Rui*，Hua Fan*，Xiu－ying Wang*，Jun－zhi Wang#	Innate Immunity	2018，24（5）：316－322	2.312
109	抗胃泌素抗体及其联合化疗药的体外抑瘤作用研究	贺庆，高濛*，高华，肖超*，张存*，张英起*，王军志#	药物分析杂志	2018，38（5）：797－805	
110	以胃泌素为靶点治疗肿瘤药物的研究进展	贺庆，戚胜美*，王军志#	药物分析杂志	2018，38（1）：56－66	
111	新型抗胃泌素疫苗的初步质量分析	贺庆，高濛*，戚胜美*，裴宇盛，高华，王军志#	中国生物制品学杂志	2018，31（11）：1169－1172	
112	应用3种品系小鼠评价新型抗胃泌素疫苗体液免疫原性	贺庆，高濛*，戚胜美*，高华，王军志#	中国生物制品学杂志	2018，31（6）：569－572	
113	人新鲜全血体外热原检测方法对两种疫苗适用性的评价	张媛，蔡彤，杜颖，吴彦霖，陈晨，高华#	中国生物制品学杂志	2018，31（9）：995－998	
114	缩宫素中升压物质检查探讨	张媛，李震，吴彦霖，贺庆，谭德讲，杨化新，林兰#，高华#	中国新药杂志	2018，27（7）：756－760	
115	微量凝胶法检查细菌内毒素方法学验证研究	裴宇盛，蔡彤，陈晨，高华#，魏霞*，刘洋*，王婷婷*，祝清芬*，陆益红*，朴晋华*，刘琦*，张蕻*，李松梅*	中国新药杂志	2018，27（12）：1340－1344	
116	Detection of bacterial endotoxin in paclitaxel liposome	Pei Yusheng，Cai Tong#，Zhang Guolai，Chen Chen，Hua Gao	Journal of Chinese Pharmaceutical Sciences	2018，27（6），436－441	
117	抗力仪与油浴法测定生孢梭菌芽孢 D 值和 Z 值的比较	马仕洪，王似锦，熊骏*，肖璜，胡昌勤#	中国消毒学杂志	2018，35（1）：7－10	

续表

序号	题目	作者	期刊名称	期，卷号，起止页码	SCI 影响因子
118	阴性分数法和残存曲线法测定湿热灭菌用自含式生物指示剂 D 值的比较	马仕洪，王似锦，熊骏*，肖璜，胡昌勤#	中国医药工业杂志	2018，49（5）：667－670	
119	泊沙康唑注射液无菌检查方法的建立	马仕洪，肖璜，袁宇*，李晶*，刘建华*，姜小平*	药物分析杂志	2018，38（9）：1568－1572	
120	药品微生物限度检查方法适用性试验中加菌方式的实验研究	马仕洪，刘鹏，杨利红*，王知坚*，孙雪奇*，林丽英*，胡昌勤#	药物分析杂志	2018，38（5）：877－882	
121	培养基用酪蛋白胨的质量研究	马仕洪，夏梦菲，杨美琴，王金恒#	中国药事	2018，32（7）：940－945	
122	两种芽胞悬液形式生物指示剂的耐热性研究	王似锦，武永秀，肖璜，马仕洪，胡昌勤#	中国药学	2018，53（11）：912－917	
123	固体药用硬片的微生物污染状况分析	刘鹏，杨美琴，戴翚，肖璜，马仕洪#	药物分析	2018，38（9）：1573－1578	
124	Synthesis of Fused Purine Heterocycles via a One－pot Cascade Reaction of a Trisubstituted Pyrimidine	刘博，弓亚玲*，卢诗超*，李丹丹*，范慧红#	Synlett	2018，29（13）：1796－1800	2.369
125	13C 标记和未标记果糖化赖氨酸"一釜法"合成工艺的研究	刘博，李丹丹*，王腾*#	北京石油化工学院学报	2018，26（2）：13－17	
126	基于中医药古籍与现代文献的虎杖临床应用及不良反应情况分析	刘博，阳杰*，宋海波*，孙晓波*，朱兰*，郭晓昕*，逄瑜*#	中国药物警戒	2018，15（6）：348－353	
127	羟乙基淀粉质量研究进展	赵湘美*，王悦，范慧红#	中国药学杂志	2018，53（13）：1047－1051	
128	手性酰氯探针对于盐酸兰地洛尔及其立体异构体识别的质谱研究	戴田行*，张才煜，耿颖，何兰#.	分析化学	2018，46（3）：332－341	0.8
129	A rapid assay of identification for glimepiride and its cis－isomer by tandem mass spectrometry	Tianxing Dai*，Caiyu Zhang，Ying Geng，Yuanjiang Pan*#，Lan He#	Talanta	2018，187，172－178	4.2
130	Self－assembled aggregation－induced emission micelle（AIE micelle）asinterfacial fluorescence probe for sequential recognition of Cu2＋ and ATP in water	Ai－Xiang Ding*，You－Di Shi*，Ke－Xin Zhang*，Wan Sun*，Zheng－Li Tan*，Zhong－Lin Lu#，Lan He#	Sensors and Actuators B：Chemical	2018，255，440－447	5.6
131	Dihydropyridine－derived BODIPY probe for detecting exogenous and endogenous nitric oxide in mitochondria	Chang Gao*，Lan Lin#，Wan Sun*，Zheng－Li Tan*，Jun－Ru Huang*，Lan He#，Zhong Lin Lu*	Talanta	2018，176，382－388	4.2

续表

序号	题目	作者	期刊名称	期，卷号，起止页码	SCI 影响因子
132	Tetraphenylethylene – Based Gemini Surfactant as Nonviral Gene Delivery System: DNA Complexatio Gene Transfection and Cellular Tracking	Ke – Xin Zhang*, Ai – Xiang Ding*, Zheng – Li Tan*, You – Di Shi*, Zhong – Lin Lu*#, Lan He#	J. Ph. Ph. A: Chem.	2018，255：338 – 349	2. 9
133	Imaging Nucleus Viscosity and G – quadruplex DNA in Living Cells by a Nucleus – Targeting Two – Photon Fluorescent Probe	Wan Sun*, Jing – Xue Cui*, Le – Le Ma*, Zhong – Lin Lu*#, Bing Gong*, Lan He#, Ruibing Wang#	Analyst	2018，DOI：10. 1039/c8an01643g	3. 8
134	Quantitative analysis of finasteride tablets dissolution content with non – isotopically labelled internal standard by paper spray ionization mass spectrometry	Yang Liu, Yanan Zhou, Yandong Dai, Zhuang Zhao*, Lan He#, Qingsheng Zhang#	Journal of separation science	2018，41（21）：4083 – 4089	2. 4
135	1H 与 13C 核磁共振定量技术在聚桂醇质量分析中的应用比较	刘阳，魏宁漪，何兰#	药物分析杂志	2018，38（4）：716 – 719	
136	多种手段测定来氟米特含量研究	刘阳，李婕，武震*，赵庄*，何兰#	化学教育	2018，39（10）：42 – 45	
137	非氘代溶剂在含氟药物制剂中的应用	刘阳，施晓光*，杨平荣*，何兰#	药物评价研究	2018，41（1）：93 – 95	
138	高效液相色谱 – 荧光检测法测定脂溶性药物中的 α – 生育酚	李婕，袁松，黄海伟，何兰#	药物评价研究	2018，41（1）：96 – 99	
139	核磁共振定量法测定茶苯海明的含量	张才煜，耿颖，卢日刚，何兰#	中国药事	2018，32（6）：743 – 746	
140	离子色谱法测定化学对照品中盐酸盐的含量	张才煜，张晓栋，宁保明，吴建敏，何兰#	药物分析杂志	2018，38（6）：1005 – 1008	
141	沙美特罗替卡松吸入粉雾剂递送剂量均一性的测定	周颖，魏宁漪，林兰，宁保明#	中国药品标准	2018，18（3）：20 – 26	
142	呼吸模拟装置测定 2 种雾化器的盐酸氨溴索递送速率及递送总量	周颖，魏宁漪，林兰，宁保明#	中国新药杂志	2018，27（3）：43 – 47	
143	石杉碱甲引湿性的研究	周颖，魏宁漪，熊婧，宁保明，何兰#	化学教育	2018，39（2）：45 – 48	
144	盐酸溴己新注射剂的质量标准研究	刘毅，吴建敏，刘晓强*，姚晓*，李选堂，何兰#	药物分析杂志	2018，38（11）：2008 – 2013	
145	盐酸溴己新葡萄糖注射液的 5 – 羟甲基糠醛检查研究	刘毅，吴建敏，姚晓*，刘晓强*，李选堂，林兰，何兰#	中国新药杂志	2018，27（22）：2612 – 2615	
146	药物熔点测定方法的等效性研究	熊婧，吴建敏，宁保明#，何兰#等	中国药学杂志	2018，53（21）：84 – 91	

续表

序号	题目	作者	期刊名称	期，卷号，起止页码	SCI 影响因子
147	应用近红外光谱和拉曼光谱建立主成分分析模式识别法鉴别不同厂家阿法骨化醇软胶囊	耿颖，袁松，宁保明，何兰[#]	中国药师	2018，21（7）：1181－1184	
148	异丙托溴铵吸入气雾剂的喷雾模式和喷雾形态测定	魏宁漪，高蕾，周颖，林兰，宁保明[#]	中国新药杂志	2018，27（1）：38－42	
149	硫酸沙丁胺醇吸入气雾剂的递送剂量测定方法比较	魏宁漪，周颖，陈翠翠，林兰，宁保明[#]	中国新药杂志	2018，27（4）：405－408	
150	盐酸氨溴索吸入溶液的空气动力学粒径分布测定	魏宁漪，周颖，陈翠翠，宁保明[#]	中国新药杂志	2018，27（17）：1994－1998	
151	HPLC 法测定依那普利氢氯噻嗪片的有关物质	魏宁漪，周颖，陈翠翠，何兰[#]	中国新药杂志	2018，27（17）：1999－2005	
152	UPLC－DAD－MS 法测定普伐他汀钠及其制剂中的有关物质	魏宁漪，周颖，庾莉菊，何兰，宁保明[#]	药物分析杂志	2018，38（9）：1539－1549	
153	LAL test and RPT for endotoxin detection of CPT－11/DSPE－mPEG2000 nanoformulation：What if traditional methods are not applicable	Yanan Jin[*1]，Juanjuan Jia[1]，Chan Li[*1]，Jianqi Xue[*]，Jiabei Sun，Kaiyuan Wang[*]，Yaling Gan[*]，Jing Xu[*#]，Yaqin Shi[#]，Xingjie Liang[*#]	Asian Journal of Pharmaceutical Sciences	2018，13（3）：289－296	4.56
154	甘精胰岛素肽图分析方法研究	王绿音，杨慧敏[*]，李晶，张慧，李懿，张伟，梁成罡[#]	生物技术通讯	2018，29（5）：667－676	
155	醋酸去氨加压素杂质 I 国家对照品研制	王绿音，张慧[#]，李懿，张伟，梁成罡[#]	中国医药指南	2018，16（29）：16－19	
156	第 1 批重组人促卵泡素生物测定用国家标准品的制备与标定	李湛军，李晶，张慧，梁誉龄，李懿，胡宇驰[*]，魏霞[*]，王铁成[*]，梁成罡[#]	中国新药杂志	2018，27（12）：1350－1356	
157	CHO 宿主细胞 DNA 残留检测试剂盒（PCR－TAQMAN 探针法）的方法学验证	吕萍，杨志行[*]，张慧，宗伟英[*]，吴婉欣[*]，王滔[*#]，梁成罡[#]	中国新药杂志	2018，27（21）：2519－2526	
158	劳拉西泮片的关键质量属性研究	尹婕，金方方，南楠，陈华[#]	药物评价研究	2018，41（9），1630－1639	
159	HPLC－ELSD 法联合 UPLC－MS/MS 法检测鱼腥草注射液中非法添加的庆大霉素	王静文，龚旭昊[*]，范强[*]，孙雷[*]，汪霞[*]	中国兽药杂志	2018，52（3），45－51	
160	pH 测定检验能力验证及评价新方法的应用	赵新玥，赵文，陈华[#]	药物分析杂志	2018，38（3），545－550	
161	Application of Solid－State NMR to Reveal Structural Differences in Cefazolin Sodium Pentahydrate From Different Manufacturing Processes	Tian Ye，Wang Wei D，[*] Zou Wen－Bo，Qian Jian－Qin，[*] Hu Chang－Qin[#]	Frontiers in Chemistry	2018，6（113）：1－7	4.155

续表

序号	题目	作者	期刊名称	期，卷号，起止页码	SCI 影响因子
162	Isolation, identification and in silico toxicity predictions of two isomers from cefotiam hydrochloride	Tian Ye, Wang Ya – Nan, * Han Ying, Zhang Xia, Hu Chang – Qin#	Journal of Pharmaceutical and Biomedical Analysis	2018, 158: 425 – 430	2. 831
163	固体核磁共振技术在固态药物分析中的应用	田冶，李进，胡昌勤#	中国抗生素杂志	2018，43（4）：401 – 407	
164	Mass Spectrometry Genotyping of Human Papillomavirus Based on High – Efficiency Selective Enrichment of Nanoparticles	Li Zhu, Lihui Yin, JinJuan Xue*, Zhihua Wang*, and Zongxiu Nie#	ACS Appl. Mater. Interfaces	2018, 10: 41178 – 41184	8. 097
165	Characterization of Solid – State Drug Polymorphs and Real – Time Evaluation of Crystallization Process Consistency by Near – Infrared Spectroscopy	Shu – Ye Qi, Ye Tian, Wen – Bo Zou and Chang – Qin Hu*	Frontier in Chemistry	6、506	4. 155
166	国产注射用盐酸万古霉素的质量评价	王晨，王立新，张斗胜，胡昌勤	中国抗生素杂志	2018，43（3）：262 – 268	
167	拉曼光谱法在快速筛查紫杉醇脂质体制剂中的应用	赵瑜，尹利辉，胡昌勤	中国医药导报	2018，15（7）：24 – 29	
168	氟康唑杂质 H 国家标准物质的研制	冯艳春，王晨，田冶，常祎卓，马步芳，姚尚辰，胡昌勤#	中国药学杂志	2018，53（17）：1517 – 1522	
169	建立 HPLC 法测定盐酸洛美沙星滴眼液中 5 种抑菌剂	逄焕欢*，高磊*，杨志宏*，冯艳春#	中国抗生素杂志	2018，43（6）：709 – 714	
170	A systematic toxicity evaluation of cephalosporins via transcriptomics in zebrafish and in silico ADMET studies	Ying Han, Jingpu Zhang, Changqin Hu.	Food and Chemical Toxicology	2018, 116: 264 – 271	3. 977
171	Cardiac safety evaluation in zebrafish and in silico ADME prediction of cephalosporins with an aminothiazoyl ring at the C – 7 position	Ying Han, Bo Chen, Jingpu Zhang, Changqin Hu	Toxicology and Applied Pharmacology	2018, 347: 33 – 44	3. 616
172	Neurobehavioral effects of cephalosporins: assessment of locomotors activity, motor and sensory development in zebrafish	Ying Han, Yangmin Zheng, Jingpu Zhang, Changqin Hu	Frontiers in Pharmacology	2018, 9: 1 – 16	3. 831

续表

序号	题目	作者	期刊名称	期，卷号，起止页码	SCI 影响因子
173	Validated LC – MS/MS Method for Simultaneous Analysis of 21 Cephalosporins in Zebrafish for a drug toxicity study.	Ying Liu，Jingpu Zhang*，Changqin Hu#	Analytical Biochemistry	2018，558：28 – 34	2. 275
174	头孢拉定颗粒有关物质分析及关键质量控制	崇小萌，王立新，王晨，张斗胜，姚尚辰，胡昌勤	中国新药杂志	2018，27（22）：2664 – 2672	
175	中国药典 2015 年版大环内酯类抗生素的拟增修订重点	姚尚辰，胡昌勤	中国抗生素杂志	2018，43（4）：373 – 379	
176	头孢西丁钠标准物质原料稳定性的预测与选择	姚尚辰，李月月*，张夏，刘万卉，胡昌勤#	中国新药杂志	2018，26（24）：2978 – 2983	
177	经不同无害化及资源化技术处理后头孢菌素 C 发酵菌渣中抗菌活性物质的变化情况	常艳，张夏，李进，胡昌勤#	中国药事	第 32 卷第 8 期：1088 – 1096	
178	对中国药典 2015 年版硫酸庆大霉素原料及其注射液标准中存在问题的探讨	常艳，姚尚辰，胡昌勤#	中国抗生素杂志	第 43 卷第 7 期：853 – 862	
179	影响抗生素微生物检定法（管碟法）测定准确性的常见原因分析	常艳，姚尚辰，胡昌勤#	中国抗生素杂志	2018，43（7）：875 – 880	
180	过程分析技术在药品生产过程中的应用	省盼盼[1,2]，罗苏秦[3]，尹利辉[1*]	药物分析杂志	2018，38（5）：762 – 771	/
181	Compilation of a near – infrared library for construction of quantitative models of oral dosage forms for amoxicillin and potassium clavulanate	邹文博等	Frontiers in Chemistry	2018，6：1 – 12	4. 155
182	Advances in rapid drug detection technology	邹文博等	Journal of Pharmaceutical and Biomedical Analysis	2018，147：81 – 88	2. 831
183	应用粉末 X 射线衍射法测定地氯雷他定中晶型 Ⅰ 和晶型 Ⅱ 的比例	邹文博等	中国药事	2018，32（5）：637 – 641	
184	拉曼光谱与近红外光谱技术在药品快速分析中的应用	邹文博等	中国药房	2018，29（3）：416 – 420	
185	柱切换 LC – MSn 法分析阿莫西林钠克拉维酸钾原料的杂质谱	李进，张培培，姚尚辰，胡昌勤#	中国抗生素杂志	2018，43（3）：330 – 340.	

续表

序号	题目	作者	期刊名称	期，卷号，起止页码	SCI影响因子
186	Commentary：Combating Sale of Counterfeit and Falsified Medicines Online：A Losing Battle	Baobin and Mingzhe Xu	Frontiers in Pharmacology	2017，12（8）：909－911	3.831
187	人血白蛋白批签发留样铝离子含量检验结果讨论与监管思考	王敏力，肖林，梁蔚阳*，邵泓*，周长明*，郭江红*，田洪斌*，王叔桥*，谢楠*，侯继锋#*	中国药学杂志	2018，53（2）：145－153	
188	人血白蛋白中枸橼酸离子测定与铝离子含量影响因素分析	王敏力，肖林，赵卉，侯继锋#*	中国药学杂志	2018，53（5）：379－382	
189	不同表达体系重组人血白蛋白中糖蛋白的多重分析方法测定及质量评价研究	王敏力，赵卉，纪筱，侯继锋#*	中国药学杂志	2018，53（7）：544－548	
190	超高效液相色谱－行波离子淌度串联四极杆飞行时间高分辨质谱技术在重组人血白蛋白质量控制上的应用研究	王敏力，张倩倩*，王晖*，宋兰坤**，侯继锋#*	中国药学杂志	2018，53（9）：729－738	
191	一种磁珠提取结合实时荧光定量核酸扩增定量检测重组人血白蛋白中毕赤酵母DNA残留方法的建立	王敏力，马秋平，侯继锋#*	中国药学杂志	2018，53（10）：804－807	
192	超高效液相色谱法测定人血白蛋白分子大小分布方法的建立	王敏力，杨鹏云，徐苗，侯继锋#*	中国药学杂志	2018，53（13）：1110－1116	
193	Determination of residual pichia pastoris DNA in recombinant human albumin products by magnetic beads－based extraction combined with quantitative PCR method	Minli Wang，Qiuping Ma，Jifeng Hou#	CEAJ（FV）－ST & China Pharm Journal	2018，49（10）：804－807	
194	人免疫球蛋白甲型肝炎抗体国家标准品的研制	马秋平，王箐舟，侯继锋#	药物分析杂志	2018，38（2）：303－306	
195	超高效液相色谱串联Qda质谱法检测单抗N糖的研究	王文波，于传飞，张峰，徐刚领，高凯，王兰#	中国药学杂志	2018，53（3）：223－227	
196	基于毛细管区带电泳的IgG2型单抗电荷异质性分析方法的建立	王文波，于传飞，张峰，武刚，高凯，王兰#	中国药学杂志	2018，53（8）：627－631	
197	双波长分子排阻色谱测定半胱氨酸偶联一甲基澳瑞他汀E抗体药物偶联物的药物抗体偶联比	王文波，武刚，崔永菲，于传飞，王兰#	药物分析杂志	2018，38（08）：1432－1436	
198	基于报告基因的抗IFNR1单抗生物学活性测定方法的建立	李萌，于传飞，王兰#	药物分析杂志	2018，38（10）：1748－1754	

续表

序号	题目	作者	期刊名称	期，卷号，起止页码	SCI 影响因子
199	Interlaboratory Method Validation of icIEF Methodology for Analysis of Monoclonal Antibodies	武刚，于传飞，王文波，王兰#	Electrophoresis	2018，39（16）：2091－2098	2.4
200	成像毛细管等电聚焦电泳测定单抗等电点的若干影响因素	武刚，于传飞，王文波，王兰#	药物分析杂志	2018，38（10）：1727－1732	
201	Measuring the bioactivity of anti－IL－6/anti－IL－6R therapeutic antibodies：presentation of a robust reporter gene assay	于传飞，曹俊霞，王兰，杨雅兰，倪永波，王军志#	Analytical and Bioanalytical Chemistry	2018，410（27）：7067－7075	3.307
202	微流数字成像技术在单克隆抗体不溶性微粒检测中的应用	郭莎，曹俊霞，于传飞，张峰，高凯，王兰#	中国药学杂志	2018，53（1）：58－63	
203	一种新的抗肿瘤靶点—CD47	郭莎，于传飞，张峰，刘春雨，李萌，王文波，付志浩，俞小娟，王兰#	药物分析杂志	2018，38（7）：1099－1105	
204	抗体偶联药物质量控制和临床前评价专家共识	王兰#，郭莎，于传飞，王文波，付志浩，霍艳，王欣，耿兴超，刘丽，文海若，陈琰* Christopher Yu*，蔺亚萌*，方言*，房健民*，姚雪静*，李新芳*，杨敬*，Lise Loberg	中国药事	2018，32（7）：991－1004	
205	一种抗 TNFα 单抗不同粒径级别蛋白聚体监测结果的比较与评价	郭莎，张峰，刘春雨，于传飞，李萌，王文波，付志浩，俞小娟，王兰#	中国药事	2018，32（8）：62－67	
206	过滤对一种 IgG2 亚型 EGFR 单抗中不溶性微粒的影响	郭莎，张峰，刘春雨，于传飞，李萌，王文波，付志浩，俞小娟，王兰#	中国药事	2018，32（9）：47－52	
207	RNA gene profile variation in peripheral blood mononuclear cells from rhesus macaques immunized with Hib conjugate vaccine，Hib capsular polysaccharide and TT carrier protein.	Jing Tang，Ying Zhang，Xiaolong Zhang，Yun Liao，Yongrong Wang，Shengjie Ouyang，Yanchun Che，Miao Xu，Jing Pu，Qi Shen，Zhanlong He，Qiang Ye and Qihan Li.	BMC Immunology	（2018）19：4	2.6
208	疫苗冷链供应的扩大策略受控温度链的研究进展	张洁，贺鹏飞，梁争论，徐苗#	中国生物制品学杂志	2018，31（9）：1036－1039	
209	Establishment of the 1st WHO International Standard for anti－EV71 serum（Human）	Cooper G*，Mao Q，Crawt L*，Wang Y，Dougall T*，Rigsby P*，Liang Z，Xu M，Minor P*，Wang J#，Martin J*#.	Biologicals.	2018，53：39－50	1.872

续表

序号	题目	作者	期刊名称	期，卷号，起止页码	SCI 影响因子
210	Poorly neutralizing polyclonal antibody in vitro against coxsackievirus A16 circulating strains can prevent a lethal challenge in vivo	Yao X*, Mao Q, Li Y*, Hao C*, Bian L, Chen P*, Gao F, Wu X, Lu W*, Gao Q*, Li X*, Liang Z#.	Hum Vaccin Immunother.	2018, 14 (5): 1275 - 1282	2.229
211	Significant transcriptome and cytokine changes in hepatitis B vaccine non responders	Qiu S, He P, Fang X, Tong H*, Lv J*, Liu J*, Zhang L*, Zhai X*, Wang L*, Hu Z#, Yu Y*#	Hum Vaccin Immunother.	2018, 14 (7): 1763 - 1772	2.229
212	Seroepidemiology of Enterovirus D68 infection in infants and children in Jiangsu, China	Sun SY, Gao F, Hu YL*, Bian LL, Mao QY, Wu X, Li JX*, Zhu FC*, Wang JW*#, Liang ZL#.	J Infect.	2018, 76 (6): 563 - 569	4.603
213	A cross - sectional seroepidemiology study of EV - D68 in China	Sun S, Gao F, Hu Y*, Bian L, Wu X, Su Y*, Du R, Fu Y*, Zhu F*, Mao Q#, Liang Z#.	Emerg Microbes Infect.	2018, 7 (1): 99	6.032
214	A surrogate assay for measuring Coxsackievirus A6 neutralizing antibodies	Su Y*, Chen P*, Gao F, Bian L, Sun S, Dong F*, Hu Y*, Mao Q, Jiang W*, Wu X#, Liang Z#.	Hum Vaccin Immunother.	2018: 1 - 7. [Epub ahead of print]	2.229
215	Seroepidemiology of Coxsackievirus A10 infection in infants and children A prospective cohort study in Jiangsu, China	Fu Y*, Sun SY, Mao QY, Bian LL, Wu X, Zhu FC*, Jiang CL*, Gao F#, Liang ZL#.	J Infect.	2018, 77 (2): 158 - 164	4.603
216	CVA16 疫苗的免疫原性评价方法研究	毛群颖，胡亚林，孙一晟*，高帆，邹强*，卞莲莲，范昌发，梁争论#	中国病毒病杂志	2018, 8 (6): 495 - 500	
217	上市后肠道病毒 71 型灭活疫苗的动物保护效果研究	毛群颖，高帆，胡亚林*，崔博沛，卞莲莲，杜瑞晓，梁争论#	中国病毒病杂志	2018, 8 (6): 463 - 468	
218	手足口病疫苗研发策略和进展	毛群颖，吴星，高帆，梁争论#，徐苗，王军志	中国病毒病杂志	2018, 8 (6): 434 - 438	
219	我国肠道病毒 71 型中和抗体标准品的国际单位赋值	毛群颖，高帆，卞莲莲，崔博沛，杜瑞晓，徐苗，梁争论#	中国病毒病杂志	2018, 8 (6): 469 - 475	
220	我国柯萨奇病毒 A 组 16 型抗原标准品的协作标定和适用性研究	毛群颖，高帆，王泽鋆*，李秀玲*，高强*，安文琪*，杨二霞*，卞莲莲，杜瑞晓，崔博沛，徐苗，梁争论#	中国病毒病杂志	2018, 8 (6): 481 - 486	
221	2017 年国产肠道病毒 71 型灭活疫苗质量一致性研究	高帆，卞莲莲，吴星，董少忠*，李静*，徐葛林*，毛群颖，梁争论#	中国病毒病杂志	2018, 8 (6): 456 - 462	

续表

序号	题目	作者	期刊名称	期，卷号，起止页码	SCI 影响因子
222	我国婴幼儿人群中 6 种肠道病毒血清流行病学研究	高帆，胡亚林*，孙世洋，付莹*，卞莲莲，苏瑶，吴星，朱凤才*，毛群颖，梁争论#	中国病毒病杂志	2018，8（6）：501－508	
223	疫苗稳定性方法研究进展	高帆，李克雷*，吴星#，徐苗，梁争论	中华实验和临床病毒学杂志	2018，32（4）：125－129	
224	冻结对疫苗质量的影响	李克雷*，吴星#，徐苗，梁争论	中国生物制品学杂志	2018，31（6）：674－677	
225	疫苗稳定性研究的考虑要点	李克雷*，吴星#，张洁，徐苗，郑海发，梁争论	中国生物制品学杂志	2018，31（9）：1044－1046	
226	柯萨奇病毒 A 组 6 型报告基因假病毒可视化感染模型的建立	吴星，苏瑶*，董方玉*，陈盼*，李克雷*，高帆，卞莲莲，孙世洋，胡亚林*，毛群颖，梁争论#	中国病毒病杂志	2018，8（6）：512－520	
227	手足口病假病毒中和抗体检测平台的建立和初步应用	吴星，董方玉*，苏瑶*，陈盼*，梁争论#	中国病毒病杂志	2018，8（6）：439－444	
228	我国大陆地区柯萨奇病毒 A 组 10 型流行株基因特征分析	卞莲莲，毛群颖，高帆，吴星，孙世洋，杨晓明#，梁争论#	中国病毒病杂志	2018，8（6）：509－514	
229	柯萨奇病毒 A 组 10 型研究进展	崔博沛，毛群颖，梁争论#	微生物学免疫学进展	2018，46（2）：63－67	
230	柯萨奇病毒 A 组 6 型研究进展	董方玉*，苏瑶，马超*，吴星#，梁争论	国际生物制品学杂志	2018，41（3）：136－143	
231	婴幼儿人群中 CVA16 中和抗体与 CVA16 手足口病的相关性研究	毛群颖，高帆，卞莲莲，胡亚林*，姚昕，鲁卫卫*，李秀玲*，梁争论#	微生物学免疫学进展	2017，45（6）：61－66	
232	2016 年重组乙型肝炎疫苗国家监督抽验质量分析与评价	邱少辉，方鑫，何鹏，童海青*，沈琦，胡忠玉#	中国生物制品学杂志	2018，31（7）：805－808	
233	肠道病毒 71 型（EV71）疫苗研究进展	苏瑶*，高帆，吴星，姜崴*，毛群颖#	中国生物制品学杂志	2018，07：782－786	
234	手足口病防控策略探讨	卞莲莲，苏瑶，毛群颖，吴星#	微生物学免疫学进展	2018，46（1）：56－59	
235	A neonatal mouse model of Enterovirus D68 infection induces both interstitial pneumonia and acute flaccid myelitis	Sun SY，Bian LL，Gao F，Du RX，Hu YL*，Fu Y*，Su Y*，Wu X#，Mao QY#，Liang ZL#.	Antiviral Research	2019，161：108－115	4.307
236	疫苗对于人类健康的贡献	王斌，曾明	中国食品药品监管	2018（8）：74－77	
237	益生菌与过敏性疾病的预防和治疗进展	王磊*，张影，曾明#	中国药事	2018（4）：510－515	
238	肠道细菌疫苗免疫保护相关物研究进展	王磊*，曾明#	国际生物制品学杂志	2018（4）：170－174	

续表

序号	题目	作者	期刊名称	期，卷号，起止页码	SCI 影响因子
239	两种螨变应原注射液氯化钠含量检测方法的比较	张影，李喆，鲁旭，幺山山，曾明，辛晓芳#，王斌#	中国生物制品学杂志	2018，8（31）：886－891	
240	定量 ELISA 竞争抑制法测定屋尘螨变应原点刺液生物活性	张影，李喆，鲁旭，幺山山，王斌，辛晓芳#，曾明#	中国生物制品学杂志	2018，9（31）：1004－1010	
241	壳聚糖介导甲型副伤寒 nmpC 和 pagC DNA 疫苗的构建及其免疫效果	梁昊宇，任慧梅*，张影，董思国，王斌，曾明	中国生物制品学杂志	2018，10（31）：1055－1060	
242	壳聚糖纳米粒在甲型副伤寒沙门菌外膜蛋白疫苗中的应用	梁昊宇，任慧梅*，张影，董思国，王斌，曾明#	中国生物制品学杂志	2018，8（31）：809－812	
243	伤寒甲型副伤寒结合疫苗质量标准的建立	梁昊宇，周富昌*，胡玥，任晓莉*，王斌，曾明#	中国生物制品学杂志	2018，9（31）：933－935	
244	大肠埃希菌表达的重组生物制品种子批质量控制	赵志晶*，幺山山，王斌，曾明#	中国生物制品学杂志	2018，07（31）801－804	
245	诺如病毒样颗粒疫苗的研究进展	古琼，李启明*，国泰#	中华微生物和免疫学杂志	2018，38（7）：542－548	
246	Association of human leukocyte antigen alleles and supertypes with immunogenicity of oral rotavirus vaccine given to infants in China.	Liu Y，Guo T，Yu Q，Zhang H*，Du J，Zhang Y*，Xia S*，Yang H*，Li Q#*	Medicine（Baltimore）	2018，97（40）：e12706	2.028
247	Porcine circovirus type 1 was undetected in vaccine but could be cultured in the cell substrate of Lanzhou lamb rotavirus vaccine.	Yu Q，Liu Y，Du J，Liu Y，Zhang L，Guo T#	J Gen Virol.	2018，99（1）：103－108	2.514
248	河南省健康儿童 A、C、Y 和 W135 群流行性脑脊髓膜炎抗体水平回顾性调查	李亚南，赵丹，徐颖华，毛琦琦，陈苏京，卢旭，李茂光，叶强#	微生物学免疫学进展	2018，46（4）：49－52	
249	广西壮族自治区儿童 A 群和 C 群流行性脑脊髓膜炎抗体水平调查	李亚南，徐颖华，赵丹，毛琦琦，陈苏京，卢旭，李茂光，叶强#	中国生物制品学杂志	2018，31（9）：982－984	
250	高效阴离子交换色谱－脉冲安培法检测 A、C、Y、和 W135 群脑膜炎球菌多糖含量	李亚南，赵丹，徐颖华，毛琦琦，陈苏京，李茂光#，叶强#	微生物学免疫学进展	2018，46（5）：44－48	
251	细菌回复突变试验标准菌株分子质控方法的研究	徐潇，石继春，梁丽，孙文媛，杨越，叶强#	微生物学免疫学进展	2017，45（6）：38－45	

续表

序号	题目	作者	期刊名称	期，卷号，起止页码	SCI 影响因子
252	福氏志贺菌两种血清分型方法的比较	徐潇，石继春，王春娥，杨越，郑锐，李康，黄洋，陈翠萍，叶强#	微生物学免疫学进展	2018，46（1）：14 – 19	
253	食品检验用标准菌株分子水平质控方法的建立与应用	徐潇，石继春，王春娥，梁丽，李康，孙文媛，陈翠萍，叶强#	疾病监测	2018，33（9）：744 – 752	
254	福氏志贺菌历史菌株血清型转换的分子特征研究	徐潇，石继春，王春娥，梁丽，郑锐，李康，黄洋，陈翠萍，叶强#，阚飙#*	中华预防医学杂志	2018，52（10）：1050 – 1055	
255	中国 15 群钩端螺旋体代表菌株分群血清参考品的研制	徐颖华，李喆，张影，杜宗利，辛晓芳#，叶强	中国生物制品学杂志	2018，31（9）：974 – 976	
256	钩端螺旋体疫苗菌种分子遗传质量控制方法的建立	徐颖华，李喆，张影，杜宗利，辛晓芳，叶强#	中国生物制品学杂志	2018，31（8）：865 – 868	
257	11 群肺炎链球菌荚膜多糖合成相关基因的分子生物学研究	陈琼，龙新星，李红，李康，黄洋，陈翠萍，叶强#	微生物学免疫学进展	2018，46（5）：49 – 54	
258	肺炎链球菌蛋白疫苗研究进展	黄洋，叶强#	中华微生物和免疫学杂志	2018，11：872 – 876	
259	Discovery and evolution of aloperine derivatives as novel anti – filovirus agents through targeting entry stage	Xin Zhang*，Qiang Liu，Na Zhang*，QianQian Li，ZhanDong Liu*，YingHong Li*，LiMei Gao*，YouChun Wang，HongeBin Deng*#，DanQing Song*#	European Journal of Medicinal Chemistry	2018，149：45 – 55	4.816
260	Synthesis and biological evaluation of noveltricyclic matrinic derivatives as potential anti – filovirus agents	Xin Zhang*，QiangLiu，QianqianLi，Yinghong Li*，Zhandong Liu*，Hongbin Deng*，Sheng Tang*，Yanxiang Wang*，Youchun Wang#，Danqing Song*#	Acta Pharmaceutica Sinica B	2018，8（4）：629 – 638	6.014
261	16 型人乳头瘤病毒（HPV16）中和表位及型内变异分析	宁婷婷，聂建辉，黄维金，王佑春	中华微生物学和免疫学杂志	2018，38（8）：623 – 628	
262	Comparison of the genotypic and phenotypic properties of HIV – 1 standard subtype B and subtype B/B′env molecular clones derived from infections in China	Hui Xie，Jianhui Nie，Qingqing Chen，Weijin Huang and Youchun Wang#	Emerging Microbes & Infections	2018，7（90）：1 – 13	6.032
263	Valuable antibody detection method for classifying hepatitis E virus genotypes infection	Zhao C，Geng Y*，Huang W，Ma H*，Wang Y#	Journal of Medical Virology	2018，90（1）：142 – 147	1.988

续表

序号	题目	作者	期刊名称	期，卷号，起止页码	SCI 影响因子
264	SPF 家兔尿液中戊型肝炎病毒传染性的研究	赵晨燕，马建，吴佳静，黄维金	中华微生物学和免疫学杂志	2018，38（7）：488－493	
265	新生牛血清血红蛋白含量测定能力的验证	赵晨燕，马建，黄维金	中国生物制品学杂志	2018，31（9）：1024－1028	
266	铝佐剂理化特性及其吸附抗原后产物的质量控制研究进展	赵晨燕，黄维金	微生物学免疫学进展	2018，46（5）：46－50	
267	人乳头瘤病毒假病毒中和抗体检测方法在临床样本检测中的验证	聂建辉，宁婷婷，陈瑞峰，王晴，黄维金	中华微生物学和免疫学杂志	2018，38（7）：529－534	
268	人乳头瘤病毒疫苗临床免疫原性评价方法研究进展	聂建辉，王佑春，黄维金	中华微生物学和免疫学杂志	2018，38（8）：629－634	
269	无细胞百日咳疫苗小鼠中和抗体法的建立及效力评价验证	卫辰，晁哲，吴燕，王丽婵，骆鹏，马霄	中华微生物学和免疫学杂志	2018，38（7）：535－541	
270	第 2 代 WHO 百日咳毒素国际标准品的协作标定	卫辰，晁哲，吴燕，王丽婵，骆鹏，马霄	中国新药杂志	2018，27（16）：1855－1860	
271	第 1 代百日咳毒素国家参考品的标定	卫辰，晁哲，王丽婵，吴燕，骆鹏，马霄	中国生物制品学杂志	2018，31（08）：853－857	
272	2012～2016 年组分百日咳疫苗质量趋势分析及评价	卫辰，王丽婵，晁哲，吴燕，骆鹏，马霄	中国生物制品学杂志	2018，31（03）：225－229	
273	新型百日咳疫苗研究进展	骆鹏，马霄	微生物学免疫学进展	2018，46（5）：91－97	
274	白喉和破伤风类毒素抗原 ELISA 检测方法的建立	谭亚军，夏德菊，李喆，晁哲，田霖，董国霞，侯启明，马霄	中国医药生物技术	2018，13（6）：488－492	
275	两种不同类型无细胞百日咳疫苗诱导小鼠免疫应答分析	王丽婵，晁哲，卫辰，吴燕，骆鹏，马霄	微生物学免疫学进展	2018，46（4）：14－18	
276	抗屋尘螨Ⅱ组天然变应原单克隆抗体的制备及鉴定	李喆，张影，杨英超，田霖，吴燕，马霄，辛晓芳	中国生物制品学杂志	2018，31（8）：849－852	
277	Genetic diversity of Leptospira interrogans circulating isolates and vaccine strains in China from 1954－2014	Cuicai Zhang*，Zhe Li，Yinghua Xu，Ying Zhang，Shijun Li，Jinlong Zhang，Shenghui Cui，Zongli Du，Xiaofang Xin，Yung－Fu Chang，Xiugao Jiang，Qiang Ye	Human Vaccines & Immunotherapeutics	Published online：12 Oct 2018；DOI：10.1080/21645515.2018.1528839	2.229
278	尘螨制品抗原活性检定用血清国家标准品的建立	杨英超，李喆，陈建军，马霄，辛晓芳	中国生物制品学杂志	2018，31（4）：371－375	

续表

序号	题目	作者	期刊名称	期，卷号，起止页码	SCI 影响因子
279	我国卡介苗生产用菌种种子批及成品过度皮肤反应试验研究	李军丽，付丽丽，赵爱华，寇丽杰，王国治	中国生物制品学杂志	2018，31（8）：813－816	
280	国内外结核病预防用卡介苗质量标准比较	赵爱华，王国治，付丽丽，徐苗	中国防痨杂志	2018，40（10）：1125－112	
281	BC02 复合佐剂成分协同增强巨噬细胞固有免疫应答的分析	李军丽，付丽丽，王国治，杨晓明，赵爱华	中国生物制品学杂志	2018，31（9）：941－948	
282	布氏菌疫苗效力评价小鼠模型的建立	魏东，李天柱*，陈成，尤明强*，王国治#	中国医药生物技术	2018，13（5）：418－421	
283	抗生素联合卡介苗治疗结核病的动物模型评价	都伟欣，苏城，沈小兵，杨蕾，陈保文，王国治，卢锦标#	微生物学免疫学进展	2018，46（2）：9－14	
284	重组 AEC/BC02 疫苗联合化疗在豚鼠模型中的抗结核效果	卢锦标，杨蕾，苏城，沈小兵，陈保文，王国治，都伟欣#	中华微生物学和免疫学杂志	2018，38（6）：414－419	
285	豚鼠模型中结核菌素纯蛋白衍生物量效关系比较研究	苏城，卢锦标，沈小兵，陈保文，王国治，都伟欣#	微生物学免疫学进展	2018，46（3）：8－12	
286	4 种结核分枝杆菌皮肤变态反应原的动物试验	都伟欣，卢锦标，王国治，沈小兵，苏城，杨蕾，陈保文#	中国生物制品学杂志	2018，31（07）：741－743，747	
287	血清学抗体检测菌阴肺结核存在的问题讨论	杨蕾，曹俊*，卢锦标，王国治，徐苗#	中华微生物学和免疫学杂志	2018，37（10）：785－789	
288	人胚胎干细胞来源的视网膜色素上皮细胞质量控制研究	纳涛，王磊*，郝捷*，张可华，韩晓燕，周琪*，王柳*#，袁宝珠#	生命科学	2018，30（3）：248－260	
289	用于鉴别猴源细胞及其交叉污染短串联重复序列图谱分析方法的建立	樊金萍，袁宝珠#	中国生物制品学杂志	2018，31（8）：874－881	
290	糖基化基因修饰对重组蛋白的表达及活性的影响	周小菊*，纳涛，马宁宁*，袁宝珠#	中国生物制品学杂志	2018，31（9）：1029－1039	
291	人间充质干细胞生物学有效性的质量评价	韩晓燕，纳涛，张可华，袁宝珠#	中国新药杂志	2018，27（21）：2511－2518	
292	CAR－T 细胞治疗产品质量控制检测研究及非临床研究考虑要点	孟淑芳，王佑春，吴雪伶，赵翔，黄维金，王斌，王萌，宋雪，贾芳英，霍艳，侯田田，黄瑛，文海若，李芊芊，屈哲，王歈，俞磊	中国药事	2018，32（6）：831－851	
293	CAR－T 细胞治疗产品中复制型病毒的风险分析及控制	吴雪伶，赵翔，孟淑芳*	中国药事	2018，32（7）：879－885	

续表

序号	题目	作者	期刊名称	期，卷号，起止页码	SCI影响因子
294	支原体检查的核酸检测方法及方法学验证的思考	赵翔，冯建平，孟淑芳*	中国药事	2018，32（8）：1020－1027	
295	The structure differences of Japanese encephalitis virus SA14 and SA14－14－2 E proteins elucidate the virulence attenuation mechanism	Xinyu Liu，Xin Zhao，Rui Na，Lili Li，Eberhard Warkentin，Jennifer Witt，Xu Lu，Yongxin Yu，Yuquan Wei，Guohong Peng，Yuhua Li，Junzhi Wang	Protein Cell	2018（2）：1－5	6.23
296	Genetic and neuroattenuation phenotypic characteristics and their stabilities of SA14－14－2 vaccine seed virus	Xinyu Liu，Danhua Zhao[1]，Lili Jia，Hongshan Xu，Rui Na，Yonghong Ge，Shaoxiang Liu，Yongxin Yu，Yuhua Li	Vaccine	2018，36（31）：4650－4656	3.28
297	乙型脑炎减毒活疫苗和灭活疫苗免疫效果评价	刘欣玉，那瑞，俞永新，赵丹华，赵欣，徐宏山，李玉华	中国生物制品学杂志	2018，31（9）：929－931	
298	不同剂量黄热减毒活疫苗的免疫原性分析	赵丹华，那瑞，李玉华#	中国生物制品学杂志	2018，31（5）：453－455，461	
299	狂犬病暴露后动物免疫模型的应用进展	石磊泰，俞永新	中国生物制品学杂志	2018，31（8）：910－917	
300	Universal type/subtype－specific antibodies for quantitative analyses of neuraminidase in trivalent influenza vaccines	Kangwei Xu*，Changgui Li，Caroline Gravel，Zheng Jiang，Bozena Jaentschke，Gary Van Domselaar，Xuguang Li & Junzhi Wang#	Scientific Reports	2018，8（1067）：1－9	4.122
301	定量检测Ⅲ型Sabin株脊髓灰质炎病毒突变的应该MAPREC法的建立和应用	徐康维*，张平，英志芳，何蕊，王剑锋，江征，李长贵#	药物分析杂志	2018，38（2）：288－292	
302	荧光MAPREC分析Ⅰ型Sabin株脊髓灰质炎病毒突变率方法的建立和应用	徐康维*，张平，英志芳，魏文明，何蕊，王剑锋，赵慧，李长贵#	微生物学免疫学进展	2017，45（6）：56－60	
303	2009－2016年脊髓灰质炎灭活疫苗批签发汇总及质量分析	王剑锋，英志芳，徐康维，李长贵#	中国生物制品学杂志	2018，31（1）：97－105	
304	板层人工角膜辐照法病毒灭活验证方法的建立及灭活效果验证	王剑锋，英志芳，徐康维，李长贵#	微生物学免疫学进展	2018，46（4）：40－43	
305	人乳头瘤病毒假病毒中和试验血清起始稀释倍数的研究	赵慧，李娟，马新兴，周凌云，李长贵	微生物学免疫学进展	2018，46（2）：1－4	
306	A neuraminidase activity－based microneutralization assay for evaluatingantibody responses to influenza H5 and H7 vaccines	Hui Zhao[1]，Kangwei Xu，Zheng Jiang，Ming Shao，Shuzhen Liu，Xuguang Li，Junzhi Wang，Changgui Li	PLoS ONE	2018，13（11）：e0207431.	2.766

续表

序号	题目	作者	期刊名称	期，卷号，起止页码	SCI 影响因子
307	Immunogenicity and safety of an F – genotype attenuated mumps vaccine in healthy 8 – to 24 – month – old children	Yan Liang, Yanchun Che, Beifang Yang, Faxian Zhan, Hong Li, Xuhua Guan, Ying Zhang, Qiongzhou Yin, Changgui Li, Jing Li, Zhimei Zhao, Longding Liu, Guorun Jiang, Yun Liao, Xingli Xu, Jianjun Ye, Qunhui Ren, Yonghua He, Min Feng, Lichun Wang, Shengtao Fan, Xiaoyu Cui, Zhao Wang, Chuanyin Li, Haitao Xiao, Rong Liu, Qiong Li, Changjun Jiang, Jianqun Liu, Qihan Li	The Journal of Infectious Diseases	2019，219（1）：50 – 58	7.988
308	液质联用技术分析可溶性 CD95 – Fc 融合蛋白 N – 糖组成	于雷，陶磊，李响，郭莹，饶春明	中国生物制品学杂志	2018，31（8）：841 – 845	
309	A rapid reporter assay for recombinant human brain natriuretic peptide（rhBNP）by GloSensor technology	于雷，史新昌，韩春梅，饶春明#，王军志#	中国新药杂志	2018，27（13）：1496 – 1501	
310	重组人表皮生长因子生物活性检测方法的建立及与其他显色方法的比较	于雷，史新昌，刘兰，李响，裴德宁，饶春明#	中国生物制品学杂志	2018，31（9）：985 – 989	
311	重组人干扰素 β1b 中 ox – IFN β1b 含量测定	于雷，韩春梅，李永红，陶磊，裴德宁#，饶春明#	药物分析杂志	2018，38（11）：1881 – 1886	
312	重组人促红素的异构体比例及体内比活性分析	李响，史新昌，范文红，秦玺，周勇#，饶春明#	中国生物制品学杂志	2018，31（8）：841 – 845	
313	蒸发光散射检测法测定重组人 IL – 12 注射液中泊洛沙姆 188	李响，李永红，于雷，贾春翠，周勇#，饶春明#	药物评价研究	2018，41（9）：1644 – 1647	
314	Comprehensive glycan analysis of twelve recombinant human erythropoietin preparations from manufacturers in China and Japan	Ben Cowper*1，Xiang Li1，Lei Yu，Yong Zhou#，W. H. Fan，C. M. Rao	Journal of Pharmaceutical and Biomedical Analysis	2018，153：214 – 220	2.83
315	毛细管区带电泳法测定重组人干扰素 α1b 滴眼液中间甲酚含量	李响，于雷，裴德宁，贾春翠，周勇#，饶春明#	中国药师	2018，21（9）：1575 – 1585	
316	高效阴离子交换色谱 – 脉冲安培检测法用于重组人促红素中唾液酸的含量测定	李响，于雷，范文红，周勇#，饶春明#	中国医药导报	2018，15（27）：102 – 105	

续表

序号	题目	作者	期刊名称	期，卷号，起止页码	SCI 影响因子
317	全柱成像毛细管等电聚焦电泳法评价 IL－15 融合蛋白的电荷异质性	李响，于雷，郭莹，周勇#，饶春明#	中国新药杂志	2018，27（19）2232－2237	
318	重组人促红素异构体唾液酸化程度分析	李响，史新昌，范文红，周勇#，饶春明#	中国药学杂志	2018，53（19）：1682－1686	
319	三氟乙酸及甲酸体系下重组人促红素液质肽图的比较	陶磊，韩春梅，李响，秦玺，周勇，饶春明#	中国生物制品学杂志	2018，31（1）：9－13	
320	重组蛋白药物制品相关蛋白的分析与评价	陶磊，饶春明#	药物分析杂志	2018，38（11）：1854－1864	
321	国产重组人粒细胞－巨噬细胞集落刺激因子原液中制品相关蛋白的定性定量分析	陶磊，韩春梅，刘兰，史新昌#，饶春明#	药物分析杂志	2018，38（11）：1875－1880	
322	重组假丝酵母尿酸酶中聚合物的分析与评价	陶磊，丁有学，李永红，韩春梅，史新昌，裴德宁#，饶春明#	药物分析杂志	2018，38（11）：1893－1898	
323	液质联用对重组胰高血糖素样肽－1－Fc 融合蛋白中的制品相关蛋白进行定性定量分析	陶磊，刘周阳*，韩春梅，史新昌，聂爱英*，范文红#，饶春明#	药物分析杂志	2018，38（11）：1899－1904	
324	一种新型胃癌治疗性疫苗的无菌检查	毕华，刘兰，范文红，史新昌，丁有学，饶春明	中国药事	2018，32（2）：221－224	
325	牛痘病毒 GM－CSF 注射液中 GM－CSF 活性及表达量的检测	毕华，李永红，韩春梅，秦玺，史新昌，裴德宁，丁有学，饶春明	中国生物制品学杂志事	2018，31（9）：1015－1018，1023	
326	人用基因治疗制品生产和质量控制的通用性技术要求	李永红，毕华，史新昌，秦玺，饶春明	中国新药杂志	2018，27（21）：2482－2489	
327	聚乙二醇化重组人粒细胞刺激因子平均修饰度高效液相色谱蒸发光散射检测方法的建立及验证	李永红，史新昌，李响，韩春梅，饶春明	中国生物制品学杂志	2018，31（7）：758－762	
328	利用欧洲药典方法评价国产重组人粒细胞集落刺激因子原液中的制品相关蛋白含量	李永红，韩春梅，史新昌，陶磊，饶春明	药物分析杂志	2018，38（11）：1865－1869	
329	重组人组织型纤溶酶原激酶衍生物理化对照品的质量分析	丁有学，陶磊，韩春梅，李响，杨靖清，史新昌，饶春明#	中国新药杂志	2018，27（14）：1607－1611	
330	重组人 C1 酯酶抑制剂中 rcc－rhC1INH 和 ox－rhC1INH 含量检测	秦玺，姚文荣，丁有学，史新昌，韩春梅，陶磊，李永红#，饶春明#	药物分析杂志	2018，38（11）：1911－1916	

续表

序号	题目	作者	期刊名称	期，卷号，起止页码	SCI 影响因子
331	重组人 C1 酯酶抑制剂中异天门冬氨酸含量检测	秦玺，姚文荣，丁有学，史新昌，毕华，陶磊，李永红#，饶春明#	药物分析杂志	2018，38（11）：1905－1910	
332	重组人表皮生长因子与其衍生物功能和结构对比分析	刘兰，韩春梅，于雷，秦玺，史新昌#，饶春明#	中国生物制品学杂志	2018，31（7）：732－736	
333	重组人粒细胞刺激因子的 N 端氨基酸序列异质性分析	韩春梅，刘兰，杨靖清，陶磊，范文红，史新昌#，饶春明#	药物分析杂志	2018，38（11）：1887－1892	
334	重组人 C1 酯酶抑制剂中聚合物相关蛋白含量的研究	韩春梅，姚文荣，丁有学，于雷，陶磊，秦玺#，饶春明#	药物分析杂志	2018，38（11）：1917－1921	
335	报告基因法测定聚乙二醇化 I 型干扰素生物学活性的研究	裴德宁，于雷，郭莹，史新昌，饶春明	中国医药导报	2018，15（1）：22－25	
336	利用欧洲药典方法评价国产重组人粒细胞刺激因子原液中制品相关蛋白的定性定量分析	韩春梅，刘兰，史新昌，陶磊，饶春明	药物分析杂志	2018，38（11）：1870－1874	
337	辅助生殖实验室空气质量和洁净环境控制的检测标准研究	章娜，杨超，王会如，陈鸿波#，黄国宁	中国药事	2018，32（7）：959－969	
338	输注器具铅镉含量能力验证	卢大伟，陈鸿波，孙雪#，杨昭鹏	北京生物医学工程	2018，37（3）：311－314	
339	角膜修复材料有效性评价动物模型的建立和验证	韩倩倩，李青*，王宝全*，杨昭鹏，王春仁#	中国组织工程研究	2017，21（34）：5499－5505	
340	骨组织工程材料的研究进展	韩倩倩，薛彬，王涵，史建峰，王迎，汤京龙，王春仁#	组织工程与重建外科杂志	2017，13（6）：343－345	
341	囊胚计数法评价辅助生殖用医疗器械临床前安全性的研究	韩倩倩，赵军招*，杨昭鹏，史建峰，王迎，连环，王春仁#，金星亮*	中国医疗器械杂志	2018，42（4）：289－292	
342	医用增材制造医疗器械的质控重点与标准化工作进展	韩倩倩，李茂，王春仁#，杨昭鹏#	组织工程与重建外科杂志	2018，14（3）：121－122	
343	Drug loaded nanoparticle coating on totally bioresorbable PLLA stents to prevent in－stent restenosis.	Jian Zhao*，Zhichao Mo*，Fangfang Guo*，Donglu shi*，qianqianhan#，qing liu*#	JBMRB	2018，106（1）：88－95	3.373

续表

序号	题目	作者	期刊名称	期，卷号，起止页码	SCI 影响因子
344	Transcriptional repression of p53 by PAX3 contributes to Gliomagenesis and differentiation of glioma stem cells.	Hui Zhu*, Hongkui Wang*, Qingfeng Huang*, Qianqian Liu*, Yibing Guo*, Jingjing Lu*, Xiaohong Li*, Chengbin Xue*#, qianqian han#	Frontiers in molecular neuroscience	2018, 11 (187): 1-12	3.902
345	液相色谱-三重四级杆质谱联用法检测人类辅助生殖技术用液中 N（2）-L-丙酰胺-L-谷氨酰胺含量	黄元礼，柯林楠，王春仁#	中国药事	2018，32（08）：1097-1101	
346	液相质谱联用法同时检测体外生殖培养液中的 18 种氨基酸	黄元礼，柯林楠，李常坤，王春仁#	中国组织工程研究	2018，22（18）：2915-2920	
347	血液透析导管中残留单体二苯基甲烷二异氰酸酯的检测	黄元礼，孙雪，柯林楠，王春仁#	中国组织工程研究	2018，22（06）：927-931	
348	贻贝黏蛋白中多巴氧化还原状态表征方法研究	柯林楠，汤京龙，宋茂谦*，高敏*，陆云龙*，赵帅旗*，闭静秀*，何利中*，母瑞红#	中国医疗器械杂志	2018，42（5）：365-367	
349	生物可吸收冠状动脉支架发展现状及临床前评价	柯林楠，黄元礼，刘丽，段晓杰，冯晓明，王春仁#	中国医疗器械杂志	2018，42（2）：115-118	
350	一种高效制备人 β 微球蛋白标准物质的方法和应用	邹丽辉*，王萌*，黄薇*，张恩毅*，肖飞*，王玉梅#	中国医药生物技术	2018，13（5）：412-417	
351	游离前列腺特异性抗原检测试剂盒质量状况分析	王玉梅，刘艳，邵安良，杨昭鹏#	中国药事	2018，32（5）：631-636	
352	PTA 球囊扩张导管中 2-氯乙醇残留量的评价方法	付步芳，程东升*，王春仁	北京生物医学工程	2018，37（1）：62-65	
353	牙膏中铅含量的检测方法研究进展	代仕梅*，王颖*，梁佳曼*，付步芳	广东化工	2018，45（20）：102-103	
354	3D 生物打印支架材料的研究进展	史建峰	中国药事	2018，32（10）：1406-1411	
355	Research on an Anthropomorphic Phantom for Evaluation of the Medical Device Electromagnetic Field Exposure SAR	Shu Li, Zongwen Su, Hao Wang, Quan Wang and Haiping Ren#	applied sciences	2018，8（10）：1929-1942	1.689
356	心室辅助装置可靠性试验设计和接受准则的研究	李澍，王浩，任海萍#	中国医疗设备	2018，33（9）：1-5	
357	心室辅助装置机械振动骚扰评价方法及平台研究	李澍，王权，任海萍#	中国医疗设备	2018，33（10）：64-66	
358	心室辅助装置溶血检测及关键问题研究	侯晓旭，李澍，王浩，罗维娜，王权，任海萍#	中国医疗设备	2018，33（09）：15-18	
359	心室辅助装置电磁兼容性评价要点解析	张超，李澍，王权，苏宗文，任海萍#	中国医疗设备	2018，33（09）：6-9	
360	医疗器械软件在不同终端的报警信号分析	孟祥峰，张超，王浩，苏宗文，任海萍#	中国医疗设备	2018，33（06）：24-26	

续表

序号	题目	作者	期刊名称	期，卷号，起止页码	SCI 影响因子
361	气道阻力及肺的顺应性对呼吸机压力控制精度的影响	侯晓旭，李佳戈，任海萍#	中国医疗设备	2018，33（08）：15－18	
362	A Tiered Experimental Approach for Characterization and Silver Release of Silver－containing Wound Dressings	Liming Xu，Ru Bai*，Xiang Cheng，Anliang Shao Liang Chen，Shuxin Qu*，Chunying Chen*	J Biomed Nanotechnol	2018，14：564－574	5.068
363	Gal epitope expression and immunological properties in iGb3S deficient mice	Anliang Shao，Liming Xu#，Xi Wu，Susu Liu，Yan Lu，Changfa Fan	Scientific Reports	2018，8：15433. DOI：10.1038/s41598－018－33032－7	4.122
364	Xenogeneic bone matrix immune risk assessment using GGTA1 knockout mice.	Anliang Shao，You Ling*，Liming Xu#，Susu Liu，Changfa Fan，Zhijie Wang*，Bin Xu*，Chengbin Wang*	Artificial Cells，Nanomedicine，and Biotechnology	2018，DOI：10.1080/21691401.2018.1493489	3.026
365	A standardized quantitative method for detecting remnant alpha－Gal antigen in animal tissues or animal tissue－derived biomaterials and its application	Yan Lu，Anliang Shao，Yongqiang Shan，Hongni Zhao*，Ming Leiguo*，Yongjie Zhang*，Yinxi Tang*，Wei zhang*，Yan Jin*，Liming Xu#	Scientific Reports	2018，8：15424. DOI：10.1038/s41598－018－32959－1	4.122
366	Bio－distribution and Bio－availability of Silver and Gold in Rat Tissues with Silver/gold Nanorod Administration	Meiyu Wu*，Liang Chen，Ruiru Li*，Mo Dan，Haining Liu*，Xinsheng Wang*，Xiaochun Wu*，Ying Liu*，Liming Xu#，Liming Xie	RSC Advances	2018，（8）：12260－12268	2.936
367	Ⅰ型胶原水凝胶的物质通透性评价	段晓杰，刘珊*，马跃*，孙雪莲*，王金恒*，邵安良，徐丽明#	中国医疗器械杂志	2018，42（2）：150－153.	
368	一次性使用高值医疗器械复用的风险控制技术	魏慧慧，段晓杰，刘万卉*，黄清泉，王玉梅，徐丽明#	中国医疗器械杂志	2018，42（5）：305－308	
369	抑制性 ELISA 法检测药械组合产品中 rhBMP－2 含量的研究	陈亮，刘启省*，苑晓佩*，张东刚*，徐丽明#	药物分析杂志	2018，38（8）：1304－1309	
370	2 种 Gal 抗原缺失小鼠的免疫学特性比较研究	邵安良，魏利娜，范昌发，陈亮，徐丽明#	药物分析杂志	2018，38（8）：1288－1295	
371	Gal 抗原缺失小鼠的应用示范：动物源性硬脑膜补片的免疫原性反应评价	邵安良，魏利娜，范昌发，陈亮，徐丽明#	药物分析杂志	2018，38（8）：1296－1303	
372	丹参注射液对原代人软骨细胞的生物效应研究	朱志灵，邵安良，孙雪莲*，杨昭鹏，林羽*，徐丽明#	药物分析杂志	2018，38（2）：309－315	

续表

序号	题目	作者	期刊名称	期，卷号，起止页码	SCI 影响因子
373	神经系统接触类植入类器械的生物学评价要点和神经细胞培养技术简介	段晓杰，魏利娜，邵安良，陈亮，徐丽明#	中国药事	2018，32（9）：1251－1303	
374	含银敷料中银的表征和体外释放实验技术共识	陈亮，徐丽明#，邵安良，段晓杰，蒋兴宇*，陈春英*，赵玉云*，白茹*，谢黎明*，吴晓春*，刘颖*，纪英露*	中国药事	2018，32（8）：1005－1010	
375	一次性使用医疗器械复用的监管现状	魏慧慧，王玉梅，段晓杰，刘万卉*，杨昭鹏，徐丽明#	中国医疗器械杂志	2018，42（2），130－134	
376	氧弹燃烧－离子色谱法测定药用卤化丁基橡胶塞中的卤素含量	赵霞，孙会敏#	药物分析杂志	2018，10：1794－1797	
377	压差法测定氧气透过量影响因素及控制的研究	谢兰桂，赵霞，窦思红*，孙会敏#	药物分析杂志	2018，10：1798－1802	
378	近红外光谱法鉴别聚丙烯输液瓶输液袋中 SEBS 的研究	刘海涛*，谢兰桂，赵霞，张朝阳，孙会敏#	药物分析杂志	2018，6：1016－1023	
379	测量塑料薄膜氧气透过量的不确定度评定	窦思红*，谢兰桂，赵霞，孙会敏#	塑料	2018，3：72－75	
380	柱前衍生化 HPLC 法测定聚乙二醇 400 中的甲醛	张朝阳，汤清娟，杨锐，孙会敏#	中国药品标准	2017，18（6）：62－64	
381	多糖类辅料分子质量及分子质量分布的研究方法进展	刘海涛，张朝阳，杨锐，王珏，汤龙，孙会敏#	药物分析	2018，38（3）：376－384	
382	聚乙二醇 400 分子量测定方法比较研究	张朝阳，刘海涛*，许凯，杨锐，汤龙，孙会敏#	中国药事	2018，32（8）：1102－1107	
383	HPLC 柱前衍生化法测定聚山梨酯类辅料中醛类物质及其与过氧化值的相关性研究	王晓锋，王珏，宋晓松，李婷，王会娟，毕清华，孙会敏#	中国药学杂志	2018，14，1222－1229	
384	注射剂与药用玻璃包装容器相容性研究试验方法指南	孙会敏，李樾，赵霞，贺瑞玲	中国药事	2018，32（9）：1188－1196	
385	药包材关联审评审批申报资料技术要求的对比分析	杨会英，赵霞，贺瑞玲，王峰，孙会敏#	中国药事	2018，32（3）：310－316	
386	Synchrotron radiation micro－computed tomography guided chromatographic analysis displays material distribution in tablets	Liu Zhang*，Li Wu*，Caifen Wang*，Guoqing Zhang*，Lin Yu*，Haiyan Li*，Abi Maharjan*，Yan Tang*，Dunwei He*，Peter York*，Huimin Sun，Xianzhen Yin*#，Jiwen Zhang*#，Lixin Sun*#	Analytical Chemistry	2018，89（7）：3858－3866	6.32
387	聚维酮 K90 中三乙醇胺的测定	栾琳，孙会敏#	中国药品标准	2018，19（1）：77－80	
388	HPLC 法同时测定药用卤化丁基胶塞中 5 种抗氧剂和游离硫的含量	朱碧君*#，李婷婷*，孙会敏，胡星宇*，何君怡*，罗跃华*	中国药房	2018，29（18）9：2475－2479	
389	实验动物设施环境检测移动平台的应用	张潇，刘巍，梁春南	实验动物科学	2018，35（2）：60－63	无

续表

序号	题目	作者	期刊名称	期，卷号，起止页码	SCI 影响因子
390	实验小鼠肾匀浆中肽酶－3 能力验证结果评价	王洪，魏杰，王淑菁，巩薇，岳秉飞#	中国药事	2018，32（3）：329－334	
391	2014～2016 年北京地区实验动物质量抽检结果分析	魏杰，刘文菊*，李根平*，付瑞，邢进，王洪，王吉，李晓波，冯育芳，王淑菁，王锡乐*，巩薇，贺争鸣，岳秉飞#	实验动物科学	2018，35（5）：60－66	
392	免疫遗传背景差异对裸鼠成瘤性影响的研究	魏杰，王洪，樊金萍，范涛，梁春南，刘佐民，岳秉飞#	中华微生物学和免疫学杂志	2018，38（11）：835－840	
393	牛副流感病毒 3 型 BPIV3）实时荧光定量 PCR 检测方法的建立及在牛源样本检测中的应用	王吉，付瑞，李晓波，王淑菁，王莎莎，李威，秦骁，巩薇，岳秉飞#，贺争鸣	中国病毒病杂志	2018，8（5）：393－399	
394	北京地区猫疱疹病毒 I 型的分离及鉴定	王吉，付瑞，冯育芳，李晓波，王淑菁，王莎莎，李威、秦骁，巩薇，岳秉飞#，贺争鸣	病毒学报	2018，34（5）：744－753	
395	应用实时荧光定量 PCR 方法检测实验用猫巴尔通体的感染	冯育芳，邢进，岳秉飞#	实验动物科学	2018，35（4）56－60	
396	树鼩副粘病毒（TPMV）PCR 方法的建立及初步应用	王淑菁，付瑞，李晓波，王吉，贺争鸣，岳秉飞#	中国比较医学杂志	2018，28（5）：100－104	
397	同时检测小鼠微小病毒（MVM）和小鼠细小病毒（MPV）的荧光定量 PCR 的建立及应用	王淑菁，林欢*，付瑞，李晓波，王吉，岳秉飞，贺争鸣#	实验动物科学	2018，35（4）：29－32	
398	六年实验动物病原菌检测能力验证结果分析．	邢进，冯育芳，王洪，张雪清，付瑞，岳秉飞#	中国比较医学杂志	2018，28（4）：103－107	
399	The microbiota in the intestinal and respiratory tracts of naked mole－rats revealed by high－throughput sequencing	Cong W，Xing J，Feng YF，Wang J，Yue BF，He ZM，Lin LF，Yang WJ，Cheng JH，Sun W，Cui SF*	BMC Microbiol	2018，18（1）：89. doi：10. 1186/s12866－018－1226－4.	2. 829
400	小鼠多瘤病毒荧光 PCR 检测方法的建立及其在裸鼹鼠感染情况调查中的应用	李晓波，付瑞，王淑菁，卫礼，贺争鸣，王吉#，岳秉飞#	中国比较医学杂志	2017，27（12）：91－96	
401	DNA 条形码在农用动物中的应用	于鹏丽，岳秉飞#	实验动物科学	2018，35（4）：79－82	
402	牛副流感病毒 3 型 RT－PCR 方法的建立及初步应用	王吉，付瑞，李晓波，王淑菁，王莎莎，李威，秦骁，巩薇，岳秉飞#，贺争鸣	实验动物与比较医学	2018，38（2）：1－7	
403	中国北京地区犬真菌监测与药敏分析	高正琴	现代检验医学杂志	2018，33（4）：25－30	

续表

序号	题目	作者	期刊名称	期，卷号，起止页码	SCI 影响因子
404	A Human DPP4 – Knockin Mouse' s Susceptibility to Infection by Authentic and Pseudotyped MERS – CoV	Changfa Fan†，Xi Wu[1]*，Qiang Liu，Qianqian Li* Susu Liu，Jianjun Lu，Yanwei Yang，Yuan Cao，Weijin Huang，Chunnan Liang，Tianlei Ying，* Shibo Jiang* and Youchun Wang#	Virus	2018，10，448；doi：10.3390/v10090448	3.761
405	基于 Cre – LoxP 系统的条件性定点敲入人源 hRas 基因小鼠的建立	刘甦苏，吴曦*，周舒雅*，王辰飞，左琴，李保文*，范昌发#	实验动物科学	2018，35（04）：21 – 28	
406	组织切片多光谱定量分析技术在肿瘤免疫学研究中的应用	熊芮，范昌发#，王佑春	生物技术通讯	2018，29（04）：582 – 586	
407	猴真菌监测分析	高正琴，岳秉飞，柳全明	药物分析杂志	2018，38（9）：1517 – 1528	
408	中国实验动物中结肠小袋纤毛虫快速鉴定及感染调查	高正琴	现代检验医学杂志	2018，33（5）：19 – 23	
409	基因测序技术在临床检验领域的应用及国内外监管现状比较研究	刘可君，郭世富，崔乐，黄颖#	中国药事	2018，32（11）：1520 – 1530	
410	医疗器械标准管理现状及思考	许慧雯，郑佳，王慧超，兰禹葶，余新华#	中国食品药品监管	2018，（10）：20 – 25	
411	医疗器械标准体系进展	许慧雯，王越，杨晓芳，李静莉#	医疗器械标准体系进展	2018，42（1）：49 – 52	
412	欧盟新法规医疗器械分类管理思路变化的研究分析	张春青，周良彬，王越，易力，杨婉娟，戎善奎，李静莉#	中国医疗器械杂志	2018，42（3）：202 – 205	
413	医疗器械消毒灭菌器械国内外分类管理探讨	谭瑞芬*，胡昌明*，张春青#	中国药事	2018，32（9）：1176 – 1180	
414	43 家食品药品检测机构实验室检测 6 项生化指标能力验证评价	苗玉发，张河战#	现代检验医学杂志	2018，33（3）：158 – 161	
415	六种肝功能指标检测能力验证研究	苗玉发，顾玥*，王超，张琳，潘东升，王雪，吕建军，黄芝瑛#，张河战#	食品安全质量检测学报	2018，9（7）：1599 – 1604	
416	The Development of a Database for Herbal and Dietary Supplement Induced Liver Toxicity	Jieqiang Zhu*，Ji – Eun Seo*，Sanlong Wang（王三龙），Kristin Ashby*，Rodney Ballard*，Dianke Yu*，Baitang Ning*，Rajiv Agarwal*，Jürgen Borlak*，Weida Tong*，Minjun Chen*#.	International journal of molecular sciences	2018，19（10）：2955 – 2967	3.687

续表

序号	题目	作者	期刊名称	期，卷号，起止页码	SCI 影响因子
417	诱导多能干细胞分化的心肌细胞在心脏毒性评价中的应用	陈高建*，黄芝瑛*，王三龙#，王雪#	药物分析杂志	2018，38（5）：758－764	
418	Single－Dosed Genotoxicity Study of Gold Nanorod Core/Silver Shell anostructures by Pig－a，Micronucleus，and Comet Assays	Dan Wang（王丹）*，Mo Dan（淡墨），Yinglu Ji（纪英露）*，Xiaochun Wu（吴晓春）*，Liming Xu（徐丽明），Hairuo Wen（文海若）#	Journal of Biomedical Nanotechnology	2018，14（11）：1953－1964	5.068
419	Assessment of the Pig－a，Micronucleus and Comet Assay Endpoints by Acute or Repeated Dosing Protocols with Procarbazine Hydrochloride and Ethyl Carbamate	Gaofeng Chen（陈高峰）*，Hairuo Wen（文海若，共同第一作者），Zhihui Mao（毛志慧）*，Jie Song（宋捷），Hua Jiang（姜华），Weifan Wang（王伟凡），Ying Yang（杨莹），Yufa Miao（苗玉发），Chao Wang（王超），Zhiying Huang（黄芝瑛）#*，Xue Wang（王雪）#	Environmental and Molecular Mutagenesis	doi：10.1002/em.22227.	3.254
420	适合纳米材料遗传毒性评价方法的选择	文海若，邵安良，陈亮，淡墨，胡燕平，王雪#，徐丽明#	癌变·畸变·突变	2018，30（4）：326－331	
421	体外细胞转化实验的研究与应用进展	王丹*，耿兴超，李波，王雪#，文海若#	癌变·畸变·突变	2018，30（4）：310－314	
422	氧化应激与化合物非遗传毒性致癌性的研究进展	刘倩*，文海若#，王雪#	药物分析杂志	2018，38（8）：1318－1324	
423	Ames 波动试验和 GADD45a－GFP GreenScreen 两种快速筛选方法评价大黄素和芫花素的遗传毒性	文海若，宋捷，刘倩*，王亚楠，耿兴超，李波，王雪，胡燕平	药物评价研究	2018，41（5）：734－741	
424	哺乳动物细胞染色体畸变试验的标准化与背景数据采集	文海若，王亚楠，宋捷，王欣，耿兴超，王雪，李波，胡燕平	药物评价研究	2018，41（5）：727－733	
425	心力衰竭治疗新靶点经典型瞬时受体电位通道的研究进展	文海若，谢来华*	生理科学进展	2018，49（2）：157－160	
426	生物医用纳米材料的遗传毒性及其致毒机制研究进展	郭雅娟*，王雪，淡墨，黄芝瑛*#，文海若#	药物分析杂志	2018，38（1）：50－55	
427	不同表面修饰的氧化铁纳米颗粒对 A549 细胞的毒性及 DNA 损伤	文海若，郭雅娟*，黄芝瑛*，王雪#，淡墨#	癌变·畸变·突变	2018，30（6）：413－421	
428	纳米氧化铁颗粒对 A549 和 MRC－5 细胞的氧化损伤及 DNA 损伤毒性评价	郭雅娟*，文海若（共同第一作者），淡墨，黄芝瑛*，王雪#，徐丽明#	中国新药杂志	2018，27（22）：2673－2680	

续表

序号	题目	作者	期刊名称	期，卷号，起止页码	SCI 影响因子
429	新药免疫毒性评价研究进展	潘东升，范玉明，李波#	中国新药杂志	2018，27（13）：1491－1495	
430	CAR－T 细胞治疗产品非临床药效学研究关注点	侯田田，黄瑛，霍艳#	中国药事	2018，32（09）：1232－1238	
431	新型抗体类药物的临床前安全性评价策略和案例	黄瑛，霍艳#，王欣，李伟，姜华，李路路，王雪，李波	药物评价研究	2018，41（01）：35－40	
432	免疫细胞治疗产品扩增活化的淋巴细胞的成瘤性研究	黄瑛，高阳，霍艳#，郭晓凯*，周英男*，王歆*，汪巨峰，李波	药物评价研究	2018，41（02）：230－233	
433	CAR－T 细胞治疗产品非临床研究动物模型的发展和应用概述	黄瑛，侯田田，霍艳#	中国药事	2018，32（07）：886－892	
434	新型永生化人肝细胞系 HepZJ 的安全性研究	卢扬洲*，黎少*，姜华，李路路，王超，霍艳，黄瑛#，高毅*	药物评价研究	2018，41（06）：1062－1067	
435	抗体偶联药物临床前安全性评价考虑要点	王欣，耿兴超，刘丽，文海若，霍艳#	中国药事	2018，32（11）：1515－1519	
436	开展临床前药物依赖评价的判断依据及其研究方法的概述	李芊芊，张颖丽，王三龙#	中国药物依赖性杂志	2018，27（5）：328－332	
437	抗体－药物偶联药物（ADC）HS630 对大鼠中枢神经系统的安全性评价	李芊芊，张颖丽，徐学鹏*，王超，淡墨，王欣，霍艳，王海彬*，王三龙#	药物分析杂志	2018，38（7）：1189－1194	
438	p53（+/－）基因敲除小鼠尿烷致癌性初步验证试验	李芊芊，霍桂桃，吕建军，杨艳伟，刘甦苏，范志云*，祝清芬*，国明*，王三龙，王雪，范昌发	中国药事	2018，32（07）：932－939	
439	rhPTH（1－34）对大鼠类固醇性骨质疏松的治疗作用研究	孙立#，刘芳，齐卫红，范玉明，李波	中国药事	2018，32（03）：354－361	
440	重组人源化抗人 IL－6R 单克隆抗体 BAT－1806 注射液单次给药药代动力学研究	孙立，邸欣#*，淡墨#，闻镍，刘丽，裴树军*	药物分析杂志	2018，38（10）：1175－1780	
441	An in vitro method for nephrotoxicity evaluation using HK－2 human kidney epithelial cells combined with biomarkers of nephrotoxicity	Xuan Qiu*，Xiaobing Zhou，Yufa Miao，Bo Li#	Toxicology Research	DOI：10.1039/C8TX00095F	1.89

续表

序号	题目	作者	期刊名称	期，卷号，起止页码	SCI 影响因子
442	Urinary biomarker evaluation for early detection of gentamycin – induced acute kidney injury	Bo Sun，Xiaobing Zhou，Zhe Qu，Li Sun，Guilin Cheng，Yanwei Yang，Yufa Miao，Xiaoguang Chen *#，Bo Lib#	Toxicology letteers	DOI：10.1016/j.toxlet.2018.10.027	3.166
443	重组九价人乳头瘤病毒疫苗大鼠安全性和免疫原性研究	刘丽，黄瑛，吕建军，王超，苗玉发，杨艳伟，霍艳，张河战，银飞，张尧，刘永江，李波	中国药学杂志	2018，53（14）：1177 – 1185	
444	CpG 684 – 乙肝疫苗食蟹猴重复免疫安全性评价	刘丽，姜华，潘东升，张琳，张頔，谢寅，齐卫红，张翊，邵彦，王丽颖，于永利，李波	中国药理学与毒理学杂志	2018，32（7），557 – 564	
445	疫苗的非临床安全性研究	刘丽，李波	中国新药杂志	2018，27（21）：2472 – 2481	
446	Silver Nanoparticle Exposure Induces Neurotoxicity in the Rat Hippocampus Without Increasing the Blood – Brain Barrier Permeability	Dan Mo，Wen Hairuo，Shao Anliang，Xu Liming#	Journal of Biomedical Nanotechnology	2018，14（7）：1330 – 1338	5.068
447	不同表面修饰的氧化铁纳米颗粒诱导胶质瘤细胞自噬和凋亡的差异及自噬的调控作用	淡墨，赵继云，赵华琛，张琳，刘丽#，徐丽明#	药物分析	2018，38（10）.1733 – 1739	
448	体外肝脏 3D 模型在药物肝毒性评价中的优势	卢贤欢*，赵华琛，王雪，黄芝瑛*，淡墨#	药学学报	2017，52（12）：1859 – 1864	
449	组织病理学同行评议的 GLP 要求及关注点探讨	吕建军，霍桂桃，林志，屈哲，杨艳伟，张頔，霍艳，耿兴超，王雪，李波#	中国药事	2018，32（4）：485 – 493	
450	毒性病理学家全球资质认证的必要性及关注点	霍桂桃，吕建军#，杨艳伟，屈哲，林志，张頔，王雪，李波	中国药事	2018，32（2）：184 – 189	
451	非临床毒性试验和致癌性试验动物死亡原因分析方法简介	霍桂桃，吕建军，林志，屈哲，杨艳伟，张頔，张硕，李波#	中国药事	2018，32（3）：412 – 416	
452	药物非临床发育神经毒性研究的神经病理学评价策略	屈哲，吕建军#，林志，霍桂桃，杨艳伟，张頔，张硕，霍艳，耿兴超，王雪，李波	中国药事	2018，32（5）：624 – 630	
453	SD 大鼠神经干细胞评价药物神经毒性模型研究	屈哲，吕建军，张硕，耿兴超，李波#，赵德明*#	中国药事	2018，32（8）：1079 – 1087	
454	p53 基因敲除大鼠模型的构建及表型分析	霍桂桃，杨艳伟，吴曦，刘甦苏，李芊芊，周舒雅，柳全明，王三龙，沈月雷*，吕建军#，范昌发#	生物技术通报	2018，34（8）：170 – 174	

续表

序号	题目	作者	期刊名称	期，卷号，起止页码	SCI 影响因子
455	Luteolin suppresses inflammation through inhibiting cAMP - phosphodiesterases activity and expression of adhesion molecules in microvascular endothelial cells	Xueli Kong*†, Guitao Huo†（†contributed equally to this work）, Shurong Liu*, Fengnan Li*, Wu Chen*, Daixun Jiang#	Inflammopharmacology	2018 Oct 1. doi: 10.1007/s10787-018-0537-2	3.304
456	A case report of spontaneous staphylococcal meningitis in a cynomolgus monkey	Zhi Lin, Lu Zhang*, Di Zhang, Guitao Huo, Xiaobing Zhou, Yan - wei Yang, Yan Huo, Bo Li, Xing - chao Geng#	J Med Primatol	2018, 47（2）: 132-135	0.432
457	药品生命周期管理最新指南介绍与安全性评价的作用浅析	张靖，李红颖，耿兴超#，靳洪涛	中国药事	2018，32（6）：770-774	
458	A pre - clinical safety study of PEGylated recombinant human endostatin（m^2ES）in Sprague Dawley rats	Xingchao Geng, Lifang Guob, Li Liua, Chao Wanga, Qian Penga, Weihong Qia, Li Suna, Xiaomeng Liua, Yufa Miaoa, Zhi Lina, Yan Fub, Yongzhang Luob, Bo Li#	Regulatory Toxicology and Pharmacology	2018, 95: 190-197	2.815
459	Metabolomics Used in Herb - Induced Liver Injury	Geng Xingchao, Wu Wenxiao, Wang Ting and Li Bo	Biomed J Sci & Tech Res	2018, March 5, 3（3）DOI: 10.26717/BJSTR.2018.03.000917	0.548
460	药物性肝损伤生物标志物研究进展	刘小茜，吴文晓，耿兴超，李波	中国新药杂志	2018，27（01）：47-52	
461	FDA 对撒拌及经鼻胃管等特殊给药方式的固体口服仿制药生物等效性试验要求的分析	刘倩，南楠#，许鸣镝，孙娴，张广超，朱嘉*	中国药师	2018，22（8）：1443-1447	
462	FDA 对咀嚼片生物等效性要求的分析	刘倩，南楠#，许鸣镝，陈德俊*，张广超，孙娴	现代药物与临床	2018，33（3）：696-702	
463	国内外特殊注射剂生物等效性指导原则的介绍分析	刘倩，陈德俊*，王孝艳*，余甜*，南楠，许鸣镝#	中国临床药理学杂志	2018，34（6）：717-724	
464	FDA《特定药物的生物等效性指导原则》内源性物质药物生物等效性指导原则介绍	刘倩，南楠，李涛，许鸣镝#	中国新药杂志	2018，27（5）：509-514	
465	乙醇对口服调释制剂中药物突释的影响及监管情况简介	陈洁，刘倩#，南楠，许鸣镝，陈德俊*	药物评价研究	2018，41（8）：1408-1414	
466	维生素 B2 片的一致性评价方法研究	薛晶，李娅萍，南楠#，许鸣镝	中国现代应用药学	2018，35（8）：1253-1257	
467	浅析葡萄糖酸钙片的一致性评价方法	薛晶，南楠#，许鸣镝	中国药学杂志	2018，53（20）：1794-1798	

续表

序号	题目	作者	期刊名称	期，卷号，起止页码	SCI 影响因子
468	化学口服固体制剂仿制药质量和疗效一致性评价研究思考	金方方，尹婕，南楠#	药物分析杂志	2018，38（04）：575－581	
469	仿制药一致性评价参比制剂遴选探讨	关皓月，孙慧姝*，蔺娟*，刘美霞*，许鸣镝，马玲云#	中国新药杂志	2018，27（20）：59－61	
470	仿制药质量和疗效一致性评价参比制剂备案平台数据分析	许鸣镝，关皓月，崔猛*，高恬恬*，史丽威*，马玲云#	中国新药杂志	2018，27（4）：5－10	
471	美国 ANDA 申报参照药品行业指南草案介绍	马玲云，萧红街，关皓月，孙慧姝*，许鸣镝	中国药物评价	2018，35（2）：141－147	
472	欧盟仿制药参比制剂介绍	许鸣镝#，牛剑钊，杨东升，李涛，乔利涛，高恬恬	中国新药杂志	2017，26（24）：2933－2936	
473	欧盟公共评估报告在仿制药参比制剂确定方面的应用	许鸣镝#，牛剑钊，杨东升，李涛，乔利涛，高恬恬	中国新药杂志	2017，26（24）：2924－2927	
474	欧盟仿制药参比制剂检索示例	许鸣镝#，牛剑钊，杨东升，李涛，乔利涛，高恬恬	中国新药杂志	2018，27（1）：26－30	
475	对当前药品标准复核检验的几点理解	许鸣镝，杨东升，南楠，马玲云，牛剑钊，邹健#	中国新药杂志	2018，27（8）：870－873	
476	对仿制药质量和疗效的一致性评价的多维思考和实践分析	许鸣镝，南楠，马玲云，牛剑钊，薛晶，关皓月，刘倩，杨东升，邹健#	中国新药杂志	2018，27（20）：2393－2396	
477	仿制药质量和疗效一致性评价的研究策略探讨	许鸣镝，牛剑钊，马玲云，南楠，刘倩，薛晶，郭志鑫，杨东升，邹健#	中国新药杂志	2018，27（20）：2389－2392	
478	Brief introduction for search and determination of the comparator product for generic medicinal product application in the EU	牛剑钊，杨东升，许鸣镝#	《中国药学》（英文版）	2018，27（11）：805－812	
479	欧美中小制药企业扶持制度介绍	杨东升，牛剑钊#	中国卫生产业	2018，15（10）：68－72	
480	欧美原料药注册管理制度介绍	杨东升，牛剑钊#	中国新药杂志	2018，27（12）：1345－1349	
481	体外诊断试剂检验报告风险管理的探讨	李丽莉，蔡加惠*，孙雪#	中国药事	2018，32（6）：1132－136	
482	体外诊断试剂能力验证应用策略探讨	李丽莉，卢大伟#	中国药事	2018，32（10）：1400－1405	

续表

序号	题目	作者	期刊名称	期，卷号，起止页码	SCI 影响因子
483	Development of in vitro and in vivo neutralization assays based on the pseudotyped h7n9 virus	Yabin Tian, Hui Zhao, Qiang Liu, Chuntao Zhang, Jianhui Nie, Weijing Huang, Changgui Li, Xuguang Li & Youchun Wang	SCIENTIFIC REPORT	（2018） 8：8484 DOI：10.1038/s41598-018-26822-6	4.36
484	人乳头瘤病毒核酸检测试剂的研究进展	田亚宾，张春涛#	中华肿瘤学杂志	2018，40（10）：729-735	
485	ABO反定型试剂特异性检测用国家参考品的制备	沈舒，马秋平，田亚宾，石大伟，张春涛#	中国生物制品学杂志	2018，31（9）：981-997	
486	Quality Control of Next-generation Sequencing-based In vitro Diagnostic Test for Onco-relevant Mutations Using Multiplex Reference Materials in Plasma	Donglai Liu, Haiwei Zhou, Dawei Shi, Shu Shen, Yabin Tian, Lin Wang*, Jiatao Lou*, Rong Cong*, Juan Lu*, Henghui Zhang*, Meiru Zhao*, Shida Zhu*, Zhisheng Cao*, Ruilin Jin*, Yin Wang*, Xiaoni Zhang*, Guohua Yang*, Youchun Wang#, Chuntao Zhang#	Journal of Cancer	2018，9（9）：1680-1688	3.249
487	Multiplex Cell-Free DNA Reference Materials for Quality Control of Next-Generation Sequencing-Based In Vitro Diagnostic Tests of Colorectal Cancer Tolerance	Donglai Liu, Xinyuan Zhang*, Haiwei Zhou, Xiaojing Lin*, Dawei Shi, Shu Shen, Yabin Tian, Bo Du*, Henghui Zhang*, Haibo Wang*, Youchun Wang#, Chuntao Zhang#	Journal of Cancer	2018，9（20）：3812-3823	3.249
488	肺癌相关基因突变二代测序检测试剂参考品的建立	刘东来，张鑫媛，周海卫，沈舒，王海波，张春涛#	中国新药杂志	2018，27（21）：2491-2497	
489	细菌感染多重核酸检测试剂参考品的建立	刘东来，周海卫，石大伟，沈舒，田亚宾，张春涛#	传染病信息	2018，31（3）：209-214	
490	伴随诊断试剂的监管浅析	刘东来，王佑春，张春涛#	中国药事	2018，32（4）：432-437	
491	人细小病毒B19 IgG抗体检测试剂国家参考品的建立及应用	周海卫，田亚宾，郭世富，黄颖#，张春涛#	标记免疫分析与临床	2018，25（2）：282-285，292	
492	扎伊尔型埃博拉病毒核酸检测试剂国家参考品的研制	石大伟，田亚宾，李玉华，朱玉洁*，陈苏红*，周海卫，张春涛#	中国生物制品学杂志	2018，31（06）：617-623	
493	HBV/HCV/HIV核酸血筛试剂的研究及应用进展	许四宏，王佑春#	临床输血与检验	2018，20（6）：581-584	

续表

序号	题目	作者	期刊名称	期，卷号，起止页码	SCI 影响因子
494	A novel RFLP – ARMS TaqMan PCR – based method for detecting the BRAF V600E mutation in melanoma	YUNQING ZHANG*, SHOUFANG QU, JINYIN ZHAO*, TING YU, LIPING GUO*, SONGCHAO YIN*, XIAOXU HU*, WEIJUN CHEN*, WEI LAI*#and JIE HUANG#	ONCOLOGY LETTERS	2018，16（2）：1615 – 1621	1.664
495	尿素、尿酸和总蛋白复合冰冻人血清国家标准品的研制	于婷，沈敏*，孙楠，曲守方，黄杰#	检验医学	2018，33（8）：755 – 759	
496	人重组胰岛素样生长因子 – I（IGF – I）第 1 次免疫测定用国家标准品的建立	于婷，黄杰，曲守方#	中国药事	2018，32（6）：764 – 769	
497	2017 年度人 EGFR 基因突变检测试剂盒抽验质量分析	孙楠，于婷，黄杰，曲守方#	分子诊断与治疗杂志	2018，10（5）：54 – 59	
498	人巨细胞病毒 IgG 抗体检测试剂盒国家监督抽验质量评价	胡泽斌，曲守方，孙彬裕，杨振，黄杰#	中国医药生物技术	2017，12（6）：567 – 569	
499	Ad（E1 –）．sT 治疗乳腺癌移植瘤的作用及体内免疫激活效应	王浩*，杨月峰*，胡泽斌#，王华*，肖凤君*，王立生*#	中国医药生物技术	2018，13（4）：294 – 299	
500	人类 BRAF 基因突变检测试剂盒性能评价	游延军*，胡泽斌，蒲小聪*，杨达梅*，龙腾镶*，高飞#	中国医药生物技术	2018，13（4）：370 – 372	
501	Identification of potential biomarkers for risk analysis of colorectal cancer using a combined bioinformatics analysis	Xiaoyan Zhang*, Zebin Hu, Zhao Liang*, Qiang Wu*, Bing Xiu*, Ping Li*, Dong Li*, Mingmin Chen*, Hengjun Gao*#	Int J Clin Exp Med	2018，11（7）：7111 – 7117	1.277
502	Exploration of the Fluorescent Properties and the Modulated Activities against Sirtuin Fluorogenic Assays of Chromenone – Derived Natural Products	Hui Wen*, Nina Xue*, Feng Wu*, Yujun He*, Gang Zhang*, Zebin Hu#and Huaqing Cui*#	Molecules	2018，23（5）：1063 – 1075	3.098
503	重点短缺药品及供应保障措施探讨	王胜鹏，朱炯，高志峰，吴卫中，姚蕾	中国药事	2018，32（8）：1034 – 1042	
504	从 FDA 广告指南文件看药品广告监管	王胜鹏，朱炯，姚蕾，张弛	中国药事	2018，32（11）：1541 – 1548	
505	38 例西酞普兰及相关制剂致不良反应文献分析	王胜鹏，郗昊，姚蕾	中国药物滥用防治杂志	2018，24（4）：211 – 214	
506	差示扫描量热法在药品检验中的研究进展	朱炯，吴建敏，黄海伟，刘毅	中国药事	2018，32（2）：210 – 215	

续表

序号	题目	作者	期刊名称	期，卷号，起止页码	SCI 影响因子
507	进口药品注册检验申请的审核要点研究	高志峰，林兰	中国新药杂志	2018，27（8）：853－857	
508	美国药品安全监管机制改革研究	郗昊，姚蕾	中国药事	2018，32（8）：1043－1050	
509	2013～2016 年国家医疗器械抽检复检改判情况分析	郝擎，张欣涛，李晓，朱炯，张庆生，石现	中国医疗器械杂志	2018，42（1）：56－57，69	
510	药品中核磁共振检测定性能力验证样品制备与评价结果分析	龚宁波*，赵萌，王亚男*，贺文义*，项新华#，吕扬*#	中国药事	2018，32（6）：724－731	
511	药检系统能力验证服务平台的构建与实现	刘雅丹，项新华，王迪*，李健，张河战#	中国药事	2018，32（6）：737－742	
512	Commentary：Combating Sale of Counterfeit and Falsified Medicines Online：A Losing Battle	Baobin Huang，Mingzhe Xu#	Frontiers in Pharmacology	2017，8（909）：1－3	4.4
513	药品检测实验室加强医疗废物质量管理的重要性	马丽颖，赵国雄，郭亚新，陈奎，邹健	中国药事	2018，32（2）：180－183	
514	浅议 Z 药检机构财务预约报销信息化建设	张旭，曹洪杰	中国总会计师	2018，4（177）：132－134	
515	药检机构应用管理会计初探	张旭，曹洪杰，张立莘	就业与保障	2018，7（209）：22－23	
516	药检机构财务数字化管理平台构建研究	曹洪杰，张旭	会计师	2018，2（282）：77－79	
517	试析事业单位在政府会计制度下的财务	王天宇	经济管理	2018，（10）：52－53	
518	国内外口腔清洁护理用品监管体系的比较	邢书霞，李琳，袁欢，王钢力#	中国卫生检验杂志	2018，28（12）：1534－1536	
519	染眉用途化妆品中着色剂使用现状调查	张凤兰，林庆斌，李琳，吴景，袁欢，邢书霞，王钢力	中国药事	2018，32（8）：1028－1033	
520	国外化妆品暴露量调研的对比研究	张凤兰，吴景，王钢力，邢书霞	环境与健康杂志	2017，34（12）：1105－1110	
521	纳米氧化锌安全性评价及化妆品法规管理现状	张凤兰，苏哲，吴景，邢书霞，王钢力	中国药事	2018，32（7）：983－990	
522	α－熊果苷和脱氧熊果苷美白作用机制及安全性评价研究进展	张凤兰，吴景，邢书霞，王钢力	环境与健康杂志.	2018，35（8）：1017－1021	
523	2016～2017 年我国食品安全抽检数据分析	黄湘鹭，邢书霞#，吕冰峰，丁宏	食品安全质量检测学报	2018，9（17）：4746－4754	
524	2014～2017 年我国婴幼儿配方乳粉抽检情况分析	黄湘鹭，邢书霞#	食品安全质量检测学报	2018，9（09）：2245－2251	

续表

序号	题目	作者	期刊名称	期，卷号，起止页码	SCI 影响因子
525	高效液相色谱－质谱法测定化妆品乳膏剂中双酚 A 的不确定度评定	黄湘鹭，冯克然#，邢书霞，丁宏	中国卫生检验杂志	2018，28（16）：2045－2048	
526	一种体外皮肤腐蚀性试验替代方法的建立	罗飞亚，张露勇，邢书霞#，王钢力	中国实验动物学报	2018，26（3）：365－371	
527	大鼠经皮电阻试验在化妆品安全性评价中的应用	罗飞亚，张露勇#，黄湘鹭，张扬，刘师卜，邢书霞，王钢力	食品安全质量检测学报	2018，9（18）：4812－4815	
528	两品系大鼠经皮电阻试验结果的比较	罗飞亚，冯克然，张露勇，胡培丽，邢书霞，王钢力#	中国比较医学杂志	2018，28（10）：61－66	
529	2016－2017 年全国食品安全监督抽检结果分析	吕冰峰，吕卓，应雨晴*，邢书霞#	食品安全质量检测学报	2018，9（11）：2862－2867	
530	我国互联网食品安全监管的现状、困境与对策	吕冰峰	食品安全导刊	2018，（15）：23	
531	浅析动物源性食品安全监管存在的问题及对策	吕冰峰	中国食品	2018，（9）：148－149	
532	实验室认可对食品检测实验室能力要求的框架分析	冯克然，项新华，宋钰#，丁宏，张庆生	食品安全质量检测学报	2018，9（7）：1711－1717	
533	应用 ICP－MS 同时测定人参和西洋参提取物中 47 种元素	冯克然，张玉婷*，王钢力，宋钰#	分析仪器	2018，4：26－33	
534	石墨炉原子吸收光谱法测定化妆品乳液质控样品中铬的不确定度评定研究	冯克然，韦盈*，宋钰#，王钢力#	香料香精化妆品	2018，4：45－48，73	
535	大数据在美国食品安全监管中的应用研究及对我国的启示	何欢，陈巧玲*，胡康，张伟清，路勇#	食品安全质量检测学报	2018，9（10）：2541－2548	
536	食品安全信息化建设的思考	何欢，陈巧玲*，胡康，张伟清，路勇#	中国药师	2018，21（11）：2013－2016	
537	超高效液相色谱－串联质谱法测定化妆品中地塞米松含量的不确定度分析	高家敏，曹进，丁宏	中国药师	2018，（3）：539－542	
538	同位素稀释质谱法测定乳及含乳饮料中的酪蛋白含量	孙姗姗，李婷婷*，罗娇依，梁瑞强，曹进#.	食品安全质量检测学报	2018，9（12）：3147－3157	
539	QuEChERS－超高效液相色谱－串联质谱法测定动物源性食品中氟虫腈及其代谢物残留	宁霄　金绍明　高文超　曹进　丁宏	分析化学	2018，8（46）：1297～1305	
540	超高效液相色谱－串联质谱法测定 4 种饮料中 γ－羟基丁酸及其 2 种相关物质	金绍明、宁霄、曹进#	食品安全质量检测学报	2018，9（19）：5202－5207	

续表

序号	题目	作者	期刊名称	期，卷号，起止页码	SCI 影响因子
541	烹饪方法对鸡蛋及鸡肉中氟虫腈及其代谢物残留量的影响	金绍明、宁霄、高文超、曹进#	肉类研究	2018，6（7）：40－43	
542	筛选化学过敏原的直接肽反应试验的建立	胡培丽，刘师卜，张会亮，李波，王刚力#	癌变·畸变·突变	2018，30（2）：150－154	
543	反相高效液相色谱法同时测定党参阿胶丸 4 种成分的含量	刘婷，何开勇*，兰静*，宋丹青*#	医药导报	37（10）：1251－1255	
544	直接肽反应试验及其研究进展	梅承翰*，庄慧敏*，刘师卜，牛厚菊*，刘婷#	中国医药生物技术	2018，13（6）：556－559	
545	试剂盒法快速检测婴幼儿乳粉中叶酸含量	余文，谢冠东，陈怡文，任秀，骆海鹏，刘娜，崔生辉	食品安全质量检测学报	2018，9（18）：4808－4811	
546	食品安全国家标准中菌落总数测定方法影响因素分析	陈怡文，周巍，骆海朋，任秀，余文，崔生辉	食品安全质量检测学报	2018，9（21）：5642－5646	
547	Characterization of carbapenem resistant Escherichia coli isolates through the whole genome sequencing analysis. Microbial Drug Resistance	Cui Shenghui#	Microbial Drug Resistance	2018，24（2）：175－180	2.3
548	食品微生物追踪溯源网络分析探讨	崔生辉等	食品安全质量检测学报	2018，9（13）：3514－3517	
549	高效液相色谱法测定保健食品中番茄红素的含量	吴先福等	食品安全质量检测学报	2018，9（16）：4427－4430	
550	标准物质稳定性考察规范解读和有效期管理方式的研究	陈亚飞等	中国药事	2018，32（3）：317－322	
551	药品标准物质的管理与研制生产质量控制	陈亚飞等	中国药事	2018，32（11）：1505－1510	
552	人类基因检测相关试剂评价国家参考品研制技术要求介绍	曹丽梅等	中国药事	2018，32（8）：1108－1111	
553	定量标记免疫分析用国家标准品研制技术要求介绍	曹丽梅等	标记免疫分析与临床	2018，25（7）：1074－1076	
554	Cryo－EM structure of a Herpesvirus capsid at 3.1 A	Yuan S，Wang J，Zhu D，Wang N，Gao Q，Chen W，Tang H，Wang J#，Zhang X#*，Liu H#*，Rao Z#*，Wang X#*	Science	2018 Apr 6；360（6384）	41.058

注：本表统计本单位职工以第一作者或通讯作者发表的论文。外单位作者名后标“*”，通讯作者名后标“#”。